海绵城市设计：理念、技术、案例

Sponge City Design: Concept, Technology & Case Study

伍业钢 主编

江苏凤凰科学技术出版社

图书在版编目（C I P）数据

海绵城市设计：理念、技术、案例 / 伍业钢主编. -- 南京：
江苏凤凰科学技术出版社, 2016.1
ISBN 978-7-5537-5606-6

Ⅰ.①海… Ⅱ.①伍… Ⅲ.①城市规划－建筑设计－
研究 Ⅳ.①TU984

中国版本图书馆CIP数据核字(2015)第253431号

海绵城市设计：理念、技术、案例

主　　编　伍业钢
项目策划　孙　爽　曹　蕾
责任编辑　刘屹立
特约编辑　孙　爽

出版发行　凤凰出版传媒股份有限公司
　　　　　江苏凤凰科学技术出版社
出版社地址　南京市湖南路1号A楼，邮编：210009
出版社网址　http://www.pspress.cn
总 经 销　天津凤凰空间文化传媒有限公司
总经销网址　http://www.ifengspace.cn
经　　销　全国新华书店
印　　刷　北京博海升彩色印刷有限公司

开　　本　710 mm×1 000 mm　1/16
印　　张　18
字　　数　390 000
版　　次　2016年1月第1版
印　　次　2024年1月第2次印刷

标准书号　ISBN 978-7-5537-5606-6
定　　价　188.00元

图书若有印装质量问题，可随时向销售部调换（电话：022-87893668）。

《海绵城市设计：理念、技术、案例》编委会

序 1

"海绵城市建设"是近年来我国在城镇开发建设中大力倡导的新模式，与国外所提倡的低影响开发理念是一致的。海绵城市建设是生态基础设施建设的更高层面的表述，更是我国水生态文明建设的战略措施和具体体现。《海绵城市设计：理念、技术、案例》一书是该书的作者们多年来对中国水生态文明建设和海绵城市建设，在理念、技术与具体案例三个方面的实践与设计的总结和提升。本书为水生态、水资源、水环境、水产业、水景观以及生态城市及生态基础设施的建设，提出了完整的技术路线和创新方案。当中国的水生态文明建设走入新的历史时期时，这本书将成为一部极为难得的参考文献及宝贵的技术设计指南。

海绵城市建设的关键在于实现区域和城市的雨洪资源化、增加城市的水域和湿地面积、增加雨水的地表下渗率、减少地表径流、减少面源污染以及减少洪灾旱灾的危害。本书为我们提供了一系列实现这一目标的技术方案和实例。同时，这本书也介绍了海绵城市建设的附加价值：节省土地开发成本，提升土地价值，提高城市生活品质。海绵城市的建设，维系着城市的可持续发展，也是新的经济热点。

本书遵循"源头控制、过程削减、末端治理"的水污染治理原则，提出了污染治理的"四大污染削减要素"和"六大技术措施"，其设计运用污染削减计算模型，使水污染生态治理实现量化。本书创新性地提出以水系水动力为基础，以水质提升为目标的水生态治理模式，提出建立水系自净化系统的技术方案，并从流域、城市、区域不同尺度的景观空间格局完整阐述了海绵城市建设的设计理念和技术。

中国所面临的水生态安全问题是严峻的。城市面临着水质污染、水资源枯竭、洪旱灾频繁发生的问题，海绵城市建设刻不容缓。《海绵城市设计：理念、技术、案例》的出版，可以说是及时雨。该书所提出的水系三道防线防止面源污染，以水质为目标的湿地打造，增加城市水域和湿地面积的比例等技术措施，为防洪防旱、水质改善和水资源安全提供了新的思路及解决问题的具体方案，其成功案例具有极其重要的示范意义。

水生态文明建设，归根到底是人类对水资源利用的可持续性的追求，是对水生态安全理念的追求，也是对水环境、水生态工程技术和艺术的追求。《海绵城市设计：理念、技术、案例》的作者们是"美丽中国、生态东方"的追求者。本着这些追求，用他们的智慧和辛勤为读者展示了他们一系列的设计成果。但愿它能满足水生态文明建设和海绵城市建设的建设者、管理者、工程师、设计师、科学家、研究生、大学生和所有读者的兴趣和要求。谨此，特别推荐本书，并对作者们的杰出努力和创造性的成就表示衷心的感谢。

水文水资源专家，中国工程院院士 王浩

2015 年 6 月

序 2

近年来，一到夏天暴雨过后，关于“内陆看海”的段子便俯拾即是。人们并不是真的愿意靠皮划艇出行，也不愿意天天在马路上捕鱼，调侃的背后是人们对于城市内涝问题的无奈和关切。

这些年媒体和大众普遍关注的焦点几乎一边倒的投向地下管网建设，认为排水不畅才是内涝的主因。但几年来投入大量财力修建，成就寥寥，“海面”依然。

现在很多城市出现内涝，不仅仅是单一的排水不畅、地下管网不合理的问题，而是城市在开发的过程中忽视了生态，使其失去了“弹性”。例如，当前水泥地面的密集使用，就是罪魁祸首之一。当大面积的硬部件覆盖土地时，雨水将无处可走，只能利用管渠等方式排泄，多个洪峰一叠加很容易就会形成内涝。这种末端集中控制的设计理念，往往会导致逢雨必涝，旱涝急转。

城市生态系统作为一个典型的复杂系统，系统内部个体之间存在错综复杂的非线性相互作用，要解决当前的城市内涝等生态环境问题，必须了解生态系统的复杂性。复杂性科学研究中一个具有重要意义的“弹性”或“可塑性”概念在这里极具现实意义。生态弹性城市会更好地利用绿地、自流和净化雨水，一方面补充了地下水，另一方面也让土地和地表生命植被得到了很好的发展。也就是说，一个城市或一个区域需要一定量的地表水流域和湿地面积，来储存常年雨水减少地表径流。而目前的城市建设，不仅浪费了宝贵的雨水资源，而且让水系统的生态服务功能也一同被浪费。

城市内涝短期内很难解决。中国城市建设密度太高，城市硬化几乎到处都是，美国有些城市已经在采取大面积清除硬化的解决方式，但这一方案若在中国推行恐怕效率不大。与此同时，内涝的解决不是一城一地的任务，涉及整个流域和区域的开发，这一点使问题变得更加复杂。

生态弹性，是一个贯穿城市开发始终的问题。这就要求，城市首先要解决生态基础建设。一个城市在设计之初就应该确定湿地面积与陆地总面积的比例，并以此为红线。另外，还应注重低影响开发。这就要求在设计、工程、施工和管理等整个开发过程中对环境影响的最小化，对雨洪资源影响的最小化，同时必须尊重地形、地貌、水文和植被等等，比如不能把城市河流作为涝污河，不能破坏水岸边的草沟和草坡，这样就可以保护好水系自净的能力。

事实上，生态弹性城市与中国当前推行的海绵城市异曲同工。一个在生态学上具有弹性的城市，就像是一块巨大的海绵，遇到有降雨时能够就地或者就近吸收、存蓄、渗透及净化雨水，补充地下水和调节水循环；在干旱缺水时有条件地将蓄存的水释放出来，并加以利用，从而让水在城市中的迁移活动更加“自然”。

这样就可以尽可能优化利用生态系统的特征和组件，比如雨水花园、下沉绿地、植被草沟等。这样的城市系统就需要生态学合理的资源配置和空间格局的综合部署。

就在我前往参加 2015 年生态文明贵阳国际论坛之前，很高兴读到了伍业钢博士主编的《海绵城市设计：理念、技术、案例》一书，非常及时，内容之丰富，条例之清楚，具有极强的可操作性。2015 年 4 月 2 日，海绵城市建设试点名单公布，迁安、白城、镇江、嘉兴、池州、厦门等 16 个城市将率先投入建设。中央政府财政对海绵城市建设试点给予直辖市每年 6 亿元，省会城市每年 5 亿元，其他城市每年 4 亿元的专项资金补助，一定三年。对于采用 PPP 模式达到一定比例的，将按上述补助基数奖励 10%。同时，中央政府还将组织财政部、住房与城乡建设部和水利部对各城市定期组织绩效评价，评价结果好的，按中央财政补助资金基数 10% 给予奖励；评价结果差的，将扣回中央财政补助资金。我极力推荐这本书给做生态城市、海绵城市研究、设计及工程的同行们。相信你们也会与我一样，读后受益匪浅。

从中央到地方，从专家到民间，当政策、资本和智库齐聚，未来“内陆看海”有望成为古老传说。

美国加利福尼亚大学生态学终身教授
世界生态高峰理事会现任主席

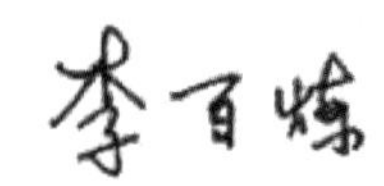

2015 年 6 月

前言

海绵城市的提出无疑是中国生态城市建设的重要里程碑。东方园林生态城市规划设计院作为海绵城市设计的专业团队，两年来在全国五十多个城市的规划设计中，创新提出了一系列海绵城市设计的理念和技术，创作了一批海绵城市设计的案例。我们借助这本书，总结归纳了这些设计，将其奉献给城市规划设计和海绵城市设计的同行，也希望给城市管理者、学者、研究人员，以及海绵城市的热爱者和建设者一个有价值的参考。

显然，海绵城市作为一项国策，彰显中国水资源管理进入一个新的历史时期。水是城市的血液，也是城市的命脉。海绵城市的打造是以“雨洪是资源”为目标，以控制面源污染，保障水质为核心的水资源管理和水生态治理的理念。雨洪是资源，蓄为先，一个城市或者是一个区域要有足够的地表水面积和湿地面积来蓄存常雨量，要减少地表径流，促使雨水就地下渗，补充地下水。雨洪是资源，就要考虑最大一次连续降雨下城市雨洪的系统管理，实现蓄洪水面、湿地、绿地、雨水花园和公园等空间的最大化，雨洪就地下渗的最大化，地表径流、城市排水管道分散化和系统化，以及城市流域水系和汇水空间格局的合理化。一场连续暴雨，可能占全年降雨量的30%~70 %，如果把这一雨洪资源泄掉排掉，那一年里旱灾的严重性程度是可想而知。而且，如果没有足够的城市空间把雨洪蓄下来，所有的洪水汇集到狭窄的防洪高堤坝内，所形成的洪峰和洪水的压力和威胁是巨大的。因此，海绵城市将从根本上改变防洪防涝的管理方式，减少洪灾旱灾的威胁，是水安全的重要保障。

海绵城市设计的一个挑战就是，如何确定一个城市或者一个区域适当的水域和湿地面积与陆地总面积之比例。我们在绍兴的城市规划中，建议这个比例为 15 % 比较合适。这个比例跟年总降雨量、最大连续降雨量、地形地势、土壤类型、植被类型、城市空间格局和地表径流强度等要素有关。各城市或各区域间的差异很大，但是，海绵城市设计的基本原理是一致的，那就是必须以流域为整体、以产业和城市空间格局为抓手以及以防洪防旱和水质保障为宗旨，综合考虑水安全、水资源、水生态、水经济和水景观的总体设计。因此，海绵城市设计是一定意义上的系统设计或者说是生态设计。

为了检验海绵城市设计的成功与否，我们建立了一系列海绵城市建设指标体系。除了城市水域和湿地面积、洪峰和洪水安全系数，雨水下渗率是海绵城市设计的另一个重要指标。我们一般可以假设，在自然植被条件下，总降雨量的 40 % 会作为蒸腾蒸发进入大气，10 % 会形成地表径流，50 % 将下渗成为土壤水和地下水。而城市的建设，打破了这种雨水分布格局：40 % 的蒸腾蒸发变成 40% 以上的蒸发，地表径流则可能从原来的 10 % 增加到 50 % 或更多，下渗则会从 50 % 减少到 10 % 或更少。显而易见，这种改变造成洪水量和洪峰的危害、雨洪资源的严重丧失、水土流失、面源污染和水系自净化系统的破坏。因此，减少地表径流、减少水土流失、减少面源污染、减少雨洪资源损失、减少洪水和旱灾危害，以及增加雨水就地下渗、补充地下水，就成为海绵城市设计的具体指标（目标）和核心技术的关键。而这些具体指标和核心技术要素，就是低影响开发（Low Impact Development，简称 LID）的核心内容。

如果说，海绵城市是城市建设的生态基础设施建设，或者说，海绵城市建设是生态城市建设的关键，那么，海绵城市建设的目标是通过低影响开发的技术得以实现的。为了达到“低影响”，我们的设计和开发就必须遵从四个尊重，即，尊重水、尊重表土、尊重地形和尊重植被。尊重水，就不应该把河流作为纳污河，就不能破坏水岸边的草沟草坡，就要防止面源污染，保护好水系的自净化系统和水生态系统。表土是千万年形成的财富，是地表水下渗的关键介质，是植被生长的基础。尊重表土，就是要保护和利用好这样的宝贵资源，防止水土流失，以及在开发中收集好表土及开发后复原好表土。自然地形所形成的汇水格局是一个区域开发的重要因素，地形变了，汇水格局就变了，低影响开发就是要研究原有地形和开发后地形的不同汇水格局及其影响，因此，尊重地形的设计和开发，影响小，安全，也体现空间多样性，具有自然和艺术的美。植被是地形的产物，也是水和土壤的产物；同时，植被是地形、水和土壤的“守护神”，没有植被，水土流失和面源污染则不可避免，没有植被，水质、水资源和表土都会丧失，地形也会改变。当然，没有植被，水也会失去它的资源属性，变成灾难性的洪水、干旱及水荒，造成经济损失和制约城市的发展。

因此，在某种意义上，低影响开发与海绵城市建设也可以认为是“同义词”。海绵城市，其狭义是雨洪管理的资源化和低影响化；广义则包括城市生态基础设施建设和生态城市建设的目标体系。它包括流域管理、清水入库、截污治污、水生态治理、滞流沟、沉积坑塘、暴氧叠水堰、植被缓冲带、雨洪资源化、水系的空间格局、水系的三道防线、生态驳岸、水系自净化系统、水生态系统、湿地、湖泊、河流、水岸线、生态廊道、城市绿地、城市空间、雨水花园、下沉式绿地、透水铺砖、透水公路和屋顶雨水收集系统等众多大大小小的具体技术和设计。但是，就目前国家战略的考量，海绵城市建设大多集中在一个重要的议题，那就是水质和水污染的生态治理技术和设计，这也是本书的重点。

但是，我们必须强调，我们所打造的海绵城市，在不同尺度下的含义是不同的。海绵城市在小尺度的小社区和小区域的建设，是目前所提倡的海绵城市建设的理念、技术和设计，这也是美国所提倡的低影响开发的理念、技术和设计。但是，在中国，我们所面临的许多城市内涝、防洪防旱、水资源安全及水生态安全的问题，仅在小区和城区范围的海绵城市建设是很难奏效的。它必须在流域的尺度上及在水系整体打造上的海绵城市建设下，才能得以解决。因此，我们更强调和重视大尺度的和流域的海绵城市的建设和设计。尺度的概念在海绵城市设计中是非常重要的。

这本书里，我们着重介绍了水生态治理技术的六大要素和设计理念：水动力（沉淀、流速和流量）、植被（本地种、结构、功能和空间格局）、微生物（种类和数量）、土壤（岛屿、生态驳岸和水岸线）、暴氧（叠水堰和坑塘）、湿地（空间格局和面积）。这六大要素对水系污染的消减作用和水系自净化系统修复起关键性的作用。我们的设计还对每一个要素在不同的水系、不同水质条件、不同水系流速和流量下对污染消减的量化（COD、NH_3 和 TP）做了空间和时间的消减模拟计算，并利用这一模拟计算的结果指导不同水质要求（比如如何将一级 B 的尾水河段，通过水生态治理六大要素的设计，实现水系地表水三类水质），提出水系生态治理的设计方案。本书也给读者提供了我们的一些经典的设计案例，希望能对海绵城市设计及水生态治理技术有一个整体的概念。

在这里，我们也希望就海绵城市设计的一些容易混淆和模糊的理念和技术，按我们的经验给出较为清晰的解释。比如，传统的低影响开发，一般是对一个小区的雨洪管理和地表径流的设计；而海绵城市设计则多是在一个较大的城市或区域尺度空间的规划和设计。另外，低影响开发涉及的是小的汇水面积，而海绵城市考虑的则是流域。而且，流域的总体设计还包括了产业和城市空间布局、土地利用性质的转变等诸多要素的总体空间规划设计。这无疑是一个创新设计和符合国情的低影响开发的应用。因此，可以说海绵城市建设是中国新型城镇化战略、生态文明战略、生态城市战略和水生态文明战略的基础设施建设。它也必将是水资源管理、流域管理和水生态治理的新的里程碑。海绵城市设计广义上也等同于生态城市设计。

两年来，我们的设计告诉我们，海绵城市不仅是生态的，更是经济的和社会的最优化选择。根据我们的分析，海绵城市建设的区域房地产价值可以增加 25 % ~ 40 %；通过海绵城市设计的环境整治和一级开发成本可以节约 10 % ~ 20 %。这种海绵城市的设计，提高了城市的品质和宜居程度，提高了城市土地的价值。海绵城市设计将提高城市的生态效益、经济效益和社会效益，城市建设和发展也更可持续。这些都进一步凸显了社会对海绵城市建设的强烈渴求。

我们作为海绵城市设计的专业团队，无疑为我们的海绵城市设计和创作感到骄傲，也为能通过这本书与各位读者分享我们的设计理念、技术和案例而感到荣幸。如果我们的辛勤努力能得到你的共鸣、欣赏和支持，那么这对于我们的努力和付出都是莫大的回报和欣慰。对此，我们深表谢意。

同时，我们对为本书的编辑工作做出艰苦努力及付出极大智慧的柴淼瑞、王海花、李晓文、徐连芳、秦文翠、幸益民、高宏伟、易蓉、陈涵、李珊以及郑齐等表示最诚挚的感谢。

《海绵城市设计：理念、技术、案例》编委会

2015 年 6 月

目录

92 第二部分：技术篇

第一部分：

理念篇

第一节
何谓“海绵城市”？

《海绵城市建设技术指南——低影响开发雨水系统构建》对海绵城市定义如下：海绵城市是指城市能够像海绵一样，在适应环境变化和应对自然灾害等方面具有良好的“弹性”，下雨时吸水、蓄水、渗水、净水，需要时将蓄存的水“释放”并加以利用。

《海绵城市（LID）的内涵、途径与展望》一文中，提到“海绵城市的本质是，解决城镇化与资源环境的协调和谐。传统城市开发方式改变了原有的水生态，海绵城市则保护原有的水生态；传统城市的建设模式是粗放式、破坏式的，海绵城市对周边水生态环境则是低影响的；传统城市建成后，地表径流量大幅增加，海绵城市建成后地表径流量能尽量保持不变。因此，海绵城市建设又被称为低影响设计和低影响开发。”

不同专业不同背景的人对海绵城市的理念有不同的认知和定义。我们在大量的生态城市规划、海绵城镇规划实践中，对海绵城市也有独特的认识。

首先，海绵城市建设视雨洪为资源，重视生态环境。海绵城市建设的出发点是顺应自然环境、尊重自然环境。城市的发展应该给雨洪储蓄留有足够的空间，根据地形地势，保留和规划更多的湿地、湖泊，并尽可能避免在洪泛区内搞建设，使之成为最大雨洪的蓄洪区、湿地公园、农业用地等，以减少城市内涝。与此同时，也保证了水资源的安全。

其次，海绵城市建设的目标就是要减少地表径流和减少面源污染。要量化年径流量控制率、综合径流系数、湿地面积率、水面面积率、下凹式绿地率等指标，指导城市生态基础设施建设。减少地表径流，就能减少面源污染，这对水系水质保障和水质安全很重要。减少地表径流，雨水就能就地下渗，这对地下水补充很重要。因此，在某种意义上讲，海绵城市设计，就是要最大限度地争取雨水的就地下渗。

另外，海绵城市建设将会降低洪峰和减小洪流量，保证城市的防洪安全。当城市面临最大的降雨时，由于海绵城市有足够的容水空间（湿地、湖泊、洪泛区、河漫滩、农业地、公园、下沉式绿地等等）及良好的就地下渗系统，城市的防洪能力会更强，洪流量、洪峰都会大大降低，暴雨的危害性也会降低。

但是，我们必须强调，我们所打造的海绵城市，在不同尺度下的含义是不同的。海绵城市在小尺度的小社区和小区域的建设，是目前所提倡的海绵城市建设的理念、技术、设计，这也是美国所提倡的低影响开发的理念、技术、设计。但是，在中国，我们所面临的许多城市内涝、防洪防旱、水资源安全、水生态安全，仅在小区、城区范围的海绵城市建设是很难奏效的。我们必须在流域的尺度上、在水系整体打造的尺度上进行海绵城市建设，这些问题才能得以解决。

最后，在城市规划中运用多规合一，保证海绵城市建设生态效益、经济效益、社会效益的最大化。城市规划要以海绵城市的设计理念为基础，根据城市水资源情况、降雨规律、土壤性质等条件，确定城市的生态安全格局、生态敏感区、生态网络体系，保证人与自然和谐共处、城市的宜居性和城市的可持续发展。同时，城市的发展应该重视产业规划的功能落位到空间，确定城市不同空间的开发强度、土地使用性质、产业功能，并保留足够的生态用地空间，最大限度顺应自然环境。海绵城市之于城市发展的意义主要为以下几个方面：提高雨水下渗率，将雨洪蓄滞存储，补充水资源；减少地表径流产生的面源污染，有利于水环境保护和水质改善；减小洪峰流量，延迟峰现时间；增加城市水面面积率、绿地率，丰富城市生态系统和生态廊道，增加生物多样性，维持生态平衡，使城市得以可持续发展。

一、雨洪是资源

1. 雨洪以及雨洪资源化利用

雨洪是指一定地域范围内的降水瞬时集聚或者流经本范围的过境洪水。雨洪资源化利用是把作为重要水资源的雨水，运用工程和非工程的措施，分散实施、就地拦蓄，使其及时就地下渗，补充地下水，或利用这种设施积蓄起来再利用，如冲洗厕所、洗衣服、喷洒道路、洗车、绿化浇水、景观用水等。

雨洪资源化利用是综合性的、系统性的技术方案，不只是狭义上的雨水收集利用和雨水资源节约，还囊括了城市建设区补充地下水、缓解洪涝、控制雨水径流污染以及改善提升城市生态环境等诸多方面。

为什么说雨洪是资源？一般认为，洪水是灾害，造成的损失可能是巨大的。因此，对付雨洪的办法就是排洪、泄洪，似乎排泄越快、越彻底就越安全。为了排洪，我们的河流被改造成为泄洪渠道，堤坝高筑。防洪标准越来越高，堤坝也越来越高，但洪量、洪峰、洪水的危害也越来越大。但是，我们是否想过，为什么会发生洪灾？为什么洪水越来越多？比如，武汉原来是六水三田一山，可现在的六水变成了三水，另三水被城市占用了。原来是湖泊的区域，现在成了城区，暴雨来了，被淹应该是可以预料的。又比如东莞的内涝，原本是与河流水系相连的湿地或河漫滩，现在被城市建设所占据。河堤把水系与这些低洼的城区隔离开来，河道的洪水被控制在河道里，但城区的雨水却由于地势低洼排泄不畅而滞留下来，成为内涝。因此，可以

图 1-1-1 强降雨产生城市内涝

图 1-1-2 强降雨产生城市内涝

图 1-1-3 强降雨产生城市内涝

图 1-1-4 强降雨产生城市内涝

说洪害和内涝是人为的，是城市发展占据了本该属于湖泊、湿地、河漫滩、洪泛的区域。这本该是洪涝的区域，我们偏偏认为可以通过堤坝围堵、排泄来解决问题，可我们不得不承认我们所面临的挑战越来越艰巨。

更严重的问题是，当我们采取一切工程手段排洪泄洪时，我们又面临越来越严重的旱灾。当我们好不容易把几天的洪水排掉后，我们可能所面临的是大半年的干旱缺水。许多城市的历史资料告诉我们，年降雨量在近 50 年来，并没有太大的变化，但降雨强度和降雨频率变了。一次连续降雨，很可能占全年降雨量的 30% ~ 70%。如果我们把这 30% ~ 70% 的雨洪全排泄掉了，旱灾缺水也是无法避免的了。以此，雨洪是资源不仅是解决水资源的问题，也是我们从根本上改变我们对防洪防旱的理念、工程、技术、设计问题，更是城市发展和城市安全的战略问题。

2. 雨洪资源化对城市的意义

城市的发展使得雨洪具有利害两重性。一方面，城市的发展改变了城市的土地性状和气候条件，使得城市雨洪的产汇流特性发生显著改变，增加了城市雨洪排水系统压力，从而使得城市雨洪的灾害性更为明显。如雨洪流量增大、流速加大、洪峰增高、峰现提前、汇流历时缩短等等。另一方面，雨洪对城市发展又有其潜在的、重要的水资源价值。雨洪是城市水资源的主要来源之一，科学合理地利用雨洪资源，可以有效解决城市水资源短缺，改善城市环境，保持城市的水循环系统及生态平衡，促进城市的可持续发展，具有极高的社会、经济和生态效益[1]。

我国是一个缺水的国家，在全国 669 个城市中，400 个城市常年供水量不足，其中有 110 个城市严重缺水。随着城市化的快速发展，城市规模不断扩大，城市人口增加，工业迅速发展，城市用水紧张的问题日益凸显。同时，由于改革开放以来粗放快速的经济增长，大量工业废水未经处理直接排入自然水体，导致富营养化等水体污染。包括地下水在内，我国已有超过七成的水资源受到污染，水质型缺水成为水资源紧张的突出特征。

图 1-1-5 湖泊干旱

图 1-1-6 湖泊干旱

图 1-1-7 湖泊干旱

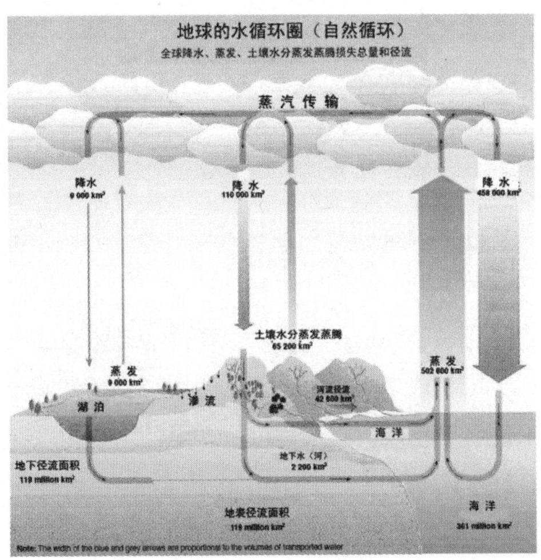

图 1-1-8 水文循环（来源：同济大学《水文学与水文地质》）

城市水资源的最大来源是降雨，海绵城市设施通过滞蓄、下渗，把城市降雨最大限度地留在城市当中，将城市雨洪转化为宝贵的水资源。雨洪资源化利用可以增加城市的水资源补给，缓解水资源紧张的压力，同时可以产生巨大的生态效益，改善城市小气候，减少城市地表径流量，控制雨洪过程，极大地减轻城市洪涝灾害，减少城市防洪排涝基础设施投资等。

想要利用雨洪资源，就需要城市打造更多的湿地、湖泊、绿地、公园，城市的宜居程度和生态安全将得以提高，也为城市增加活动空间和生态空间。而这些空间的大小、形态、分布格局，都应该考虑历史最大连续降雨量、地形地势、城市发展格局。当然，雨洪是资源，如何存储这些资源，也就成为海绵城市建设的关键。

二、减少地表径流和雨水就地下渗

大气降水落到地面后，会有以下三种情况：一部分蒸发变成水蒸气返回大气（大约占降雨量的 40 %），一部分下渗到土壤补充地下水（在自然植被区，大约占降雨量的 50 %），其余的降雨随着地形、地势形成地表径流（在自然植被区，大约占降雨量的 10 %），注入河流，汇入海洋。但是在城市发展的进程中，随着城市地表的硬质化，地表径流可以从 10 % 增加到 60 %，下渗补充的地下水可能急剧减少，甚至是零。通过海绵城市的定义我们可以知道，一个具有良好的雨水收集利用能力的城市，应该在降雨时就地或者就近吸收、存蓄、渗透、净化雨水，补充地下水，调节水循环。因此，减少地表径流，提高就地下渗是打造海绵城市的重点。

雨水就地下渗的重要性表现为以下三点：一是，把原来被排走的雨水就地蓄滞起来，作为城市水资源的重要来源；二是，减低地下排水渠道的排涝压力，减轻城市洪水灾害的威胁；三是，回补地下水，保持地下水资源，缓解地面沉降以及海水入侵；四是，减少面源污染，改善水环境，修复被破坏的生态环境等。

城市雨水就地下渗对于城市建设是一个挑战。它除了要增加湿地、湖泊、水系面积，增加下沉式绿地、公园、植被面积，都市农业面积的保护、城市生态廊道的建设也是就地下渗的重要基础设施。这些都是大尺度上海绵城市建设的重要因素。至于雨水花园、透水铺砖、空隙砖停车场、透水沥青公路等都是小尺度海绵城市建设的具体技术、工程、设计。这两个尺度上的海绵城市建设的终极目标，就是让雨水最大限度地就地下渗，或者最大可能地实现对地下水的补充。

三、减少地表径流和减少面源污染

图 1-1-9 百湖之市——武汉

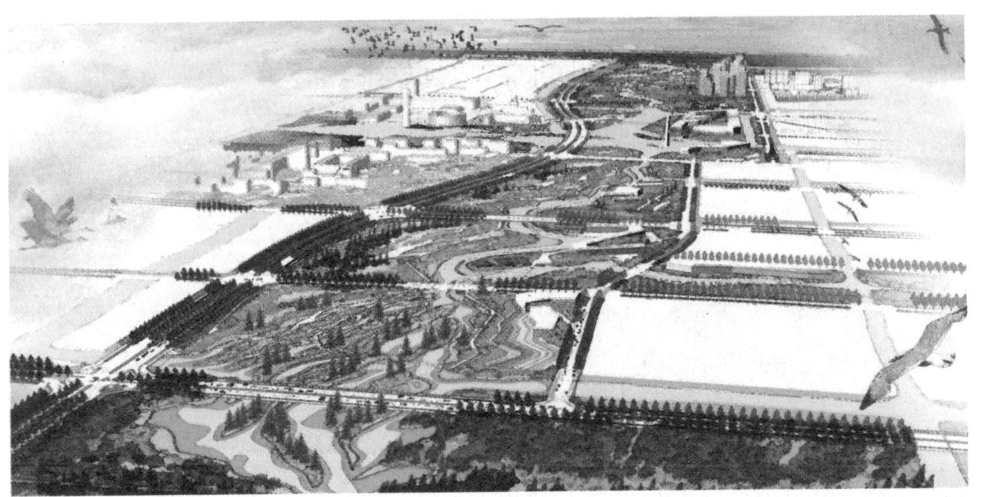

图 1-1-10 宁波生态走廊

图 1-1-11 新加坡加冷河碧山公园

水环境污染是由点源、线源和面源污染造成的。面源污染是指按以“面流”的形式向水环境排放污染物的污染源，包括如农田、农村和城镇的面源污染。它们在降水和地表径流的冲刷过程中，使大量大气和地表的污染物以“面流”的形式进入水环境。城市面源污染是城市水体污染的重要污染源。

城市面源污染包括直接排放的污水和地表径流携带的污染。而直接排放到水系所造成的污染包括垃圾等污染物以及城市生活用水和工业用水。这种污染是对水体的践踏和对水系、自然的不尊重，而排放这种污染是极其不文明、不道德的违法行为。一个生态文明的社会，就是要从水生态文明做起，从对水的尊重做起，不能再任意糟蹋和污染我们的水系。

当前，随着国家对面源水污染治理力度的加大且逐步出现成效，点源治理达到一定水平，水污染的主要诱导因素发生转移，面源污染影响水环境质量的贡献比重加大，面源污染治理正逐步受到重视。但面源污染的发生存在时间随机、地点广泛、机理复杂以及污染构成和负荷不确定等特点，使传统的末端治理方法难以达到较好的效果。

由于城市的扩展，地表不透水面积比例不断增高，径流系数也就越来越大。城市道路和广场的径流系数甚至会超过 0.9，硬质地面的下渗率很低。而且，形成地表径流的时间很短，地表径流来势猛，水量大，对污染物的冲刷强烈。因此，面源污染还具有突发性。

中国工程院王浩院士曾经说过：“污染物是放错了位置的营养物”。例如，氮、磷直接排入水体，可能引起水体富营养化，造成环境污染，若氮、磷随地表径流进入城市绿地，则成为绿地植被生长的重要营养物质。而且，在一定的可承载范围内，水系具有一定的自净化能力，环境具有一定的可塑性，就像一滴墨水滴在湖里，没有影响，而滴在碗里的影响显而易见。因此，总量控制很重要。

传统的城市开发模式的绿地（公路绿化带、城市绿化景观等）普遍高于硬化地面，地表径流携带的面源污染物顺着路面，汇集成洪流，进入水系（图 1-1-16 到图 1-1-22）。这些面源污染量大、污染严重，一方面绿地无法发挥雨水下渗功能，使水资源白白流失，大量的污染物进

图 1-1-12 城市的水系污染

图 1-1-13 城市的水系污染

图 1-1-14 城市的水系污染

图 1-1-15 城市的水系污染

入水体，水系无法自我净化，造成水体污染。另一方面，植物生长需要的氮、磷等营养物质却随着地表径流进入雨水管网被排出了城市，营养物质白白流失，人类反而花费人力、财力为绿地施肥以维持其生长。

海绵城市正是根据污染物质的这一双重属性，运用低影响开发技术，建设生态基础设施，增加城市绿地面积，打造下沉式的绿地，使城市的污染物随地表径流流入下沉绿地内，有效减少城市的地表径流，减少面源污染，又将地表径流带来的污染转化为绿色植被生长所需的营养物质。显然，下沉式绿地是城市面源污染控制的重要措施，其主要的控制手段符合源头截污和过程阻断的原则，也符合将污染转化为资源的理念。

图 1-1-16 传统城市开发与面源污染

图 1-1-17 传统城市开发与面源污染

图 1-1-18 传统城市开发与面源污染

图 1-1-19 下沉式公路绿地截断面源污染

图 1-1-20 下沉式公路绿地截断面源污染

对于面源污染，源头截污就是在各污染发生的源头采取措施将污染物截留，防止污染物通过雨水径流进行扩散。该手段可通过降低水流速度，延长水流时间，减轻地表径流进入水体的面源污染负荷。城市绿地、道路、岸坡等不同源头的截污技术包括如下凹式绿地、透水铺装、植被缓冲带、生态护岸等等。

过程阻断是面源污染的另一重要手段。海绵城市建设必须完善污水管道，保证所有的污水进入管道，并得以进入污水处理厂处理。另外，城市雨水应该尽可能不进入管道，因为城市雨水和径流通过冲刷，城市地表的悬浮物、耗氧物质、营养物质、有毒物质、油脂类物质等多种污染物由下水管网进入受纳水体，引起水体污染。为此，应该尽可能让更多的雨水进入城市下沉式绿地、草地、草沟、公园以及各类雨水池、雨水沉淀池、植草沟、植被截污带、氧化塘与湿地系统等，将被阻断的污染转化为资源。

图 1-1-21 植被缓冲带截断面源污染

图 1-1-22 植被缓冲带截断面源污染

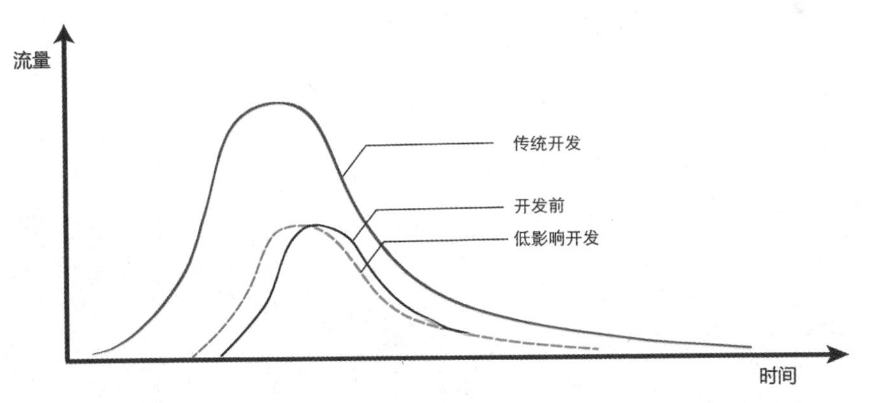

图 1-1-23 低影响开发水文原理示意图

四、降低洪峰和减小洪流量

地表特征是影响流域和城市水文特征的重要因素。未经开发的土地，地表植被覆盖率高，雨水下渗率大，径流系数小。降雨来时，首先经过植物截留、土壤下渗，当土壤含水量达到蓄满，后续降雨量就形成地表径流。地表径流汇合集聚，通过自然地形的坡地流入河道。随着降雨强度和降雨历时的增加，河道流量达到最大值，成为洪峰。

城市的扩展使大量地表植被被破坏，地表普遍硬质化，雨水无法下渗进入土壤层和地下水，在很短的时间内成为地表径流，通过市政管道迅速汇入河道。随着降雨的持续，地表径流量不断增加，河道水量迅速增长，在短时间内即达到洪峰流量。城市的河道洪峰出现时间比土地未开发时出现的时间要早，且洪峰流量大，极易形成洪涝灾害。同时，传统的城市开发，经历一场连续暴雨，不仅容易形成极大的洪水流量和洪峰，而且极有可能把宝贵的雨水资源排出城市，造成水资源的浪费、水体污染，加剧旱灾。

海绵城市打造正是要打破传统的城市开发模式的弊端，尊重表土，保护原有的土壤生态系统，保障植物、植被的生长，实现蓄洪水面、湿地、绿地、雨水花园和公园等空间的最大化，雨洪就地下渗的最大化，地表径流、城市排水管道分散化和系统化，以及城市流域水系和汇水空间格局的合理化，最大限度消除洪灾旱灾的威胁，保障城市水生态安全。

图 1-1-24 四川中江夏季暴雨洪峰

五、生态廊道修复和生物多样性保护

海绵城市除解决城市水环境问题外，还可带来综合生态效益和社会效益。如城市的绿地、湿地、水面，减少城市的热岛效应，改善人居环境。同时，也可以为更多的生物提供栖息地，提高城市生物多样性的水平。从生态学角度理解，生物多样性即种群与群落以及所处自然环境的多样性和连续性。而城市生物多样性的建立是指在满足城市安全、生产、生活等需求的前提下丰富生物种类，形成生态系统，其重要条件就是城市的生态廊道。而生态廊道包括水系蓝带和绿地绿带，其空间格局和连续性称之为生态廊道，是海绵城市建设的重要指标。

1. 生态廊道与生物多样性的关系

在城市建设中，人类活动割裂了自然原本的地表形态，使得城市景观“高度破碎化”，即由原本整体和连续的自然景观趋向于异质和不连续的混合斑块镶嵌体。这种割裂状态阻断了生物交流和物质交换，破坏或摒弃了许多当地原有的生物群落，另外，人为引进一些外来的生物并形成了新的生物群落可能会对当地原本的生物群落造成威胁。

简而言之，城市景观破碎化对城市发展带来阻碍，由于大程度上割裂自然生境改变了城市之间、城市与自然的能流、物流循环的过程，导致城市生态系统的服务功能无法正常发挥。然而，生态廊道可以提高城市景观的异质性，提高生物多样性。以植物为例，城市绿地绿化运用多种植物的不同搭配组合，不仅能够体现当地特色，美化城市景观，还可以为多种生物提供栖息地。

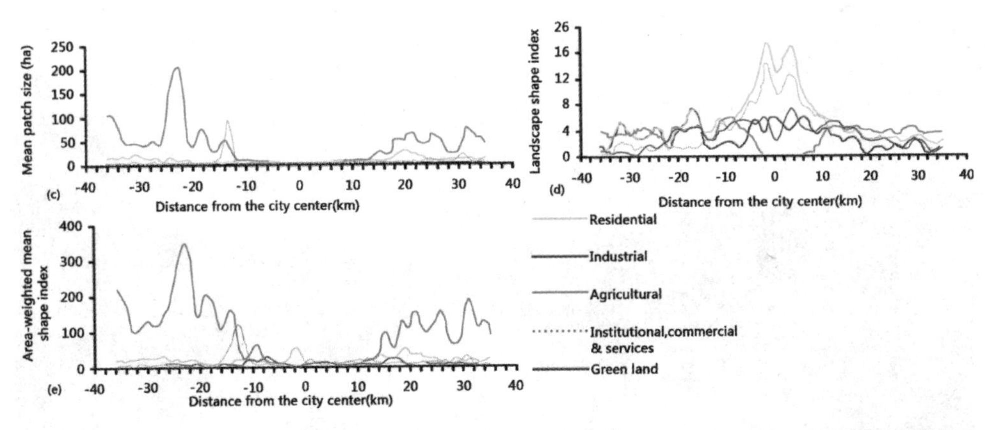

图 1-1-25 城乡梯度上不同用地类型景观指数变化

（图分别为平均斑块指数、景观形状指数、面积加权平均形状指数）

2. 景观破碎与生境廊道

景观破碎化在城市建设和发展过程中对生物多样性造成直接威胁，而海绵城市可以在这两者之间形成一层缓冲带，即在海绵城市生物多样性保护方面，生境廊道可作为动植物栖息地和迁移的通道。廊道是有着重要联系功能的景观结构，那么依靠生境廊道重新连接破碎的生境斑块是解决景观破碎化的主要办法和有效手段。

1）功能城市公园的建立

在海绵城市的建设中，我们可以运用空间规划的方法，结合当代景观设计手法，规划设计兼具水体净化和雨水调蓄、生物多样性保育和教育启智等多种生态服务功能的综合型城市公园，如 2010 年新建的上海世博后滩公园（图 1-1-26），就是把景观作为城市生物多样性的生命系统进行规划设计的。

2）城市空间上的生物多样性保护规划

如何构建具有生物多样性保护的景观安全格局？我们可以通过选择指示物种，进行地形适宜性分析，判别该物种的现状栖息地，合理推断其潜在栖息地位置，以此规划出景观网路，这便是一个对生物多样性保护具有关键意义的景观安全格局。在海绵城市中，基于不同的生物保护安全水平，构建不同层次的生物多样性保护景观安全格局，特别是在一些市政基础设施与生态网络相交叉或重叠的地方，则需要特别的景观设计，如建立穿越高速道路的动物绿色通道。

3）绿化建设由传统规划向低碳规划转变

低碳规划与传统规划的绿化建设相比，更加符合生物圈的自然规律，它考虑了城市自然生境的问题，以生物多样性作为城市自我净化功能的基础，在满足城市安全、生产、生活等

图 1-1-26 上海世博后滩公园

图 1-1-27 德国高速公路绿色动物通道

图 1-1-28 多样化的生物栖息地

需求的前提下丰富生物种类。这样一方面为更多生物提供栖息地，提高城市生物多样性水平，另一方面改善人居环境，发展了一种低碳愿景下可持续城市规划理念。

除此之外，在海绵城市建设中，可以结合高科技技术建立生物基因库来保护城市中的濒危物种；还可以加强生物多样性的科普和宣传教育，呼吁更多公众参与到保护行动中来；更重要的是，相关政府应建立与之相应的法律法规体系来保护生物多样性。

参考文献

[1] 陈守珊 . 城市化地区雨洪模拟及雨洪资源化利用研究 [D]. 南京 : 河海大学，2007

第二节
何谓“低影响开发（LID）”？

海绵城市建设是通过低影响开发（Low Impact Development，简称 LID）的技术得以实现的。低影响开发是在开发过程的设计、施工、管理中，追求对环境影响的最小化，特别是对雨洪资源和分布格局影响的最小化。

为了达到“低影响”，城市设计和土地开发必须遵从四个尊重，即尊重水、尊重表土、尊重地形、尊重植被，其核心是尊重自然。

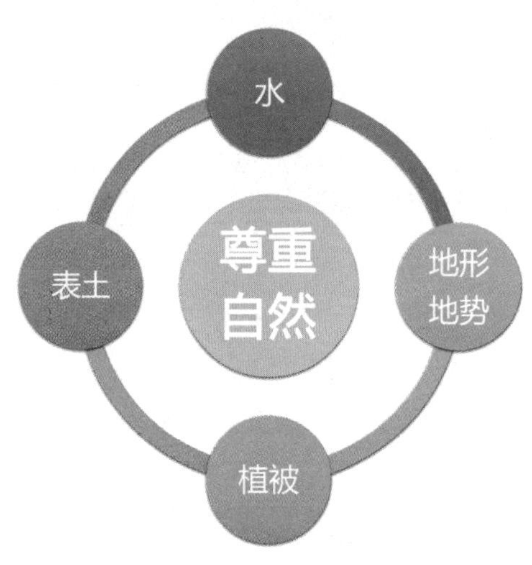

图 1-2-1 海绵城市开发的四个尊重

在某种意义上，低影响开发与海绵城市建设也可以认为是“同义词”。其狭义是雨洪管理的资源化和低影响化，广义则包括城市生态基础设施建设和生态城市建设的目标体系。它包括流域管理、清水入库、截污治污、水生态治理、滞流沟、沉积坑塘、跌水堰、植被缓冲带、雨洪资源化、水系的空间格局、水系的三道防线、生态驳岸、水系自净化系统、水生态系统、湿地、湖泊、河流、水岸线、生态廊道、城市绿地、城市空间、雨水花园、下沉式绿地、透水铺砖、透水公路和屋顶雨水收集系统等等无数大大小小的具体技术和设计。但是，就目前国家战略的考量，海绵城市建设大多集中在一个重要的议题，那就是雨洪管理质和水污染的生态治理技术和设计，这也是本书的重点。

海绵城市土地开发采用低影响开发技术，即在场地开发过程中，尊重水、尊重植被、尊重表土、尊重地形，采用源头分散式措施，如下沉式绿地、蓄水湿地、雨水花园和可透水铺装等，使土地尽量保持开发前的水文下垫面特征，以维持场地开发前后的降雨产流水文特征不变，包括径流总量、峰值流量和峰现时间等。

一、低影响开发对水的尊重

尊重水，则不应该把河流作为纳污场所，不能破坏水岸边的草沟草坡，同时要防止面源污染，保护水系的自净化系统和水生态系统。

从水文循环角度，开发前后的水文特征基本不变，包括径流总量不变、峰值流量不变和峰现时间不变。要维持下垫面特征以及水文特征基本不变，就要采取渗透、储存、调蓄和滞留等方式，实现开发后一定量的径流量不外排；要维持峰值流量不变，就要采取渗透、储存和调节等措施削减峰值、延缓峰值时间。

同一场降雨，下垫面特征不同，开发强度不同，其水资源的构成比例会有很大差异。

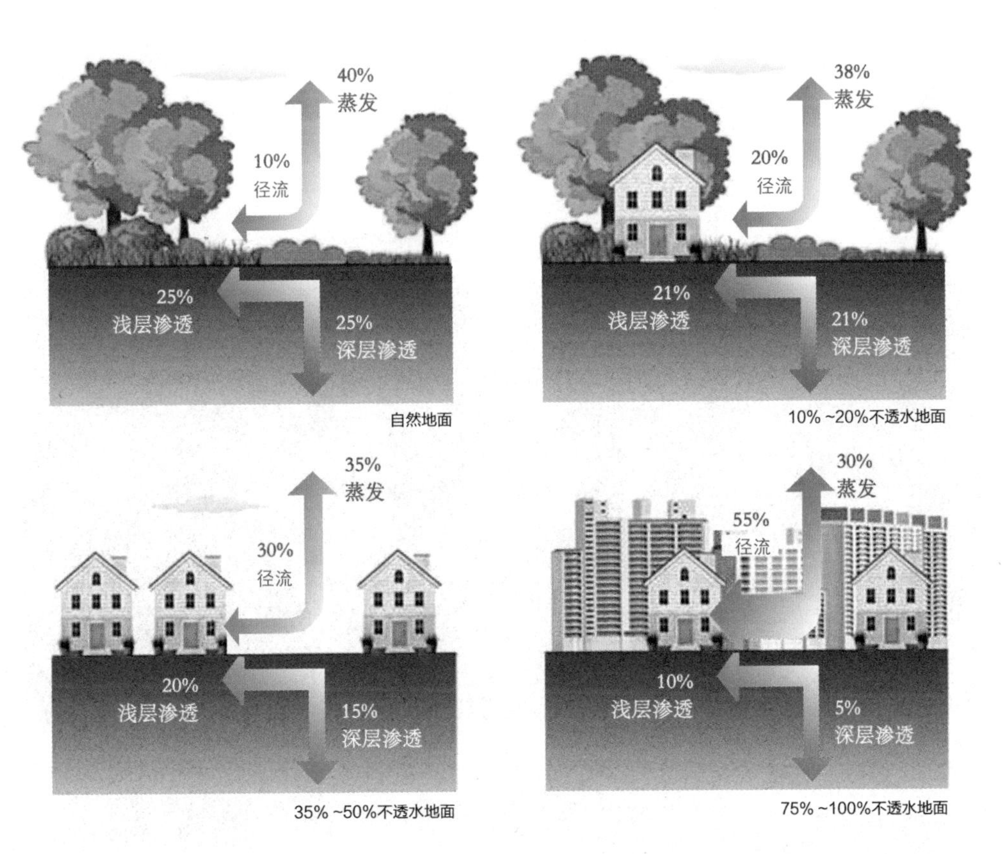

图 1-2-2 不同下垫面的蒸发、径流、下渗比例

一般来说，在自然植被条件下，总降雨量的 40 % 会通过蒸腾、蒸发进入大气，10 % 会形成地表径流，50 % 将下渗成为土壤水和地下水。而城市的建设，打破了这种雨水分布格局：40 % 的蒸腾蒸发变成超过 40% 的蒸发，地表径流则可能从原来的 10 % 增加到 50 % 或更多，下渗则会从 50 % 减少到 10 % 或更少。一旦遭遇强降雨，极易造成洪水和内涝灾害，同时伴随雨洪资源的严重损失、水土流失、面源污染以及水系自净化系统的破坏。因此，减少地表径流、减少水土流失、减少面源污染、减少雨洪资源损失、减少洪水和旱灾危害，以及增加雨水就地下渗、补充地下水，成为低影响开发技术的关键。

二、低影响开发对表土的尊重

土壤为人类提供食物、建筑材料和景观。表土层是指土壤的最上层，是我们最易获取的资源，一般厚度 15 ~ 30 cm，有机质丰富，植物根系发达，含有较多的腐殖质，肥力较高（盐化土壤和侵蚀土壤除外）。表土是地球表面千万年形成的财富，是地表水下渗的关键介质，是植被生长的基础。尊重表土，则要保护和利用好这样宝贵资源，防止水土流失，在土地开发中收集表土并且在土地开发后复原表土。

表土也是土壤中有机质和微生物含量最多的地方。表土是植被生长的基础，微生物活动的载体，在降雨过程中表土能够渗透、储存和净化降水。

图 1-2-3 肥沃的表土层

表土层的特殊结构使它具有调节土壤水分、空气和温度的功能，可以缩短育苗植物的生长周期。表土回填可以促进土壤的生物多样性，提高地表水循环效率和水质安全。传统城市开发为了修建大面积的建筑群，将原始地形进行平整。场地平整过程中，珍贵的表土层被当作渣土处理或廉价售卖。

一些有经验的国家，已经清晰地认识到表层土壤的重要性。比如，美国和澳大利亚，已经设立了专门的表土层保护的法律和机构；英国和日本则有详细的土壤处置指南。

图 1-2-4 被侵占的农业用地

在我国每年有大量的农业用地转换为建设用地，如果这部分流转农用地的表土层回填利用，将会带来巨大的环境效益。海绵城市建设应用了表土层剥离利用的流程和技术，将这些稀缺的表土资源回填到城市绿地或者公共空间，实现建设用地、景观用地与农业用地的多方优化。表土在海绵城市中的作用主要表现在以下三方面。

表土渗透降水：降水从陆地表面通过土壤孔隙进入深层土壤的过程是降水的渗透。渗透进入表土中的水分，部分进入深层土壤后渗漏，其余的水分转化为土壤水停留在土壤中。表土是降水的重要载体，表土渗透水的能力直接关系到地表径流量、表土侵蚀和雨水中物质的转移等。土壤渗透性越强，减少地表径流量和洪峰流量的作用越强。

表土储存降水：表土通过分子力、毛管力和重力将渗透进来的水储存在其中，储存在表土中的水主要有吸湿水、膜状水、毛管水和重力水几种类型，分为固态、液态和气态三种不同的形态。其中，液态水对植物生长非常关键，其主要存在于土壤孔隙中和土粒周围。

表土净化降水：表土净化降水的核心是通过表土—植被—微生物组成的净化系统来完成。表土净化降水过程包括土壤颗粒过滤、表面吸附、离子交换以及土壤生物和微生物的分解吸收等。

1. 影响表土作用的因素

土壤质地、容重、团聚体和有机质等理化性质是影响其储存和渗滤作用的重要因素。

土壤质地：指土壤中黏粒、粉砂和砂粒等不同粒径的矿物颗粒组成状况。国际制土壤质地分级标准将土壤质地划分为壤质砂土、砂质壤土、壤土、粉砂质壤土、砂质粘壤土、粘壤土、粉砂质粘壤土、砂质粘土、壤质粘土、粉砂质粘土和粘土。一般情况下，土壤中砂粒含量越高，其渗透作用越强，保水作用则越差。

土壤容重：又称土壤密度，一般指干容重，是单位体积土壤（包括土壤颗粒间的空隙）烘干后的重量。土壤容重反映了土壤紧实度和孔隙度大小，由土壤颗粒数量和孔隙共同决定，对降水渗滤、储存都有一定的影响。土壤容重越大，孔隙越小，则渗透能力越弱，反之则越强。

土壤团聚体和有机质：土壤团聚体是指土粒形成的小于 10 mm 的结构单元，团聚体的粒径影响土壤孔隙分布及大小，进而影响水分在表土及深层土壤中的迁移。土壤有机质包括土壤动植物、微生物及其分泌物质，具有一定的粘力，能够使土壤颗粒形成团粒结构，在一定的范围内，有机质增加，胶结作用加强，促进土壤团聚体的形成。

2. 如何增加土壤渗透率

通过改变土壤质地、容重、团聚体和有机质等理化性质可以改变土壤的渗滤性和储水能力，从而减少地表径流。在特定区域，地形和土壤质地一定的情况下，在地表植物作用下，表土的渗滤性将增强。

植被根系通过增加表土的孔隙度，来增加降水入渗量。随着植被根系生长，根系与土壤之间形成孔隙，根系死亡腐烂后，表土形成管状孔隙。植物的枯枝落叶腐烂后形成腐殖质，加快土壤团聚体形成，使得土壤孔隙度增加，透水性增强，另外，植物的枯枝落叶为土壤生物提供食物和活动空间，土壤生物活动将改善土壤性质。同时，枯落物增加了表土的粗糙率，减小径流流速，增强入渗，从而减少水土流失。

低影响开发中，透水铺装、渗透塘、渗井和渗管及渠等设施都能够增加地表透水性。采用透水性强的材料、增加材料的孔隙率以及搭配种植植物对增加地表透水性也具有重要作用。

三、低影响开发对地形地势的尊重

自然地形所形成的汇水格局是一个区域开发的重要因素，地形变了，汇水格局也会相应改变。低影响开发就是要研究原有地形和开发后地形的不同汇水格局及其影响。因此，以尊重地形为出发点的规划设计和土地开发，对环境的影响小，相对安全，也可以体现空间的多样性，具有自然和艺术之美。

传统的城市开发中，人们秉持“人定胜天，改造自然”的错误思想，肆意改变场地的地形地势，挖山填湖，变山地为平地，将河道裁弯取直，自然绿地被人工硬化。流域下垫面的改变直接导致了降雨产汇流模式的畸变，水文循环被破坏，城市热岛效应、雾霾加剧，洪水内涝灾害频发，而水资源总量却日益减少。因此，城市开发必须尊重土地原始的地形地势，顺形而建，应势而为，尽量维持土地的地貌、气候及水循环，使人类融于自然，与自然和谐共生。

“地形”指的是地表各种各样的形态，具体指地球表面高低起伏的各种状态，如山地、高原、平原、谷地、丘陵和平地等。自然形成地形地貌（位置、坡度、坡向和高差等）是城市赖以形成和发展的基础，在城市发展过程中，自然地貌从宏观上控制着城市的形态、结构和扩张方向。

地形地貌在一定程度上影响着其他生态因子，例如地形地貌对局部气候（温度和降水）、水环境和生物的分布及多样性有影响；地形的构造和海拔差异也会对当地的日照、太阳辐射和风环境等造成影响。虽然地形对生态城市规划的制约在不同的设计阶段尺度是不同的，但在中观尺度和微观尺度城市规划设计时，针对地形地貌（包括城市的物理结构）对局地气候的调节作用，规划者应该合理利用它，因地制宜加以控制和引导，对建筑选址可以争取到最佳的方位、日照和风环境等，改善不同季节的人体体验舒适度，降低建筑能耗，节约资源。根据地形地貌分析得到当地太阳辐射数据，可以合理利用太阳能资源和配置植物布局。

随着城市的发展，人们逐渐认识到地形地貌在影响着城市气候的方方面面。

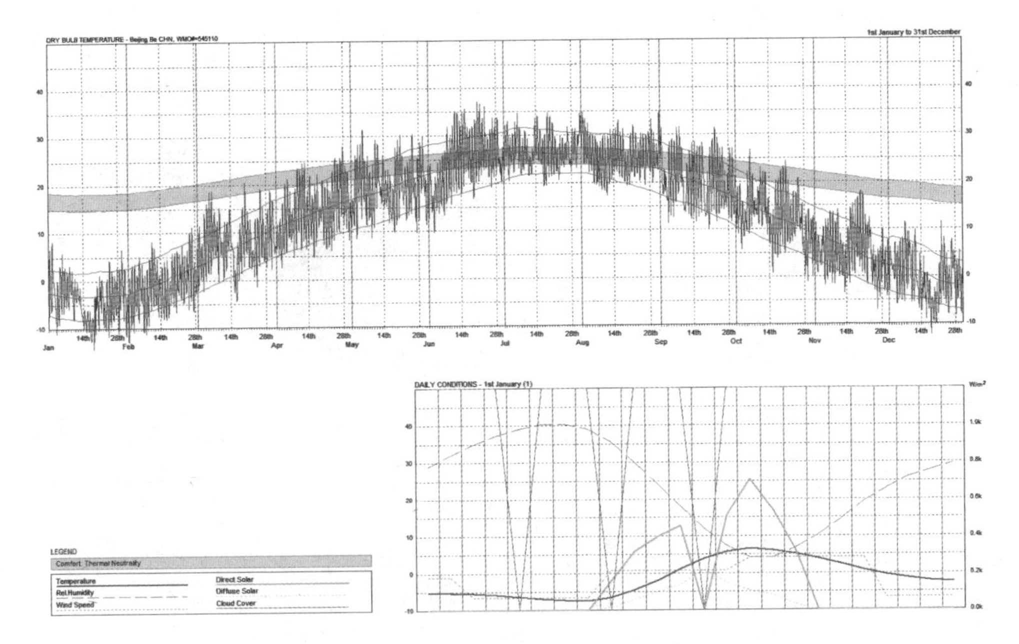

图 1-2-5 全年逐日气象数据

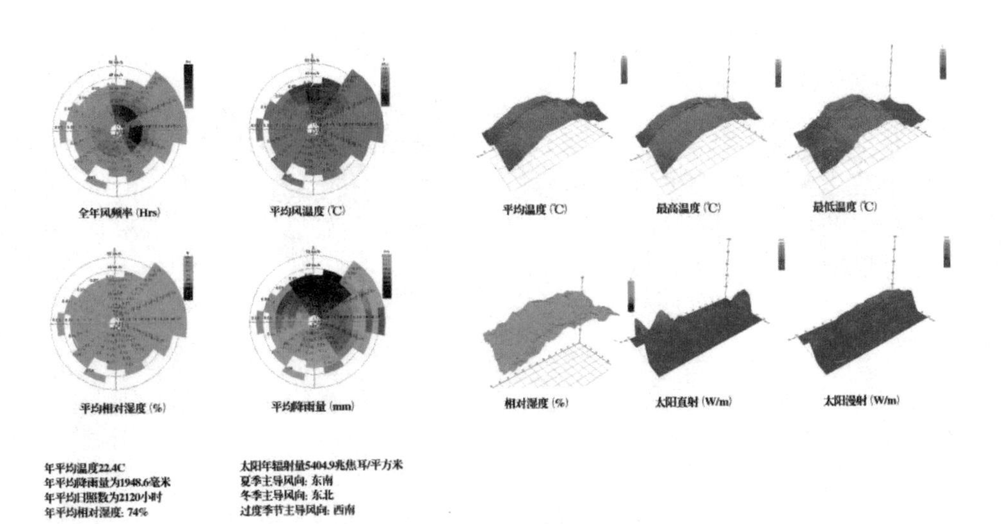

图 1-2-6 全年气象频率数据

1. 地形与太阳辐射

太阳辐射随季节变化而变化，影响太阳辐射的主要因素有太阳高度角、地形和天气等。地球围绕太阳的轨迹是椭圆形，日地距离不断变化，形成的太阳高度角越大，太阳辐射就越强。此外，太阳辐射也会受到气溶胶影响，削减一部分能量。如果天气状况基本一致，相同地区，地势高的地区会比地势低的地区太阳辐射量要高些。因此，为确保建筑的太阳能利用、植物喜好的布局和建筑必要的日照获取，必须考虑此问题。

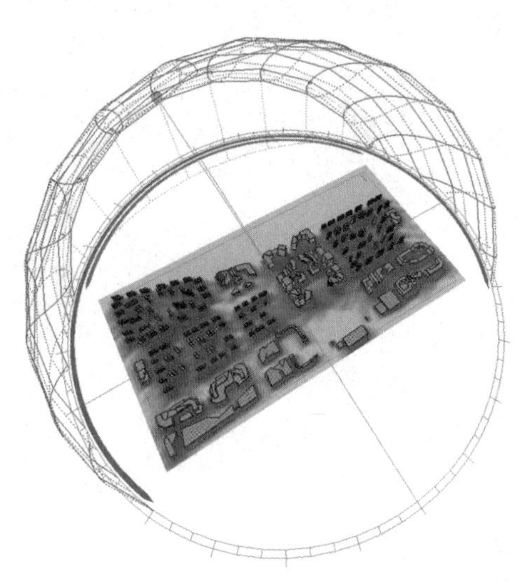

图 1-2-7 太阳辐射

2. 地形与汇水

起伏的地形形成各具特色的水文单元—流域，自然汇水将地表不同形式的水系联系起来。海绵城市建设作为流域管理的一个节点，把研究区域只局限在一部分地区显然是不完整的。分析流域的地形、水文、土壤和气候等生态因素，把城市发展置于流域管理的系统中，整体的建筑布局和动植物群落符合流域整体格局。

城市建设改变了原有的地形地貌，场地平整和地表硬化改变了流域的产汇流机制，使城市成为汇水集中区，增大了洪涝灾害的发生概率。

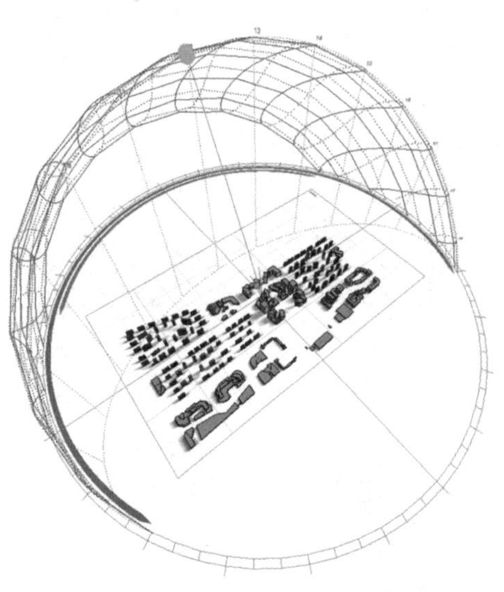

图 1-2-8 阴影范围

海绵城市建设应该吸取传统城市开发的惨痛教训，依据地形营造连续的自然水岸，在易侵蚀地区建立高植被覆盖的自然防线，疏通自然排水肌理，连通城市水系，增加水面面积，提高城市容水能力，提高地下水补给量。构建“生态沟渠—滞留湿地—河湖”的连通系统，完善地表水系空间格局，实现能量交换，美化城市环境。

数字高程模型（DEM）模拟真实的地形地貌信息，包含丰富的水文信息，通过水文计算软件可以快速准确提取地区水网和流域分区等水文信息。

水系是城市的命脉，水是城市产生和发展的动力，因此在城市的建设过程中应当首先搞清楚其所处的流域和水系格局，形成小区域内的良性循环，构建更大区域的水生态文明。

经过合理的水力计算，增加水体面积，构建“生态沟渠—滞留湿地—河湖连通”系统，完善地表水系空间格局，充分利用自然排水，雨水湿地滞留水资源，实现能量交换，完成地表水地下水补给。

3. 地形与温度降水

高山往往引起气候的垂直分异，迎风坡形成雨屏，背风谷地成为高温中心，甚至产生“焚风效应”[1]。在自由大气中，高度每上升 100 m，温度减低 0.6 ℃。在山地地区最能体现随高度升高而温度减低的现象。在地形地势情况差异不明显情况下，降水对不透水下垫面形成地表径流量的影响大于自然地表下垫面，因此需要尽可能地还原自然地表，利用地形地势自然疏导降水，减轻对低洼地区洪涝影响。地形的高差与几何特性可以影响着城市的气温与降水，对提高城市的舒适环境和洪涝安全有积极影响。

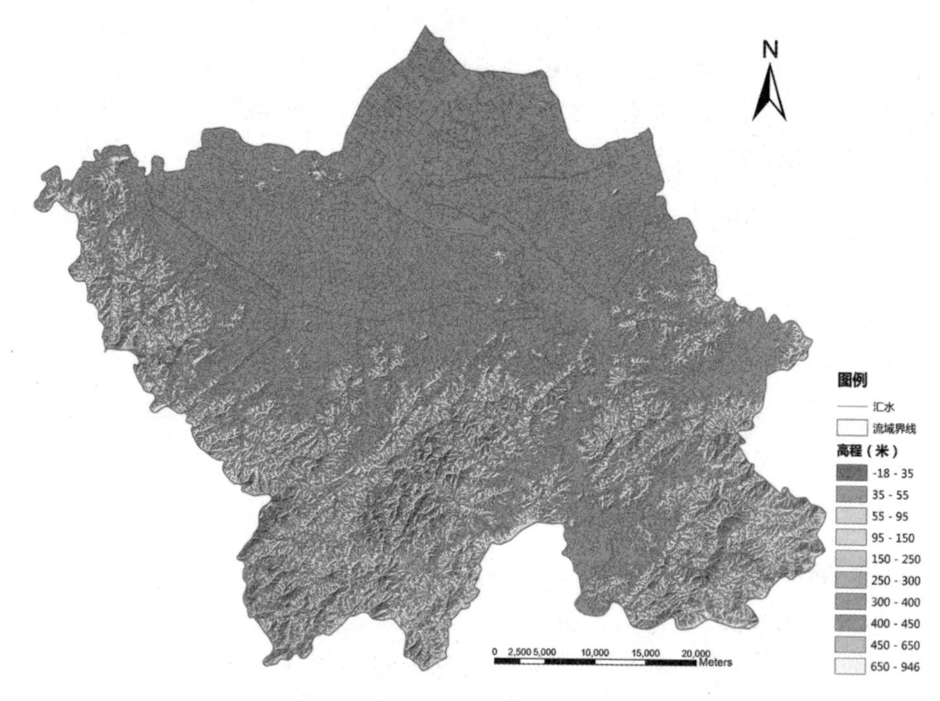

图 1-2-9 数字高程模型（DEM）

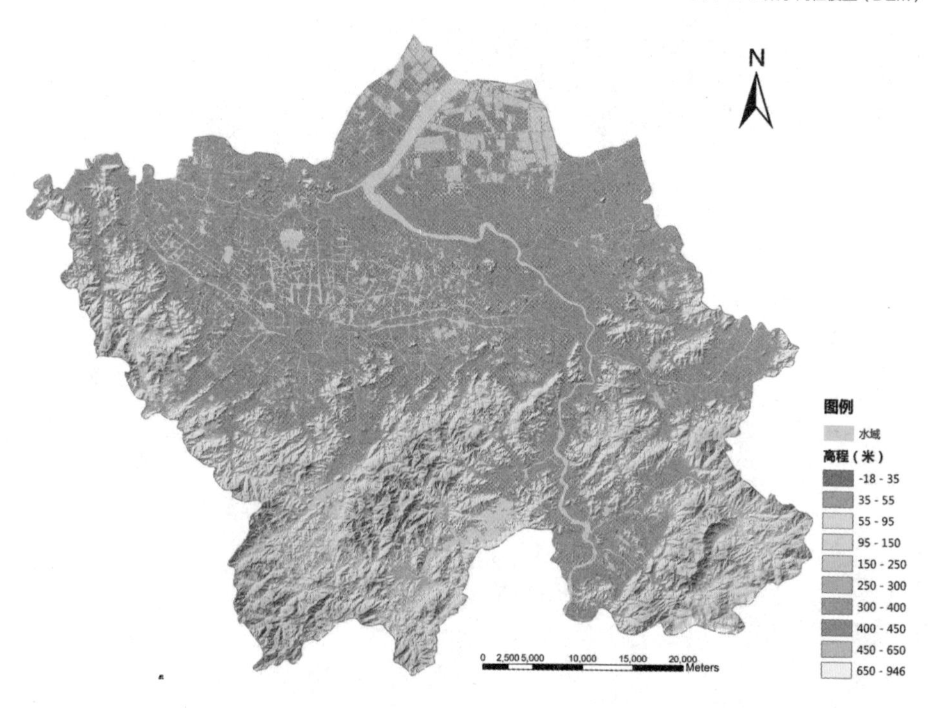

图 1-2-10 流域分区与汇水

4. 地形与风环境

地形对气流具有绕流作用，地形可以造成局地环流与地方性风。局部地形风作为局地微气候的特殊现象，其影响规模约为水平范围 10 km 以内，垂直范围 1 km 以下 [2]。山顶风大，峡谷风急，陡坡风猛，死谷风静，盆地静风频率高，逆温强烈，对大气扩散不利 [1]。例如成都城区气候条件差，静风频率较高，风速较低会导致城市大气问题，为改善城区大气环境，成都城区采用"扇叶式"布局，"扇叶"之间规划为永久性绿地，并沿主要河道向城区内深入楔形绿地，使城市环境与自然环境有机结合 [3]。这种设计也有利于局地风的形成。因此掌握城市的主导风向和风频，既可以加快扩散城市产生的气体，减轻工业对居住区的危害，也可以为城市设计方案提供科学依据。

从上述的描述不难发现，城市的局部气候总是受到各类地形的几何特性（山地、高原、平原、谷地、丘陵和平地）和局部建筑分布的影响，但差异中也存在一些共性（见表 1 -2-1），因此城市选址和低影响开发时需要针对当地地形地貌做大量的前期分析（见表 1 -2-2）。在城市规划设计时应尊重地形地貌与气候因子之间的相互影响和作用，运用大数据例如高精度数字高程模型和当地历年气象数据结合仿真软件反演太阳辐射量、流域汇水、温度、降水、焓湿数据和风频风向等专项结果，加强综合信息分析，减轻开发对场地影响，合理安排城市功能布局，营造舒适局地微气候，改善城镇环境提升城镇生活品质。

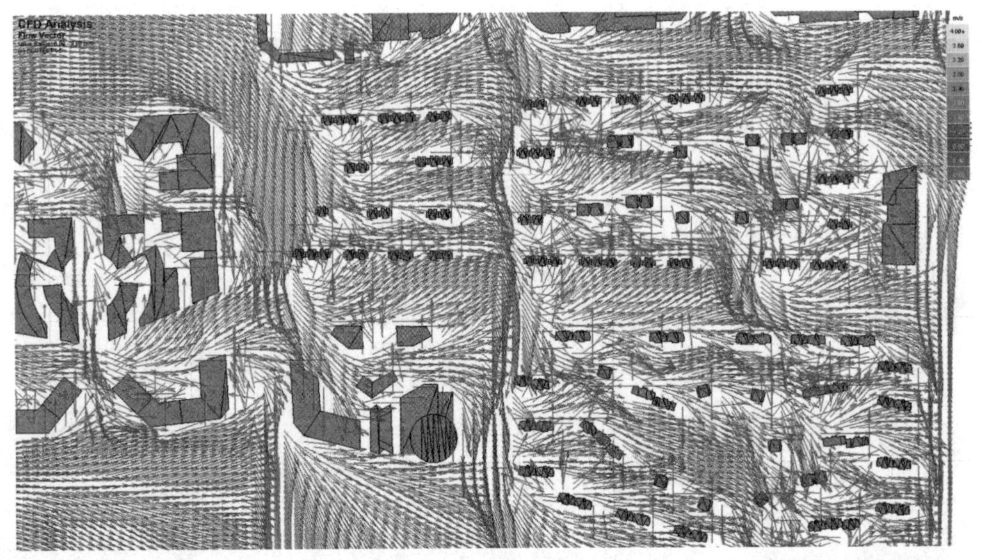

图 1-2-11 区域内风场分析

表 1-2-1 不同地形与气候等环境要素的关系

地形	升高的地势	平坦的地势	下降的地势					
	丘、丘顶	垭口	山脊	坡（台）地	谷地	盆地	冲地	河漫地
风态	改变风向	大风区	改向加速	顺坡风 / 涡风 / 背风	谷地风		顺沟风	水陆风
温度	偏高易降	中等易降	中等背风坡高热	谷地逆温	中等	低	低	低
湿度	湿度小，易干旱	小	湿度小，干旱	中等	大	中等	大	最大
日照	时间长	阴影早时间长	时间长	向阳坡多，背阳坡少	阴影早差异大	差异大	阴影早时间短	
雨量				迎风雨多，背风雨少				
地面水	多向径流小	径流小	多向径流小	径流大且冲刷严重	汇水易淤积	最易淤积	受侵蚀	洪涝洪泛
土壤	易流失	易流失	易流失	较易流失			最易流失	
动物生境	差	差	差	一般	好	好	好	好
植被多样性	单一	单一	单一	较多样	多样	多样		多样

来源：刘贵利.城市生态规划利用与方法.南京：东南大学出版社，2002.

表 1-2-2 不同生物气候条件下结合地形的选址原则

类别	生物气候设计特征	地形利用原则
湿热地区	最大程度遮阳和通风	选择坡地的上段和顶部以获得直接的通风，同时位于朝东坡地上以减少午后太阳辐射。
干热地区	最大限度遮阳，减少太阳辐射，避开满是尘土的风，防止眩光。	选择处于坡地底部以获得夜间冷空气的吹拂，选择东坡或者东北坡以减少午后太阳辐射。
冬冷夏热地区	夏季尽可能地遮阳和促进自然通风；冬季增加日照，减轻寒风影响。	选址以位于可以获得充足阳光的坡地中段为佳，在斜坡的下段或者上段要依据风的情况而定，同时要考虑夏天季风的重要性
寒冷地区	最大程度利用太阳辐射，减轻寒风影响。	位于南坡（南半球为北坡）的中段斜坡上以增加太阳辐射；且要求位于高到足以防风，而低到足以避免受到峡谷底部沉积的冷空气的影响。

来源：根据Anne Whiston，Spirn.The Granite Garden--Urban Nature and Human Degin［M］.New York:Basic Books，Inc.，Publishers，1984，88页相关内容改绘

四、低影响开发对植被的尊重

植被是顺应地形的产物，也是水和土壤的产物；而植被也是地形、水和土壤的“守护神”。没有植被，水土流失和面源污染则不可避免；没有植被，水质、水资源和表土都会丧失，地形也会改变，而水也会失去它的资源属性，变成灾难性的洪水、干旱和水荒，造成经济损失，成为制约城市发展的瓶颈。

1. 植被的重要作用

陆地表面分布着多样化的植物群落，植被是能量转换和物质循环的重要环节，为生物提供栖息地和食物，改善区域小气候，对水文循环起到平衡作用，防止土壤侵蚀、沉积和流失，同时也是城市的重要景观，可以削弱城市热岛效应。

图 1-2-12 绿色城市

城市建设要尽量保护土地原生的自然植被，保证城市的绿地率，丰富植被多样性，促使城市生态系统的正向演替。丰富的地表植被在降雨初期进行雨水截留，根系吸收一些土壤中水分为未来丰水季节降水提供渗透空间。地表水体补充地下水时，污染物质被植被与土壤吸收净化，对地下水质提升有积极的影响。在起伏的地区，植被的分布能够减少水流对地表的冲击，减轻对小溪渠道的破坏，减少汇水面的水土流失，避免河床抬高，防止洪涝灾害。

植被在低影响开发中具有重要作用，低影响开发的种植区可实现坑塘和生物滞留池的排水和雨洪滞留等功能，植被种植区具有自然渗透，减小地表径流，增加雨水蒸发量，缓解市区的热岛效应，降低入河雨洪的流速和水量，降低污染系数，控制面源污染等重要作用，根据植物特性在适当的区域种植最适合的植物是达到其最佳排水功能的关键因素，需根据植物的需水量，耐涝程度，根叶的降解污染物的能力来选择适当的植物。

2. 选择本地物种

种植区植物的选择应尊重自然和当地植被，由于本地物种能适应当地的气候、土壤和微生物条件，而且维护成本低，水肥需求量小，所以应优先选择本地物种。但由于国外低影响开发技术相对成熟，可使用与国外成熟的低影响开发植物生态习性相近的本地物种或在必要条件下慎重选择容易驯化的外地物种。

3. 植被的空间格局

低地带 由于地势最低，雨水或灌溉水最终流入这一区域， 低地带应设计地漏，雨水一般不会存留超过 72 小时。但是在雨季雨水会长时间淹没这一区域的植物，所以在这一区域应该选择根系发达的耐水植物，建议使用当地草本植物，或地被植物。

中地带 这一区域是高地带和低地带的缓冲带，起到减慢雨水径流的作用，下雨时，这一区域的植物滞留雨水，同时雨水灌溉植物，在暴雨时这一区域的植物应起到保护护坡的作用，所以在选择这一区域的植物时须选择耐旱和耐周期性水淹的生长快、适应性强、耐修剪以及耐贫瘠土壤的深根性的护坡植物。

高地带 这一区域是低影响开发设施的顶部，在一般降雨条件下雨水不会在这个区域存储，所以这一区域的植物需具有强耐旱性，并在少数的暴雨条件下具有一定的耐涝性能。

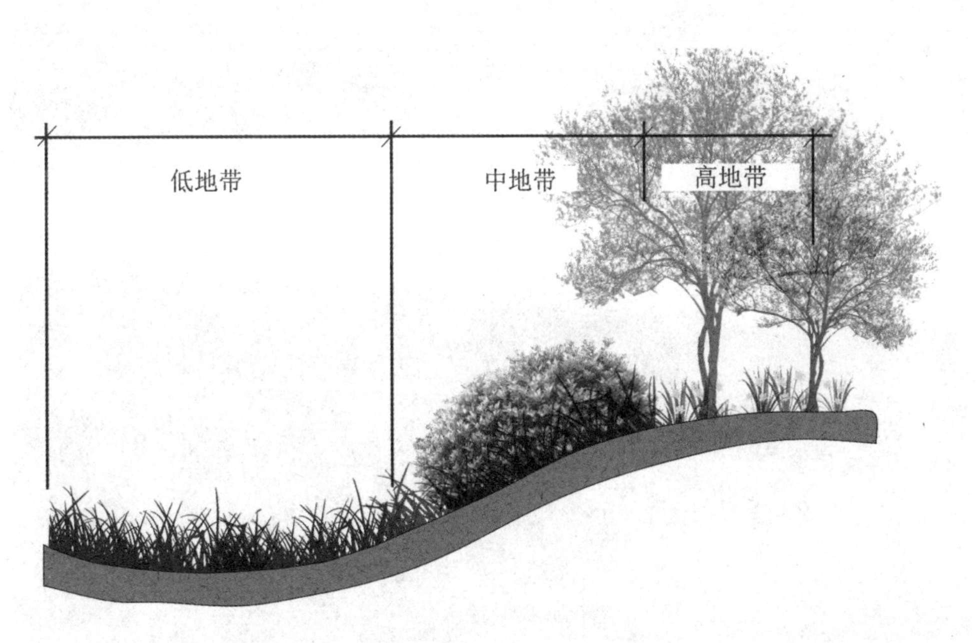

图 1-2-13 植被的空间格局分区图

图 1-2-14 植被的空间格局分区图

图 1-2-15 植被的空间格局分区图

图 1-2-16 植被的空间格局

图 1-2-17 植被的空间格局

五、低影响开发与下沉式绿地

水利专家向立云说过："如果绿地能比路面低 20~30 cm，就可以吸收 200~300 mm 的降水"。

我国较早提出下沉式绿地的是张铁锁和刘九川两位学者。他们认为："所谓下沉式绿地，就是绿地系统的修建，基本处在道路路面以下，可以有效地利用雨水和再生水，减少灌溉的次数，节约宝贵的水资源"[4]。

下沉式绿地可分狭义和广义两大类别，狭义下沉式绿地指的是绿地高程低于周边硬化地面高程约 5~25 cm 之间，溢流口位于绿地中间或硬化地面的交界处，雨水高程则低于硬化地面且高于绿地，而广义的下沉绿地外延明显扩展，除了狭义的下沉式绿地之外，还包括雨水花园、雨水湿地、生态草沟和雨水塘等雨水调节设施。

图 1-2-18 下沉式绿地

图 1-2-19 下沉式绿地

图 1-2-20 下沉式绿地

图 1-2-21 下沉式绿地

图 1-2-22 下沉式绿地

图 1-2-23 下沉式绿地

图 1-2-24 下沉式绿地

下沉式绿地可有效减少地面径流量，减少绿地的用水量，转化和蓄存植被所需氮、磷等营养元素，是实现海绵城市功能的重要技术手段之一。

参考文献

[1] 尹启后，陈年，徐茂其 . 地貌与环境保护 [J]. 重庆环境科学，1982，（5）:37-39.

[2] 林宪德 . 绿色建筑计划一由生态建筑到地球环保 [M]. 台北 : 詹氏书局，1996:84.

[3] 沈清基 . 城市生态环境：原理、方法与优化 [M]. 中国建筑工业出版社，2011.4.

[4] 张铁锁，刘九川 . 下沉式绿地的应用浅析 [C]// 三门峡市第四届自然科学论文集（2002-2004），2004：1470-1472.

第三节
何谓“海绵城市设计”？

城市设计的主要工作是对城市空间形态的整体构思与设计，其基本的要素是用地功能、建筑外观及开放空间。

在城市设计的过程中，我们要将“硬质”设计与“软质”设计相结合，统筹考虑。这里的“硬质”指的是建筑和路面等硬质材料，“软质”指景观、水域和植物等生态环境。因此，开展设计工作的一个基本条件就是顺应自然。在这一前提下，海绵城市的设计理念应运而生，打造“天人合一”和“融入自然”的思想，是对当代城市设计只注重建筑美学形态这种观念的完善与修正。城市设计应当全面地考虑城市与自然的共生，让雨水、阳光、风、植物与城市空间形态完美地融合，让城市在适应环境变化和应对自然灾害等方面具有良好的“弹性”，真正达到与自然和谐共处的目标。

图 1-3-1 海绵城市新加坡

一、海绵城市设计的生态学原则

海绵城市设计应遵循生态学基本原理。生态学虽体系庞大、包罗万象，但其原则主要包含三个关键点：承载力、关系和可持续性。首先，任何生态系统都有一定的承载力，事物在承载力范围内良性发展，超出承载范围则发生失衡。海绵城市的设计中，应保证水资源承载力、水环境承载力、水生态承载力和土壤承载力等系统的平衡。其次，生态系统内各事物间相互关联，直接影响了事物的形成与发展。海绵城市设计中，应正确处理好水与土壤的关系、水与植被的关系、水与陆地的关系以及空间格局的关系等。最后，实现系统的可持续。海绵城市设计成功与否的一个重要标准就是其可持续性，一个科学合理的设计必然是环保的、生态的以及可持续的。生态必然是可持续的，不可持续必然不生态。一个可持续的海绵城市设计，必须符合如下生态学原则。

1. 生态优先原则

在进行海绵城市规划时应该将生态系统的保护放在首位，当生态利益与其他的社会利益和经济利益发生冲突时，应该首要考虑生态安全的需求，满足生态利益。首先对区域生态系统和当地生态系统本底进行调查，在不破坏当地生态系统的前提下，确定优先保护对象。海绵城市应强调生态系统的整体功能，在城市中生态系统具有多种功能，但是生态系统的社会功能、经济功能、供给功能、支持功能以及景观功能均应该以生态功能为基础，形成生态优先，社会—经济—自然的复合生态系统。

2. 保护城市原有的生态系统原则

最大限度地保护原有的河流、湖泊、湿地、坑塘及沟渠等水生态基础设施，尽可能地减少城市建设对原有自然环境的影响，这是海绵城市建设的基本要求。采取生态化、分散的及小规模的源头控制措施，降低城市开发对自然生态环境的冲击和破坏，最大限度保留原有绿地和湿地。城市开发建设应保护水生态敏感区，优先利用自然排水系统与低影响开发设施，实现雨水的汇集、渗透、净化和可持续水循环，提高水生态系统的自我修复能力，维持城市开发前的自然水文特征，维护城市良好的生态功能。划定城市蓝线，将河流、湖泊等水生态敏感区纳入城市规划区中的非建设用地范围，并与城市雨水管渠系统相衔接。

3. 多级布置及相对分散原则

多级布置和相对分散是指在海绵城市规划过程中，要重视社区和邻里等小尺度区域生态用地的作用，根据自身性质形成多种体量的绿色斑块，降低建设成本，并达到分解径流压力，从源头管理雨水的目的。要将绿地和湿地分为城市、片区及邻里等多重级别，通过分散和生态的低影响开发措施实现径流总量控制、峰值控制、污染控制及雨水资源化利用等目标，防止城镇化区域的河道侵蚀、水土流失及水体污染等。保持城市水系结构的完整性，优化城市河湖水系布局，实现自然、有序排放与调蓄。

4. 因地制宜原则

应根据当地的水资源状况、地理条件、水文特点、水环境保护情况以及当地内涝防治要求等，合理确定开发目标，科学规划和布局。合理选用下沉式绿地、雨水花园、植草沟、透水铺装和多功能调蓄等低影响开发设施。另外，在物种选择上，应该选择乡土植物和耐淹植物，避免植物长时间浸水而影响植物的正常生长，影响净化效果。

5. 系统整合原则

基于海绵城市的理念，系统整合不仅包括传统规划中生态系统与其他系统（道路交通、建筑群及市政等）的整合，更强调了生态系统内部各组成部分之间的关系整合。要将天然水体、人工水体和渗透技术等生态基础设施统筹考虑，再结合城市排水管网设计，将参与雨水管理的各部分整合起来，使其成为一个相互连通的有机整体，使雨水能够顺利地通过多种渠道入渗、贮存、利用和排放，减小暴雨对城市造成的损害。

二、海绵城市设计中的景观生态学应用

景观生态学(Landscape Ecolology)是生态学中重要的学科分支,也是非常实用的一门科学。它用于指导整个土地利用、土地规划、城市规划、生态系统修复及海绵城市设计等。

1. 景观生态学的主要内容

景观生态学主要有三部分内容：空间、格局、尺度。景观生态学没有改变生态学里的承载力概念，没有改变可持续概念，但是生态关系这部分概念有了三大侧重点。第一，景观生态学突出了空间关系，包括城市天际线的关系、植物与岸边的关系和全球气候变化的空间关系。第二，景观生态学突出格局关系，在自然系统中，空间关系有一定的自然格局，这些格局与系统的功能和结构相辅相成，只要研究好这个格局，在规划设计中追求自然和艺术，就能够实现空间格局关系的艺术性和可持续性。第三，尺度问题，例如：城市污水处理与整条水系治理是处于两个不同的尺度的问题，所涉及的内容不一样，设计的理念也不一样。一个小区的开发与城市区域的发展焦点不一样，不同尺度具有不同的关系，设计师必须掌握好不同系统和区域之间的尺度关系，不同尺度有不同的设计理念、不同的焦点和不同的生态关系，如果能掌握这一点，我们的设计就会是生态的。

景观生态学不但是景观设计师必须掌握的科学、设计理念以及设计技术，也是海绵城市设计师所必需的。因为，我们所有的设计都旨在处理空间关系，即空间格局。什么是空间格局?对于一条河流、一个城市的绿地系统、景观系统和生态廊道，什么地方该有树，什么地方该有草，什么地方该有水，以及弯曲的河道、海岸线和水岸线等等，这个就叫空间的格局。为什么河流是弯曲的？美国佛罗里达州曾把 Kissimmee 去弯取直后，排洪顺畅了，但湿地水位逐渐降低以致消失。面流污染和水土流失没有了湿地的净化，直接进入河道并顺着河道排到湖里。于是湖泊污染了，河道污染了，湿地消失了，鸟也不见了。当年他们花数十亿美元做这个工程，20 世纪 90 年代又花双倍还多的钱进行恢复。这就是破坏自然空间格局的代价。

自然湿地里的空间格局，包括河床里的湿地空间格局是有其道理的，一切回归于自然法则。为什么有些地方是芦苇，为什么有些地方是水面？这种芦苇和水面交错镶嵌的空间格局之所以能维持，是几千年来演变的过程，它是自然的，也是可持续的。

同时，作为一个好的生态设计师，在不同尺度里做的应该是不同的设计，或者说，一个好的海绵城市设计，有不同的多样性。有些地方可为，有些地方不可为，这就是设计全部创意的理念。还有，海绵城市设计除了要有前瞻性，还要考虑比设计区域更大的区域的影响。设计不能局限于所设计的区域范围。比如，从生态角度来讲，三峡工程的影响可能不局限于三峡库区。在远离三峡的鄱阳湖的湖水连续干枯，为什么呢？我们知道，水系里的泥沙是宝贵的资源，黄河平原、珠三角及长三角都是泥沙淤积形成。三峡工程建设后，长江中下游江水含沙量锐减，泥沙减少河水就会切割河床，原本长江水流入鄱阳湖然后流出，长江河床下切以后，流进鄱阳湖的长江水减少，鄱阳湖的水位就急剧下降，其生态影响是难以估量的。从生态学来讲，有些影响是长远的、跨区域的以及巨大的。一个可持续的海绵城市设计，就不能不考虑这种长远的和跨区域的大尺度影响。

2. 景观生态学的结构与功能

景观生态学以不同尺度的景观系统为主要研究对象，以景观格局、功能和动态等为研究重点，其中景观结构为不同类型的景观单元以及它们之间的多样性和空间关系。景观功能为景观结构与其他生态学过程之间的相互作用，或景观结构内部组成单元之间的相互作用。景观动态是指景观结构和功能随时间不断地变化。景观结构、景观功能和景观动态相互依赖和相互制约，无论在哪个尺度上的景观系统中，结构和功能相互影响。在一定程度上，景观结构决定着景观功能，而景观功能又影响着景观结构。

斑块、廊道和基质是景观生态学用来解释景观结构的基本模式。斑块是指与周围环境在外貌或性质上不同，但又具有一定内部均质性的空间部分，常见的形式可以是湖泊、农田、森林、草原、居住区及工业区等。廊道为景观格局中与相邻周围环境呈现不同景观特征并且呈线性或带状的结构。常见的廊道形式为河流、防风林带、道路、冲沟及高压线路下的绿带等。基底是景观中分布最广且连续性最大的背景结构，常见的基底有郊区森林基底、农田基底和城市中的城市建设用地基底等。景观中任意一个要素不是在某斑块内就是在起连接作用的廊道内或是落在基质内，三者是有机的统一体。

3. 景观生态学在海绵城市设计中的应用

景观生态学在海绵城市设计中的应用主要表现在：流域层面、城市层面以及场地层面上。

1）流域层面

地表和地下水来源的区域就是流域。因此我们要防止上游、支流河流的水土流失和湖泊蓄滞洪水能力下降，阻止上流水域生态服务功能退化所导致的中下游城市的洪水泛滥。我们要通过研究流域生态系统内各个组成要素的结构和功能，通过采取完善上游和支流格局，恢复上游湖泊调节功能，保护河流生态廊道等方法构建完整、稳定及多样的生态系统，从而达到流域防灾减灾的作用。

2）城市层面

在城市建设过程中，不合理的规划和建设使得本可以在景观生态过程中进行自然演化的基质和斑块却因受到人工斑块的侵蚀而破坏乃至消失。例如一些保障城市水文自然循环过程的重要景观元素滨河绿道、城市天然的排水沟和草地植被等天然廊道斑块都被人工斑块所阻断或者取代甚至遭到毁灭性的破坏。城市景观呈现破碎化及连接度弱化的趋势。城市自然水循环过程遭受了破坏，从而导致城市型水灾的发生。所以城市发展建设规划必须以水循环的生态过程为依据和基础，调整城市用地布局，完善城市水系结构，采取雨水生态补偿，恢复和保护这些重要景观要素的结构和功能，从而到达保障城市安全的目的。

3）场地层面

场地设计中导致城市型水灾发生的主要原因之一就是不分场所的将雨水迅速排到城市雨水管网中，根据景观生态学原理，当我们进行的活动引起景观系统发生变化时，我们应该尽可能多地实现景观功能价值。所以通过集蓄利用雨水、渗透回灌地下水、综合利用雨水将场地的设计和生态环境结合起来，实现防灾减灾。

以景观生态学为原理对流域、城市和场地三个不同层面进行分析，通过在流域层面构建一个稳定、完善的生态系统，城市层面维护城市自然水循环过程，场地层面利用雨水并保持场地雨水渗入通畅，最终实现海绵城市的设计理念。

三、海绵城市设计与生态基础设施设计

城市生态基础设施由流域汇水系统以及城市的排水系统构成[1]，是具有净化、绿化、活化及美化综合功能的湿地（肾）、绿地（肺）、地表和建筑物表层（皮）、废弃物排放、处置、调节和缓冲带（口），以及城市的山形水系和生态交通网络（脉）等在生态系统尺度的整合，涵盖了城市绿地、城市水系以及生态化的人工基础设施系统（建筑及道路系统）等，与城市灰色基础设施相比而言，生态基础设施建设对于维持生态安全和城市健康更为重要，是城市可持续发展和生态城市建设的保障。

海绵城市建设，以修复城市水生态环境为前提，综合采用“渗、滞、蓄、净、用、排”等工程技术措施，将城市建设成为具有“自然积存、自然渗透、自然净化”功能的“海绵体”，旨在解决城市地下水涵养、雨洪资源利用、雨水径流污染控制、排水能力提升与内涝风险防控等问题。海绵城市建设包括以下三个方面：一是对城市原有生态系统（如：城市水系、绿地系统等）的保护；二是对受到破坏的生态系统进行生态恢复和修复；三是低影响开发（《海绵城市建设技术指南》，2014）。其关键在于对河流、湖泊、湿地及坑塘等水系以及绿地、可渗透路面等“海绵体”的建设。因此，从广义上来说，海绵城市建设包括城市生态基础设施建设和生态城市建设，其主要建设途径是低影响开发设施的构建。

海绵城市建设是基于中国新型城镇化战略、生态文明战略、生态城市战略以及生态文明战略的生态基础设施建设，其设计理念贯穿于各项城市生态基础设施建设之中。但相较于之前的城市生态基础设施建设，其更加侧重于水质和水污染的生态治理技术和设计。

海绵城市建设采用低影响开发技术，从而实现雨水“渗、滞、蓄、净、用、排”等的低影响开发设施的耦合。渗——减少路面、屋面、地面等硬化地表面积，雨水就地下渗，从源头减少径流；滞——延缓峰现时间，降低排水强度，缓解雨洪风险；蓄——削减峰值流量，调节雨洪时空分布，为雨洪资源化利用创造条件；净——对污染源采取相应控制手段，削减雨水径流的污染负荷；用——实现雨洪资源化，雨水回灌、雨水灌溉及构造园林水景观等，形成雨水资源的深层次循环利用；排——统筹低影响开发雨水系统、城市雨水管渠系统以及超标雨水径流排放系统，构建安全的城市排水防涝体系，确保城市运行安全。

图 1-3-2 低影响开发设施——绿色屋顶

图 1-3-3 低影响开发设施——雨水花园

将低影响开发设施融入城市绿地、水系、建筑及道路交通等的规划设计中，并使之形成各生态基础设施的整合系统，是雨洪管理的重要手段和措施。

绿地系统是城市中最大的“海绵体”，也是构建低影响开发雨水系统的重要场地。其调蓄功能较其他用地要高，并且可担负周边建设用地海绵城市建设的荷载要求。城市绿地及广场的自身径流雨水可通过透水铺装、生物滞留设施和植草沟等小型及分散式的低影响开发设施进行雨水消纳，而在城市湿地公园和有景观水体的城市绿地及广场中，更宜建立雨水湿地和湿塘等集中调蓄设施。

水系是城市径流雨水的自然排放通道（河流）、净化体（湿地）及调蓄空间（湖泊、坑塘等）。首先，其岸线应尽量设计为生态驳岸，以提高水体的自净能力；其次，在维持天然水体的生态环境前提下，充分利用城市自然水体设计湿塘和雨水湿地等雨水调蓄设施；最后，滨水绿化控制线范围内的绿化带可设计为植被缓冲带，以削减相邻城市道路等不透水面的径流雨水的径流流速和污染负荷。

路面及建筑屋面是降雨产汇流的主要源头。对城市道路而言，人行道、车流量和荷载较小的道路宜采用透水铺装，道路两旁绿化带和道路红线外绿地可设计为植被缓冲带、下沉式绿地、生物滞留带及雨水湿地等。此外，植草沟、生态树池和渗管或渠等也可实现雨水的渗透、储存及调节。植被缓冲带、渗透沟渠与植草沟在道路建设中的应用如图 1-3-4。而对于建筑屋面，绿色屋顶是较为有效的低影响开发设施，也可用雨水罐和地上或地下蓄水池等设施对屋面雨水进行集蓄回用。

图 1-3-4 植被缓冲带在道路建设中的应用

径流雨水首先应利用沉淀池和前置塘等进行预处理，然后汇入道路绿化带及周边绿地内的低影响开发设施，且设施内的溢流排放系统应与其他低影响开发设施或城市的雨水管渠系统和超标雨水径流排放系统相衔接，以实现“肾—肺—皮—口—脉”的有机整合。

在城市总体规划的指导下，做好低影响开发设施（城市绿地、水系、建筑及道路交通等生态基础设施）的类型与规模设计及空间布局，使城市绿地、花园、道路、房屋及广场等都能成为消纳雨水的绿色设施。并且，结合城市景观及城市排水防涝系统进行规划设计，在削减城市径流和净化雨水水质的同时形成良好的景观效果，实现海绵城市建设“修复水生态、涵养水资源、改善水环境、提高水安全及复兴水文化”的多重目标。

四、海绵城市设计与生态城市设计

现代城市开发建设的蓬勃发展给我们的生活带来了诸多便利，同时也留下了许多顽疾。其中，与市民生活息息相关的“水”问题，成为众多城市悬而未决的难题。现代城市中，混凝土和柏油路等硬质铺地的大量建设，致使雨水一般只能通过人工管道排放，土壤失去了本身的渗透能力。雨季，城市管道排放系统往往会瘫痪，造成严重的内涝。例如，2015 年 5 月 20 日，暴雨突降广东东莞，街道一片汪洋，许多汽车被水淹没，街巷成为市民的鱼塘。内涝已成为强降雨后，中国众多城市的常态，全城看“海”的戏剧性场面亦屡见不鲜。

图 1-3-5 东莞市民在街道上捉鱼（图片来源：网易新闻）

图 1-3-6 暴雨后的东莞街巷（图片来源：网易新闻）

在缺水地区，70% 的雨水被排放，等于浪费了 70% 的天然水源；而城市为了满足用水需求，却花费大量的人力物力从区域外调水，造成了严重的资源浪费和财力损失。此外，大规模地建造硬质道路广场和高层建筑，导致绿地和水体相应减少，增强了热量传导及光线折射，减缓了热量的散失，造成了城市“热岛效应”。

针对这一系列的城市生态环境及水资源利用问题，国家提出了“海绵城市”的建设目标与技术指南，通过建设“海绵城市”，能有效地降低城市的内涝风险，同时缓解城市水资源缺乏问题，体现了“可持续”城市建设理念。

建设海绵城市，首先要改变传统城市“快速排水”和“集中处理”的规划设计理念，传统的思维认为将雨水快速排出及大量排出是最好的方法，因此在进行市政规划设计的时候，往往着重于在管道和抽水泵等排水系统建设上，但这种做法的结果就是，没能缓解内涝严重的问题，同时还在城市中出现旱涝急转的状态，造成不可估量的损失。故在海绵城市的规划设计理念中，应考虑水的循环利用，统筹将水循环和控制径流污染相结合，而其中最重要的就是增加城市弹性的“海绵体”。城市原有的“海绵体”通常包括河、湖及池塘等水系，是天然的蓄水、排水和取水区域。而海绵城市的建设则是在城市中又新增了下沉式绿地、雨水花园、植草沟渠、植被过滤带和可渗透路面等一系列低影响开发设施，视其为“新海绵体”。强调不随意浪费及排放雨水，使雨水渗透进这些“海绵体”，进行贮存、净化和循环利用，提高城市水资源利用的同时，减轻了城市的排水压力，降低了城市污水的负荷。

在海绵城市建设规划中，对河湖、湿地和沟渠等现存的“海绵体”进行最大限度的保护，修复遭受破坏的生态环境，严格控制周边的开发建设。从整体的规划角度来看，应强调将海绵城市理念引入城乡各层级规划中，在总体规划中强调合理划定城市的蓝线和绿线，保护河流、湖泊及湿地等自然生态资源，将海绵城市建设的要求与城市的绿地系统、水系布局和市政工程建设相结合；在控规中，将屋顶绿化率、垂直绿化率、下沉式绿地率和透水铺装率等纳入控规指标中，使其能够更合理有效地进行作业；此外，将海绵城市的建设理念植入绿地系统规划和城市排水防洪规划等各类专项规划中，并保证确实有效的实施。落实于具体建设方面，主要以住区、道路、公园广场和商业综合体等为对象，融入海绵城市理念。如在传统旧城区内，进行大规模的地下管道建设十分困难，但凡遇到暴雨天气，地处低洼的住区往往内涝严重，通过海绵城市设计理念，将原有铺装置换成透水铺装，建设下沉式绿地及雨水花坛，适当增加屋顶绿化，不仅能够使雨水下渗，净化生活用水和消防用水等，同时也能够缓解城市热岛效应。至于道路方面的建设，可以对道路两侧的广场和步道采用透水铺装并设置道路绿化带、生态树池、植草沟和地下蓄水池等，增加地面的透水性及绿化覆盖率，最大限度地把雨水保留下来，通过管道与周边的公园水系和河流相结合，形成城市的应急储备水源。

海绵城市的建设目前还处于起步阶段，我们应该将新的理念融入已有的城市规划中，从而更好地创造适合市民生活的空间环境。

五、海绵城市设计与流域生态治理

1. 流域治理同海绵城市的关系

流域指由分水线所包围的河流集水区，是一个有界水文系统，在这个地区的土地内所有生物的日常活动都与其共同河道有着千丝万缕的联系，流域剖面透视图见图 1-3-7。

流域是一个动态的有组织的复合系统。大气干湿沉降因素、人类日常活动以及周边大自然

图 1-3-7 流域剖面透视图

的新陈代谢都是影响流域系统的重要因素。随着中国城镇化的快速发展，水资源的污染问题已受到广泛的重视。水污染治理，必须统筹考虑整个流域，重点从点源污染和面源污染的防治着手，同时修复水生态自净化系统，真正做到恢复流域内的自然生境。海绵城市理念主要针对雨水管

理，实现雨水资源的利用和生态环境保护，极大地缓解了城市面源污染的入河风险。因此，城市的规划与建设应以环境承载力为中心，建立海绵城市系统，实现流域生态系统可持续发展。

2. 流域治理针对的问题

1）洪涝问题

从大禹治水到四川都江堰，中国从未停止与河道洪水抗争，都江堰的建造摒弃对洪水采用“围堵”的方式，而是多以“疏洪”为主。但是，现如今河滨城市的发展与河道周边的土地存在无可避免的竞争关系，临河而建的城市为保护城镇居民活动将河道两侧修建人工堤坝。堤坝分隔了陆地生态系统与河道生态系统的联系，无法使河道实现天然滞洪、分洪削峰和调节水位等功能，且堤坝承受压力过大，遭遇重大洪水灾害的应对弹性低。随着河岸两侧表土流失严重，河床逐渐垫高，河流变成天上河，呈现出“ 堤高水涨，水涨堤高”的恶性循环。另外，城市化进程加快，地面大量硬化，人口集聚，市政管道排涝能力滞后于城市进程，强降雨时城镇积水较为严重，逐渐形成城镇现有的突出问题——内涝灾害。

2）干旱问题

城镇为避免内涝灾害，多以雨水“快排”的方式，使雨洪流入市政管道，保证地面干燥，久之则地下水位降低，出现旱季无水可用的现象。因此，补给地下水的需求尤为急切。

3）污染问题

流域治理要将整个流域的生态系统与人体健康安全统筹考虑。地表径流具有“汇集”的特征，地表污染物随地表径流的汇集而进入江河湖泊。另外，早期中国工业化发展以及城镇建设多以牺牲环境为代价，污水处理厂的尾水排放标准不高，且存在企业为减少成本偷排污水的现象。截污工程推进缓慢，河流被一污再污，黑臭现象突出，使城镇居民陷入水质型缺水危机。目前全国城市中有约三分之二缺水，约四分之一严重缺水，水资源短缺已成为制约经济社会持续发展的重要因素之一。随着工业化进程的不断加快，水资源短缺形势将更加严峻。

因此，对于流域的总体治理应该从城市的角度权衡，减少人类生产生活对生态环境的破坏，降低人为干扰因素。建设海绵城市正是从减少人为干扰出发，从源头控制污染，合理管理利用雨洪资源，补充地下水。

3. 流域治理的思路——以广东省东莞市黄沙河流域治理为例

流域治理不应只着眼于河道的治理，更要从流域全局出发，从城市和乡村不同角度着手，针对城市内涝、面源污染及生态修复等不同方面采取治理措施。以广东省东莞市黄沙河流域治理为例，解释分析流域治理的总体思路。

东莞市 50 年一遇降雨量为 287 mm，易发生洪涝灾害，且因近年来东莞市偏重工业发展，河水污染较为严重，所以以黄沙河为例能够较好解释流域治理以及海绵城市在流域治理中的重要地位。黄沙河全长 34.9 km，流域总集雨面积 197.6 km^2，上游段建有作为东莞市饮用水水源的同沙水库一座，水生态环境敏感度高，下游河道两侧多为重工业厂房，存在偷排污水问题。具体流域图见图 1-3-8。

在流域治理方面，设计思路以由内向外和自上至下的空间格局进行分析。首先应解决黄沙河行洪排涝安全问题；其次采用生态工程措施对水质进行改善，进行河滨景观设计，提升河滨土地价值，实现产城一体目标；最后对东莞市旧城区实现海绵城市改造，加入低影响开发设施理念，实现其“集、蓄、渗、净”等功能，将雨洪作为资源，保证旱季有水可用，雨季有水可蓄的可持续发展目标。

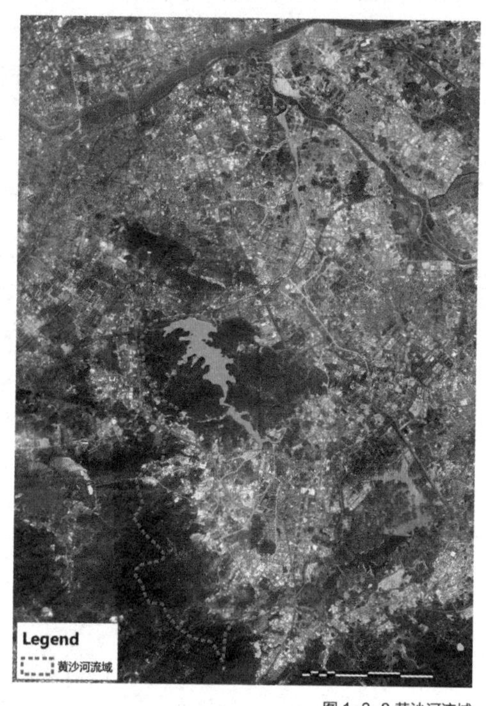

图 1-3-8 黄沙河流域

参考文献

[1] 李锋，王如松，赵丹 . 基于生态系统服务的城市生态基础设施—现状、问题与展望 [J]. 生态学报，2014，34 (1) :190-200.

第四节
海绵城市建设的意义及管理

海绵城市建设是中央政府在城市雨水方面提出的一项战略性重大决策，该项工作的实施涉及水利、市政、交通、城建、国土、发改、财政、气象、环保、生态、农林及景观等多个领域的管理与合作。海绵城市的建设理念重新梳理了雨水管理与生态环境、城市建设及社会发展之间的关系，全方位解决水安全、水资源、水环境、水生态和水景观及水经济等相关问题，从而实现生态效益、社会效益、经济效益和艺术价值的最大化。

一、海绵城市的生态效益

通常来说，海绵城市建设可显著提高现有雨水系统的排水能力，降低内涝造成的人民生命健康及财产损失。透水铺装、下沉式绿地和生物滞留设施与普通硬质铺装及景观绿化投资基本持平，在实现相同设计重现期排水能力的情况下，可显著降低基础设施建设费用。

更重要的是，海绵城市建设可以最大限度地恢复被破坏的水生态系统。水生态系统的恢复必然影响整个生态系统的结构和功能，从而改变区域生态系统服务价值， 带来显著的生态效益。下面以长春市绿园区合心镇为例，分析合心镇核心区海绵城市建设对区域生态系统功能的影响及其生态效益。

根据《海绵城市建设技术指南》，全国年径流总量控制率大致分为五个区，长春市绿园区合心镇属于II区，其径流总量控制率为 $80\% \leqslant \alpha \leqslant 85\%$，根据《海绵城市建设技术指南》中长春市年径流总量控制率对应的设计降雨量分别为 21.4 mm、26.6 mm。合心镇以低影响开发技术为指导，建设城乡一体的生态基础设施，见图 1-4-3。在合心湖防洪安全的基础上，构建由地块内部雨水湿地和生态塘组成的海绵城镇蓝网，并建立由一级、二级和三级生态沟组成的绿色基础设施，串联雨水花园和植被缓冲带等，结合合心湖水系绿

图 1-4-1 海绵城市一波士顿邮政广场

地组成海绵系统绿网。从而实现水绿互动（蓝网 + 绿网），打造生态海绵城镇。合心镇核心区现状为村镇及农田用地，传统建设开发后，径流系数在 0.7 到 0.8 左右。通过实施海绵城市建设，可以有效降低径流系数，综合径流系数为 0.3 到 0.4，年 SS 总量去除率为 40 % 到 60 %，水面面积率为 5.66 %，湿地面积率为 36.94 %，从而改变了合心镇核心区的生态服务价值当量，见表 1-4-1。其生态系统服务功能经济总价值达到 3.73 亿元。

图 1-4-2 海绵城市示意图

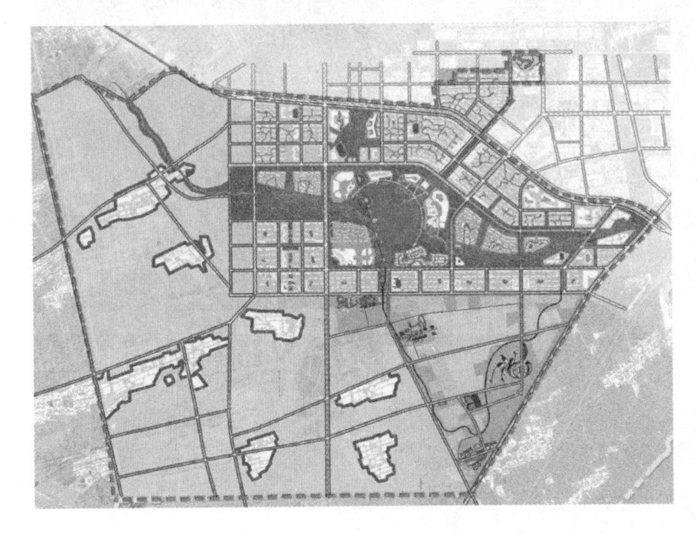

图 1-4-3 合心镇核心区海绵城镇绿色基础设施图

图 1-4-4 纽约长岛南滨广场

图 1-4-5 瑞典绿地广场全景

图 1-4-6 瑞典绿地广场

图 1-4-7 瑞典绿地广场

表 1-4-1 合心镇核心区海绵城市建设后生态服务价值当量总表

生态服务功能	林地	草地	农田	水域	合计
面积（hm^2）	45.97	330.11	1587.26	67.23	2030.57
空气调节	160.90	264.09	793.63	0.00	1218.61
气候调节	124.12	297.10	1365.04	30.93	1817.19
水源涵养	147.10	264.09	952.36	1370.15	2733.70
土壤形成与保护	179.28	643.71	2317.40	0.67	3141.07
废物处理	60.22	432.44	2603.11	1222.24	4318.01
生物多样性保护	149.86	359.82	1126.95	167.40	1804.04
食物生产	4.60	99.03	1587.26	6.72	1697.61
原材料	119.52	16.51	158.73	0.67	295.43
娱乐文化	58.84	13.20	15.87	291.78	379.70
总计	1004.44	2390.00	10 920.35	3090.56	17 405.35

综上所述，海绵城市建设可带来显著的生态效益。主要包括以下几方面：

①控制面源污染。生物滞留设施、透水铺装和下沉式绿地等技术措施对雨水径流中 SS、COD 等污染物具有良好的净化能力，对城市水污染控制和水环境保护具有重要意义。

②建立绿色排水系统，保护原水文下垫面。植被浅沟等生态排水设施大量取代雨水管道，生物滞留设施、透水铺装、下沉式绿地、雨水塘和雨水湿地的应用，低影响开发与传统灰色基础设施的结合，形成了较为生态化的绿色排水系统，且有效降低城市径流系数，恢复城市水文条件。

③提升生态景观效果。海绵城市建设赋予城市公园绿地更好的生态功能，改善传统景观系统的层次感及其对雨水的滞蓄，以及下渗回补地下水的新功能。

④提升生态系统服务价值。海绵城市建设实施后，可以最大限度地恢复被破坏的水生态系统。水生态系统的恢复必然改善整个生态系统的结构和功能，从而提升区域生态系统服务价值。

二、海绵城市的社会效益

海绵城市的建设属于城市基础设施的一部分，是市民直接参与享用的公共资源。海绵城市的社会效益主要体现的是公共服务价值，具体分几个层面：一是丰富城市公共开放空间，服务城市各类人群；二是构建绿色宜居的生态环境，提升城市品质与城市整体形象；三是改善人居环境，缓解水资源供需矛盾。海绵城市社会效益的重点是海绵城市与城市公共开放空间的关系。

1. 海绵城市的基本目的

海绵城市的基本目的除雨洪资源的利用外，还有一个重要的社会目的，即构建一个集展示、休闲、活动和防灾避难为一体的多功能城市开放空间。一方面，海绵城市建设的现有载体如河流、湖泊、沟渠和绿地等，在建设中要加以保护，利用好这些公共资源，给市民提供一个生态的公共空间。另一方面，建设的新载体如新建绿地、街道、广场、停车场和水景设施等，都要打造成可供市民活动的公共空间。

2. 海绵城市丰富公共开放空间

1）广场： 广场作为城市的重要公共开放空间，不仅是公众的主要休闲场所，也是文化的传播场所，更是代表着一个城市的形象，是一个城市的客厅。在广场的设计施工中，要采用海绵城市的理念及手法打造生态型的广场，如广场中的景观水池、透水铺装、高位花坛、下凹绿地、树池等。生态广场不但是公共空间，也是海绵城市建设的科教展示场地，同时也成为海绵城市建设的示范点。图 1-4-8、图 1-4-9 分别为迪拜的绿地广场以及沈阳的中国印广场。

图 1-4-8 迪拜绿地广场

图 1-4-9 沈阳中国印广场

2）公共绿地：公共绿地是城市生态系统和景观系统的重要组成部分，也是市民休闲、游览及交往的场所。海绵城市建设所涉及的雨水花园、湿地公园、河道驳岸改造、微型雨水塘、植被缓冲带、植物浅沟、雨水罐、蓄水池、屋顶花园和下凹绿地等，丰富了城市公园的种类，也提高了公园的品质和景观价值。图 1-4-10—图 1-4-12 为公园绿地景观。

图 1-4-10 公园绿地景观

图 1-4-11 公园绿地景观

图 1-4-12 公园绿地景观

3. 海绵城市与公众参与

要通过城市规划和科普宣传让社会公众了解海绵城市，在全社会普及海绵城市及低影响开发的理念，让海绵城市建设成为既有规范要求又有公众参与的城市建设。让社会公众成为海绵城市建设的“参与者”和“支持者”，如屋顶花园、露台花园、社区雨水花园、绿色阳台及微型湿地等公众可直接参与的建设，打造“海绵居住区”和“海绵建筑”。

海绵城市是新型城镇化发展的重要方向，将带来的一系列综合效益，也是新型城镇化建设的迫切需求。今后城市基础设施建设中，应充分利用广场、公园、绿地、停车场、居民区和绿化带等公共设施，全方位打造“城市海绵体”。

三、海绵城市的经济效益

1. 新常态经济

中国经济经历了超高速增长阶段，逐步转向中高速和集约型增长，由“唯GDP论”进入可持续的关注综合价值的新发展阶段，新常态经济的时代已到来，并将在很长一段时间成为中国宏观经济格局的基本状态。新常态下，经济发展方式将从规模速度型粗放增长转向质量效率型集约增长，经济结构将从增量扩能为主转向调整存量、做优增量并存的深度调整，经济发展动力将从传统增长点转向新的增长点。在宏观经济背景调整的大势下，海绵城市的产生和建设不是偶然，而是新常态下经济发展的必然诉求。

1）海绵城市是经济增长方式向集约型、再生型转变的典型代表

新常态下，经济增长方式由配置型增长向再生型增长方式转变，资源的集约效率利用将取代粗放经营。根据再生经济学原理，无直接经济效益的长期基本建设投资永远优先于有直接经济效益的中短期基本建设投资，基本建设投资永远优先于生产资料生产投资，生产资料生产投资永远优先于消费资料生产投资。海绵城市建设将雨洪作为资源充分利用，是集约型发展的典范；同时，作为具有长期效益的基本建设投资，亦符合再生型经济发展的基本规律。可以说，海绵城市顺应大势和符合国情，是新经济增长方式的代表。

2）海绵城市是新常态下金钱导向转变为价值导向的示范标杆

新常态经济的核心是价值，由单一的金钱导向转变为以人民幸福为中心、以综合价值为目标及以社会全面可持续发展为导向。仅以金钱论，海绵城市是最基础的公共服务类设施，不以盈利为目的，但若以价值论，其关系民生福祉和百代生计，产生的综合效益和间接效益难以估量。国家及全社会对海绵城市建设的重视，也正体现了新常态下经济价值观的转变，将对整个社会幸福及可持续发展起到良好的示范带动作用。

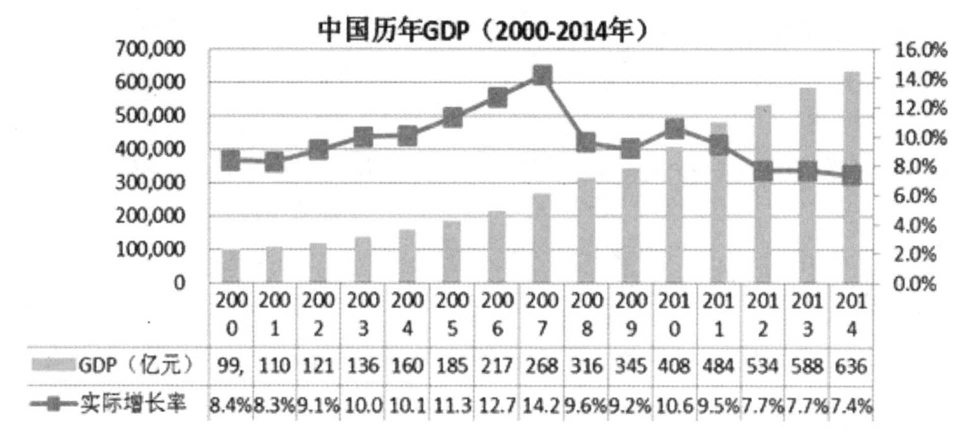

图 1-4-13 中国历年 GDP（2000-2014 年）

数据来源：根据国家统计局数据整理

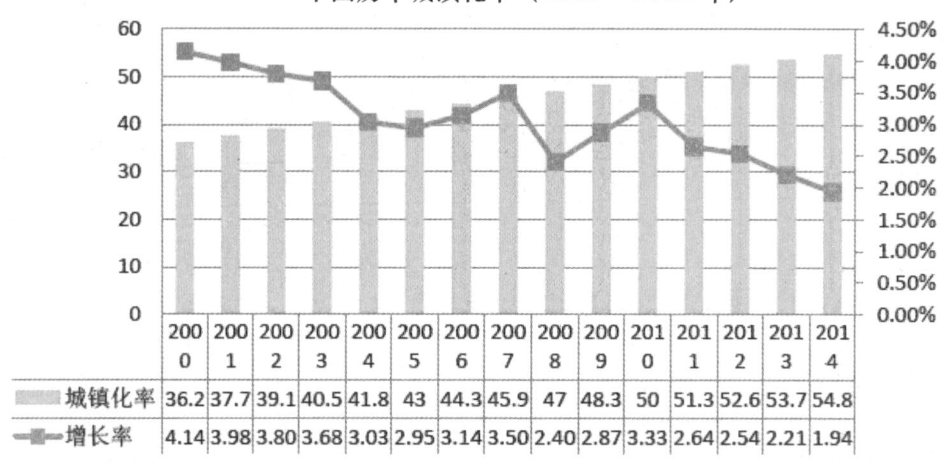

图 1-4-14 中国历年城镇化率（2000-2014 年）

数据来源：根据国家统计局数据整理

2. 新型城镇化

新型城镇化，包括海绵城市这个词，是 2013 年 12 月 12 日中央城镇化工作会议上习近平总书记提出的，当时新型城镇化可概括为：一是基础设施的一体化，二是公共服务的均等化。海绵城市作为绿色基础设施和公共生态服务，是在中国城镇化进入相对成熟的发展阶段和转型重要节点上提出的，可以理解为是新型城镇化建设的重要组成部分，与新时期城镇化建设密不可分。

中国在改革开放 30 年时间当中，城市空间扩大了二三倍，2014 年城镇化率达到 54.77 %，但如果考虑内部结构数据化，东西部地区存在很大的差异。当西部地区还在以外延式城市发展为主时，东部地区可能已从增量优化过渡到了以存量调整为主的城镇化阶段，如何提高服务标准的城镇化方式将成为未来一段时间内建设的主流。新型城镇化的“新”就是要由过去片面注重追求城市规模扩大和空间扩张，改变为以提升城市的文化和公共服务等内涵为中心，真正使我们的城镇成为具有较高品质的适宜人居之所。据中国发展研究基金会估计，中国未来的城市化会拉动 50 亿元规模的投资需求，海绵城市处在这样的利好背景下，将成为推动公共服务均等化和提升城市建设品质的有力推手，成为中国城镇化转型的前沿示范。

3. 海绵城市建设的市场分析

1）海绵城市产业链体系

海绵城市建设涉及技术服务、材料、工程、仪器、管理及居民生活等多个领域，不是简单的传统的土建领域，不仅整合已有生态产业体系，还将催生新兴产业，是对整个产业的整合、细化和升级，推动“微笑曲线”向高价值端延展。海绵城市产业链及微笑曲线 (见图 1-4-15)。

海绵城市建设本身，将带动生态工程开发和城市园林产业建设，加速推进城市排水系统升级改造。在上游端，将全面激活相关技术研发、规划设计和新材料新装备制造等研发制造环节；在下游端，将拉动运维管理、智能监测和居民生活休闲产业，向第三产业延展，从而形成一个带动力强劲的产业链体系，推动科技、制造业和服务业协同发展。

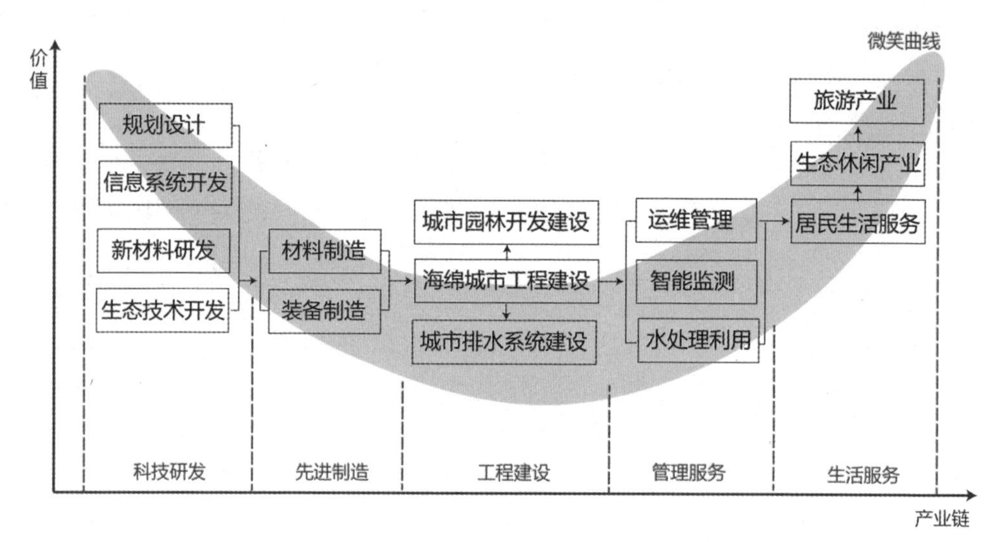

图 1-4-15 海绵城市产业链及微笑曲线

2）海绵城市市场前景预测

随着 2015 年 4 月海绵城市初试点城市名单的正式公布，一股建设海绵城市的热潮在全国兴起。中央财政的专项资金补助在 200 亿元左右。财政补助时间为三年，具体补助数额按城市规模分档确定，直辖市每年 6 亿元，省会城市每年 5 亿元，其他城市每年 4 亿元。对采用 PPP 模式达到一定比例的，将按上述补助基数奖励 10%。而从各试点城市在海绵城市建设投资的数额上看，则从几十亿元到几百亿元不等，南宁投资 95.19 亿元，常德投资则高达 250 亿元。

国家财政补贴结合社会资本投入，海绵城市通过带动相关产业发展，将带来新的经济增长点，预计每年拉动的市场投资达上万亿元，“十三五”期间，海绵城市最少能形成 6 万亿的市场规模。如此庞大活跃的市场，预示着海绵城市建设的美好前景。

四、海绵城市的艺术价值

海绵城市是指城市像海绵一样，能够在适应环境变化和应对自然灾害等方面具有良好的“弹性”。其建设理念为将自然途径与人工措施相结合，对城市生态进行恢复性改造。从艺术的角度上评价海绵城市，作为一个低影响开发性的生态工程，其意义不仅仅在于对生态环境的保护和恢复，更是对景观艺术设计及美好城市形态建设等诸多方面的创新性影响。

它遵循着一个生态可持续的建设原则，而非人工地、强制性地改造。海绵城市的打造是基于尊重自然规律并且敬畏生态系统的理念，在改造和建设的同时，最大限度地保护城市原有生态系统。让水流动，让树生长，让万物依照大自然原有的系统规律，所有元素自行循环再生，最后归于初始。这是人类在审视过去的城市建设中出现的种种弊端后，重新向大自然学习，旨在恢复自然的生态之美。

因此，海绵城市的景观营造不是单方面的只注重观赏性，而是在景观设计的同时兼顾生态改造，做到功能与艺术并重，让一座城市既有实力又不失优雅。

海绵城市的艺术价值体现在创新和有效的景观设计中。许多低影响开发设施都兼有景观提升的作用，如湿地、坑塘、雨水花园和植被绿化带等，它们在改造城市的同时美化城市，点缀着一座钢铁水泥的城市，使整个城市更具生机，景观层次更为丰富多样。例如天津桥园，它利用雨水细胞这一简单的模式，最大化地创造了丰富边缘的原生景观，造就了良好的景观设计感和视觉连续性。天津桥园湿地公园见图 1-4-16 - 图 1-4-17。

这些设施生于自然并融于自然，相比较传统的景观设计，给人以新的景观感知与视觉感受，并创造一个全新的艺术享受。

海绵城市的艺术价值还体现在对空间形态的塑造上。不同形态的用地，其空间营造的手法也不同。如在打造生态驳岸的过程中，会通过湿生植被、灌木和常绿乔木 的搭配种植起到稳固堤岸、削减污染及径流速度等作用。这三种类型的植被带，由于植物自身高度及形状等外在的差异，在空间上形成错落感，营造出了起伏的植被天际线。这在空间的塑造上形成了一种韵律感，给人带来了一种不同的视觉享受，即一种审美愉悦感。生态驳岸见图 1-4-23—图 1-4-24。

图 1-4-16 天津桥园湿地公园

图 1-4-17 天津桥园湿地公园

图 1-4-18 英国大地景观与湖泊

图 1-4-19 英国大地景观与湖泊

图 1-4-20 贵州六盘水明湖湿地公园

图 1-4-21 贵州六盘水明湖湿地公园

图 1-4-22 贵州六盘水明湖湿地公园

图 1-4-23 生态驳岸—Llobregat 河环境恢复

图 1-4-24 生态驳岸—迁安三里河恢复

五、海绵城市的管理机制

海绵城市的建设是一项系统工程，不仅涉及城市雨洪管理及水资源利用，更与城市空间结构、产业经济发展以及居民社会生活息息相关。海绵城市的建设与整个城市机体的关系，就好比毛孔和血管与人体的关系一样，它是城市的呼吸系统和血液系统，其设计、施工、维护与城市总体规划、产业发展、空间布局及社会管理等息息相关。因此，海绵城市的管理实施不仅是对城市生态基础设施建设与维护的管理，更应贯穿整个城市管理体系之中，包括顶层规划设计、建设实施和管理养护等各个阶段。

1. 设计阶段——顶层设计、统一规划

海绵城市建设主要是城市生态基础设施建设，不仅与城市绿地、管网、水系等息息相关，同时也涉及城市开发建设的各个方面，海绵城市建设只有从顶层设计着手，将海绵城市的理念融入城市总体规划中，才能保障与城市生态系统为城市发展长期有效的服务。

海绵城市的设计是一项复杂的系统性工作，既要总体统筹，也要因地制宜。因此，海绵城市的设计需要建立分层管理的解决机制，通过总体规划、专项规划及控制性详规等规划来自上而下管理海绵城市的设计规划。

首先，从城市总体建设出发，需要统筹协调规划、建设、市政、园林、水务、交通、财政、发改、国土和环保等多个部门，最好建立以城市人民政府为责任主体的领导机构，将海绵城市的理念贯穿到城市规划的方方面面。

其次，由于各个城市的水系、生态、地理环境、人文景观和社会经济等千差万别，因此所需要采用的海绵城市措施也应该因地制宜，因此，为针对性地建设海绵城市，应通过专项规划来指导海绵城市的建设，成立海绵城市专项小组来具体设计。

2. 建设阶段——统筹建设、建立明确的标准规范指导建设实施

1）统筹建设：海绵城市是城市开发建设的重要组成部分，与城市道路、园林和水系等建设相互关联，应当在城市总体规划的统一指引下，将海绵城市的建设与其他市政建设融合，同时施工、同时投入使用。

2）建立技术标准体系：目前海绵城市建设还处于初级阶段，没有太多的成功的借鉴经验，行业内急需搭建可供参考的规范和标准来指导海绵城市的建设。为此，应加强海绵城市建设的标准指引，按照各项技术标准严格建设实施。

3. 维护阶段——目标控制、全民参与

海绵城市建成后应评价其建设效果并及时反馈修建，实时监控各项设备的使用情况，做好养护、维修和管理工作。

首先，因地制宜的构建符合城市发展需要的海绵城市测评体系与工具，研究制定有效的监测和评估措施，用现代化的信息技术提升监测效率，及时发现故障，使故障快速排除，有效保证海绵城市的正常运行。

其次，鼓励社会公众参与维护。广泛在社会推广宣传海绵城市，使社会公众认识到海绵城市对社会生活的影响，鼓励社会公众主动参与到海绵城市的维护管理工作中。

第二部分：

技术篇

第一节
雨洪资源化设计技术

传统的土地开发模式，导致城市下垫面的透水性及滞水性能明显降低，而城市不透水地面的增加，使得降雨过程中城市内的汇流过程发生变化：地表径流增大、洪峰流量增加、行洪历时缩短及峰现时间提前，城市面临严重的内涝威胁。另一方面，水资源短缺、水环境污染已成为制约城市可持续发展的环境问题，而为降低城市内涝风险所采取的雨水“快排”措施，将雨水视为“污水”排入城市水体，导致雨水资源的流失，城市水体污染等问题[1]。

海绵城市建设将雨洪视作资源，通过雨水收集、净化和存储等设施实现雨洪资源化，既可控制降雨径流对城市引起的负面影响，又可有效利用雨水，缓解城市水资源短缺的压力。

一、水文分析与地表径流设计

1. 海绵城市设计的年径流总量控制

借鉴发达国家实践经验，一般情况下，绿地的年径流总量外排率为 15 % ~ 20 %（相当于年雨量径流系数为 0.15 ~ 0.20），年径流总量控制率最佳为 80 % ~ 85 %。

我国由于地域辽阔，各个地区的气候特征和土壤质地等天然条件和经济条件差异较大，因此其径流总量控制目标也不同。大陆地区年径流总量控制率大致分为五个区，各区年径流总量控制率 α 的最低和最高限值为：I 区（85 % ≤ α ≤ 90 %）、II 区（80 % ≤ α ≤ 85 %）、III 区（75 % ≤ α ≤ 85 %）、IV 区（70 % ≤ α ≤ 85 %）、V 区（60 % ≤ α ≤ 85 %）。

2. 海绵城市设计前后的水文要素特征

同一场降雨，林地、农村、一般城镇和大都市因其开发程度和开发方式的不同，水资源的构成比例有很大差异。其中，林地的地表径流量最小，而地下水量最大，既不会发生洪水灾害，又可提供充足的生活和生产用水，最利于人类生存（如图 2-1-1）。土地开发前，降雨产流过程如下：降雨初期，雨水首先经过植物截留，然后降落地面，被土壤吸收，成为土壤水，同时，土壤水下渗补充地下水。随着降雨历时的增加，当土壤持水量达到饱和时，降雨在地表汇聚，形成径流。地表径流汇入河道，当河道流量达到最大时，即为洪峰（如图 2-1-2）。传统的土地开发模式下，表土层被大量硬质化，降雨无法下渗进入土壤层，在很短的时间内形成地表径流，通过市政管道迅速汇入河道。随着降雨历时的持续，地表径流量不断增加，河道水量迅速增长，在短时间内即达到较大的洪峰流量。若排水不及时发生溢流，则易形成洪水或内涝灾害（如图 2-1-3）。

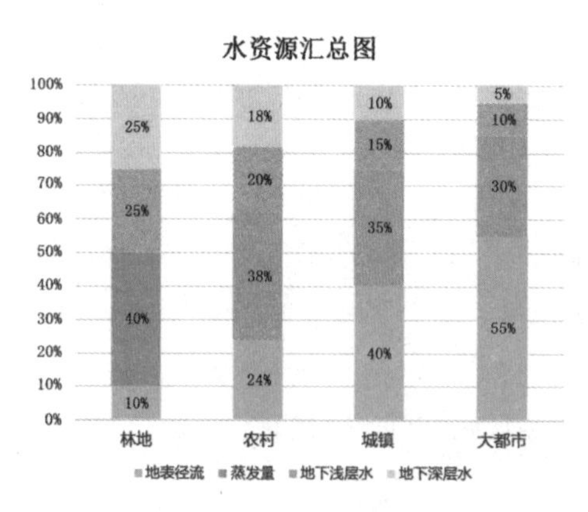

图 2-1-1 不同下垫面同一场降雨的水资源量示意图

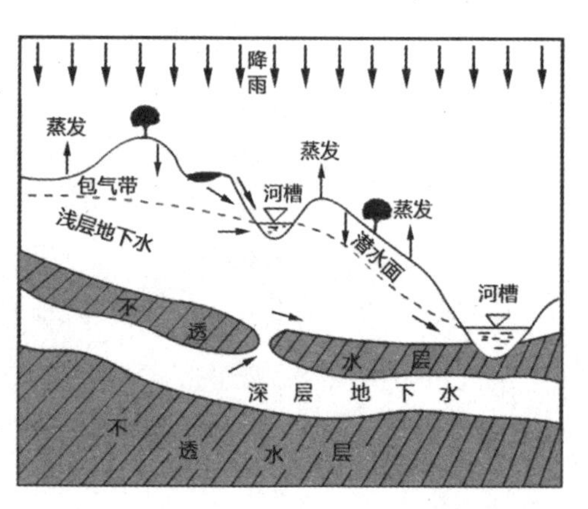

图 2-1-2 降雨产汇流模型

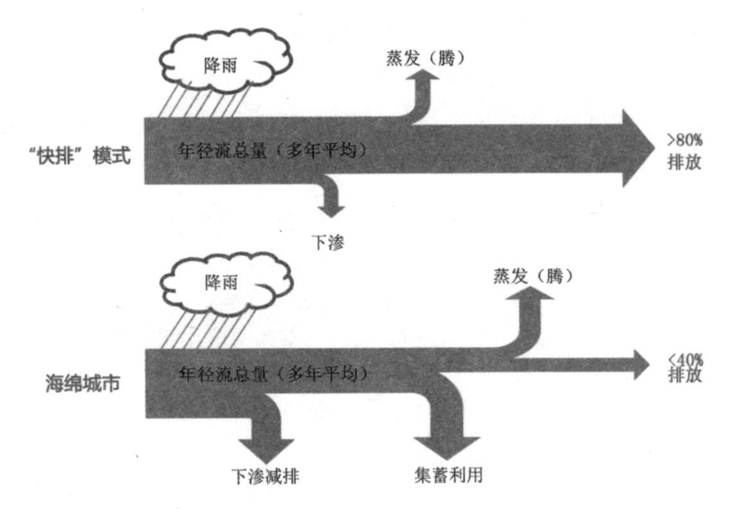

图 2-1-3 年径流总量控制概念示意图

海绵城市设计的主旨就是要维持土地开发前后的水文特征基本不变，如地表产流量、地表汇流时间、汇流流量、流速、洪峰大小和峰现时间等。同时，通过与城市市政管网的对接，与城市所在流域水系的连通，保障城市防洪排涝安全；通过蓄滞雨水，补充地下水，提高城市水资源存储量，缓解用水压力（如图 2-1-4）。

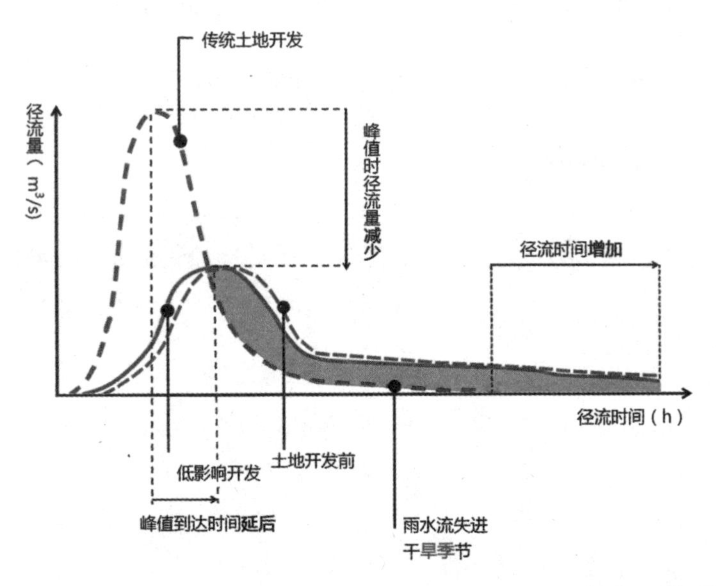

图 2-1-4 低影响开发水文原理示意图

3. 以雨洪资源化为目的地表径流设计

雨洪资源化的第一步是存储。海绵城市开发中的雨洪滞蓄设施种类较多，如雨水花园、蓄水湿地、湿塘、生物滞留池、调节塘以及广泛应用于居住小区、公共建筑的储水罐等。根据不同的年径流总量控制率，储水设施的规模和数量不同。

第二步是合理规划雨洪资源的利用途径。初期弃流后的降雨，经过净化设施去除携带的污染物，在雨水湿地、雨水花园和储水罐等蓄水设施中储存起来，用于生活（如冲洗马桶）、消防、景观，以及浇灌绿地和冲洗汽车等，将极大地减少城市自来水用量，节约有效水资源（如图 2-1-5）。

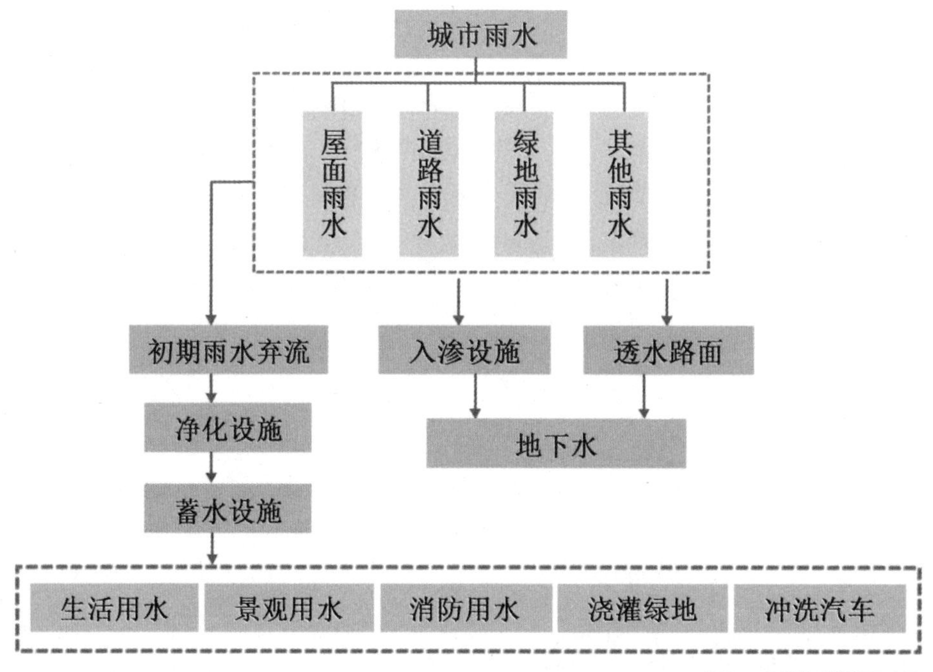

图 2-1-5 城市雨洪利用示意图

二、雨水收集及雨水花园设计

1. 雨水收集

雨水收集是雨洪资源化利用的前提，海绵城市建设可通过天然水体及低影响开发设施实现雨水集蓄。具有储存功能的低影响开发设施主要有湿塘、雨水花园、蓄水池及雨水罐。雨水罐可收集存储屋顶雨水，多用于建筑与小区内；蓄水池用于存蓄经预处理的清洁雨水，适用于有雨水回用需求的建筑、小区、绿地与广场；雨水花园和湿塘均可暂时滞留雨水，并通过植被吸收和吸附对雨水进行净化，在建筑与小区、绿地与广场、城市道路及水系均可布置，适用性最为广泛。

2. 雨水花园的概念

雨水花园（rain garden）是在自然形成或人工挖掘的浅凹绿池内种植地被植物、花灌木甚至乔木等植物的专类工程设施。它收集来自屋顶或地面的雨水，通过土壤和植物的过滤作用使之净化，并将雨水暂时蓄留其中，之后慢慢入渗土壤从而减少径流量（如图 2-1-6）。简言之，雨水花园是集雨水收集和净化于一体的雨水管理技术，并在源头实现雨水净化。雨水花园不是水景园，只是在雨季用来收集、利用和净化雨水的一种花园，平时较少甚至是没有积水的，从形态上来看更类似于一个随机出现的雨水渗透盆地。它具有建造费用低，面积大小不一，运行管理简单等特点，因此，被广泛应用于城市公共建筑、住宅区、商业区以及工业区的建筑、停车场、道路等的周边地区，还可用于处理别墅区和旅游生态村等分散建筑和新建村镇（如图 2-1-7—图 2-1-9）。

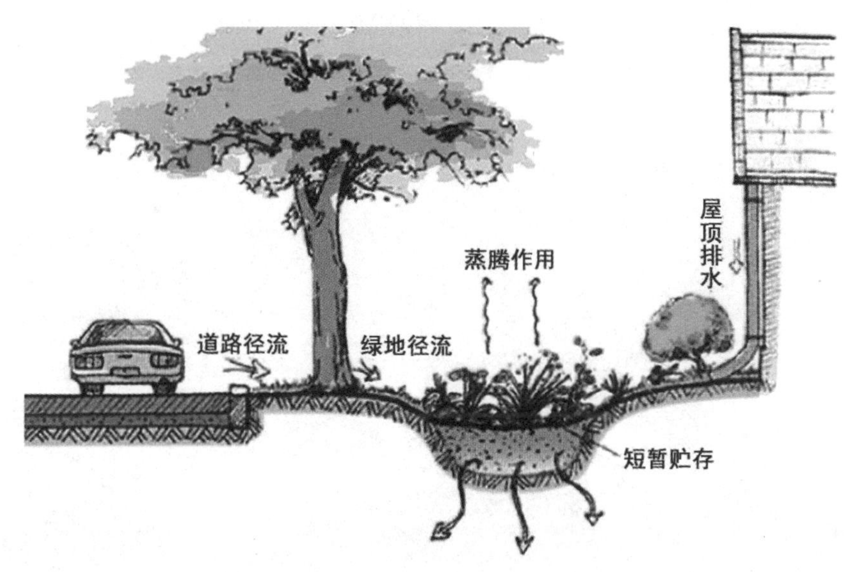

图 2-1-6 雨水花园工作模式

图 2-1-7 道路路侧——纽约长岛南滨公园

图 2-1-8 雨水花园——梅德洛克艾姆斯品酒屋和亚历山峡谷酒吧

图 2-1-9 雨水花园——英国南池社区

3. 雨水花园的设计

1）雨水花园的设计原则

（1）因地制宜：充分考虑绿地的位置、类型、功能和性质，利用原有地形地貌进行建设。

（2）经济美观：尽量减少土方量，降低建造成本；其次考虑景观效果，景观设施实用美观，与周边环境协调统一。

（3）生态优先：在结构设计和材质选择上应尽量做到生态优先和模仿自然，并进行仿生设计[3]。

2）雨水花园的类型

（1）以控制雨洪为目的：该类雨水花园主要起到滞留与渗透雨水的目的，结构相对简单。一般用在环境较好和雨水污染较轻的地域，如居住区等。

（2）以降低径流污染为目的：该类雨水花园不仅滞留与渗透雨水，同时也起到净化水质的作用。适用于环境污染相对严重的地域，如城市中心和停车场等地。由于要去除雨水中的污染物质，因此在土壤配比、植物选择以及底层结构上需要更严密的设计。

3）雨水花园的设计与建造

雨水花园的设计包括选址、土壤选定、结构深度的确定、表面积的确定、外形的确定、树种的选定和配置等[4]。

（1）选址：雨水花园位置的选择应遵循以下几点：a. 雨水花园的边线距离建筑基础至少 3 m，距离有地下室的建筑至少 9 m，以避免雨水浸泡地基；b. 雨水花园应尽量设置在向阳处，满足采光条件；c. 雨水花园应设置在地势平坦区域，坡度不宜大于 12 %；d. 为保护树木根系，雨水花园不宜建造在树下；e. 雨水花园宜设置在观赏条件较好的地方，方便周围居民游赏。

（2）土壤选定：雨水花园要求土壤要有一定的渗透率，比较适合建造雨水花园的土壤是砂土和壤土。最理想的土壤组合是 50% 的砂土、20% 的表土和 30% 的复合土壤，客土时以移除 0.3 ～ 0.6 m 厚的地表土壤为宜。

（3）结构及深度：雨水花园的结构比较简单，应根据设计深度进行建造，一般只要能保证超过其设计能力的雨水及时排入周围草坪、林地或排水系统即可。典型的雨水花园主要由5部分组成，由内而外一般为砾石层、砂层、种植土壤层、覆盖层和蓄水层，其中在填料层和砾石层之间可以铺设一层砂层或土工布。同时设有穿孔管收集雨水，溢流管以排除超过设计蓄水量的积水（如图2-1-12）。根据雨水花园与周边建筑物的距离和环境条件可以采用防渗或不防渗两种做法[5]。

（4）面积：雨水花园的面积主要根据设计深度、处理雨水的径流量和土壤类型决定，通常面积随着汇水面积的增加而增加。黏土渗透慢，建造其中的雨水花园面积应该有整个排水区域的60 %；砂土渗透较快，则面积可以是整个排水区域的20 %；壤土介于两者之间，面积一般在20% ~ 60 %。雨水花园的大小并不固定，考虑到经费以及功能的高效性，最合理的范围是9 ~ 27 m^2。如果面积大于27 m^2，应划分成2个或更多个雨水花园，面积小且分散的雨水花园比单一的一个大规模的雨水花园效果要好。

（5）外形：雨水花园的外形以曲线为宜，切忌用直线破坏雨水花园自然的景观特性，其造型以新月形、肾形、马蹄形、椭圆形或其他不规则的形状为佳。为了能够收集足够多的水，雨水花园长边应垂直于坡度和排水方向。

（6）植物种类选择与配置

a. 植物的选择原则

①以乡土植物为主，不可选用入侵植物；②选择耐旱、又有短暂耐水湿能力及抗逆性良好的植物；③选择具有较高观赏价值或特性的植物，如蜜源性植物可吸引昆虫，夜花园植物可供夜间观赏等；④应选择长势强，具有发达根系的植物[6]。具体植物品种推荐见表2-1-1。

b. 植物配置方法

一个雨水花园就是一个小型生态系统，植物配置应师从自然，模拟自然生态群落。

图2-1-10 公共绿地（美国波特兰唐纳溪水图公园）

图2-1-11 西溪湿地公园的绿地景观

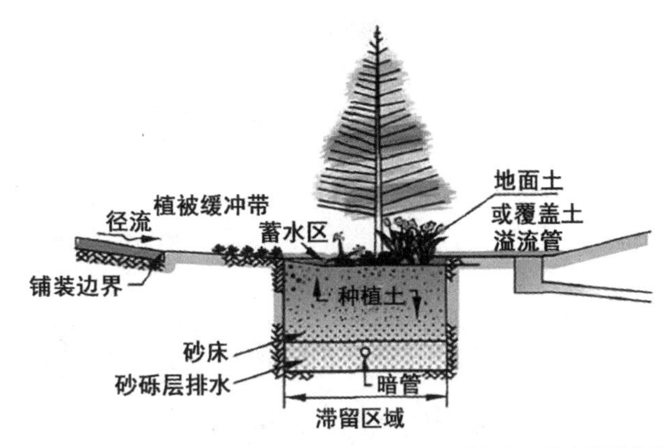

图 2-1-12 雨水花园构造图

①科学配置。充分考虑植物特性，合理选配植物种类，避免种间竞争，形成结构合理和种群稳定的复层群落结构。②增强物种多样性，营造丰富的群落景观。③艺术配置[7]。

c. 后期养护

①护土。为了防止杂草生长，避免土壤板结而导致土壤渗透性下降，在土壤表面铺设覆盖物，比如松针、木屑或碎木材。②保护雨水花园床底。以砖块或碎石块放入入水口处能有效降低径流系数，防止雨水对花园床底的侵蚀。③浇水与除草。定植初期每隔 1d 浇 1 次水，并且要经常去除杂草，直到植物能够正常生长并且形成稳定的生物群落[8]。④材质更新。在连续降雨后需检查雨水花园的覆盖层及植被的受损情况，如若受损则应及时更换，定期进行植物修剪，维护景观效果。⑤定期清理沉淀物。⑥预防植物病虫害。

表 2-1-1 我国雨水花园植物

乔木类	红枫、枫香、麻栎、白桦、山杨、小叶杨、钻天杨、枫杨、柽柳、柳、楝树、白蜡、乌桕、小叶榕、榔榆、柘树、构树、水杉、落羽杉、夹竹桃等
灌木类	冬青、山麻杆、杜鹃、棣棠、山茱萸属、接骨木、木芙蓉、胡颓子、海州常山、紫穗槐、杞柳、粗榧、矮紫杉、水子、沙地柏等
宿根地被类	鸢尾、马、紫鸭跖草、金光菊、落新妇属、蛇鞭菊、毛茛、萱草类、景天类、芦苇、芒草、狐尾草、莎草、菖蒲、水葱、蒲苇、千屈菜、再力花、花叶芦竹、柳枝稷、玉带草、藿香蓟、扫帚草、半枝莲、灯芯草、荷花、荇菜、菱等

三、海绵城市水系空间格局设计

城市生态水系作为城市的命脉，主要是由泉、溪、河、湖、库、渠及其滨水绿地组成，水系与城市滨水绿地系统相结合，共同承担防洪排涝、水体净化、休闲游憩、改善城市环境和提高生物多样性等功能[9]。因此，构建合理的城市水系空间格局必须与低影响开发技术结合起来，处理好水系与城市绿地的关系、水系与环境质量的保护、水系与安全格局的构建以及水系网络的连通与衔接。水系空间格局的构建在海绵城市建设中起到关键作用。

1. 城市水系空间格局与城市发展的相互影响

1）城市水系空间格局对城市的影响

城市水系空间格局的形成和发展与当地的地质构造、气候条件有密切的关系，他们之间共同作用形成区域的水循环。传统城市建设时，生活污水一部分直接排入河道，另一部分经过污水处理厂处理后的尾水再次排入河道，导致河流水污染严重。海绵城市建设后，污水先通过低影响开发技术措施对雨水进行净化后，再排入河道，改善了水环境，并大大减少了污水处理厂的压力（如图 2-1-13）。

2）城市化对城市水系空间格局的影响

（1）城市化影响原有的水环境、水安全以及经济的发展。城市化进程的加快和人类活动的影响，改变了区域的生态系统，例如建立永久性的建筑、公路和水利设施等彻底改变原有的自然景观和水系循环。区域范围内一条河流的洪水发生不会对整个区域造成影响，但多条河流的洪水发生就会对主河道及整个区域造成严重破坏。同理，区域范围内的一片水域遭到污染，对整个区域影响较小，但多个区域的水域均受到污染就会严重影响整个区域的环境。区域的水系承载着城市的生存与发展，水系能改善生态环境，促进城市产业的发展，但超过一定承载力的时候，区域的水资源就会反过来阻碍城市的发展。

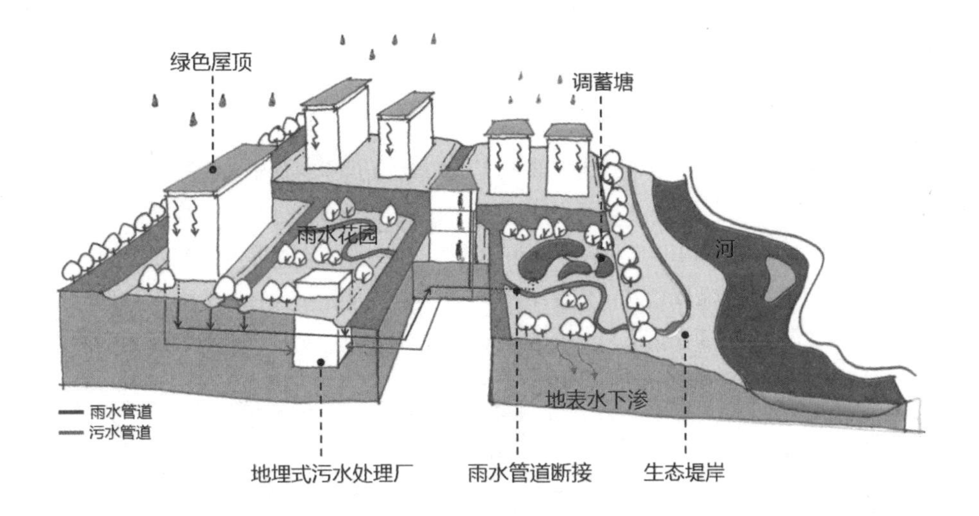

图 2-1-13 海绵城市雨污系统

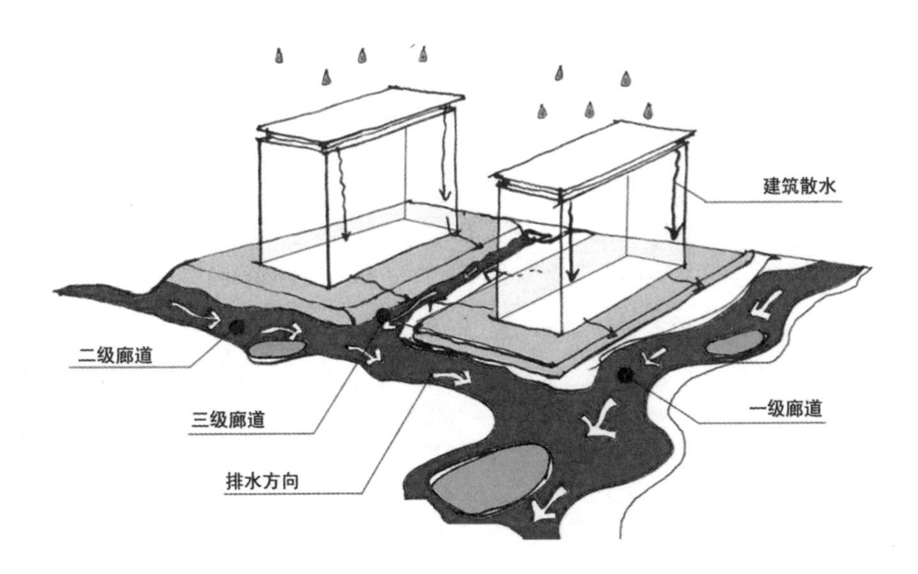

图 2-1-14 海绵城市水系格局

（2）城市发展破坏了水文循环。良性的区域城市发展需要先保证合理的城市水系空间格局，城市中不透水铺装和建筑比例急剧增大，农田、绿地和水域减少，河渠湖泊逐渐人工化，硬质堤岸比比皆是，有些河渠、坑塘和湖泊甚至直接被填平，最终水网密度减小，城市水系格局遭到严重破坏。城市发展增大了地表径流系数，阻碍了雨水的渗透能力，削弱或切断了地下水源的补给，同时也增加了城市排水管网的压力和低洼地区防洪排涝的压力。USEPA（美国环境保护署）在阐述城市化对城市水文环境的影响时，将“地表径流量比例”作为重要的指标之一（如表 2-1-2）[10]。城市中心区与邻区郊外平原区在水量特征方面存在巨大差异（如表 2-1-3）[11]。

表 2-1-2 城市化对城市水文环境影响

下垫面类型	蒸发比例	地表径流量比例	浅层入渗量比例	深层入渗量比例
自然地表结构	40 %	10 %	25 %	25 %
不透水下垫面 10 %~20 %	38 %	20 %	21 %	21 %
不透水下垫面 35 %~50 %	38 %	30 %	20 %	15 %
不透水下垫面 75 %~100 %	30 %	55 %	10 %	5 %

表 2-1-3 北京市城市中心区与郊外平原区水量特征值比较

	降水量 /mm	径流总量 /mm	地表径流 /mm	地下径流 /mm	蒸发量 /mm	地表径流系数	地下径流系数
城市中心区	675.0	405	337	68	270	0.50	0.10
郊区平原区	644.5	267	96	171	377	0.15	0.26

2. 海绵城市水系格局规划

城市化地区应该减少不透水铺装，尽量恢复自然地貌和植被，增加水域，提高水系连通性，恢复丰富的河网、滞留塘、雨水湿地和湖泊等水体类型。将雨洪资源转化为水资源，增加了新的亲水景观区域，也提高了区域地区的防洪安全等级。良好的城市水系空间格局既要有完善的网络连通性，保证能量的输入输出并完成交换；也需要水质的健康性，保证水质交换过程中不产生恶性循环。

以东莞地区黄沙河流域为例，针对城区雨洪利用、雨污治理和内涝防治，对其流域内城市发展进行了海绵城市设计，构建“生态沟渠—雨水滞留设施（雨水湿地、湖泊）—河流—水库”的区域水系格局。

1）背景分析

由于东莞的高密度和高强度的传统城市开发，致使黄沙河流域现状水面面积率减少到6.3 %，绿地率减少到 11 %，地表硬化率增加到 44 %。雨水由于无法及时就地下渗，迅速形成大量的地表径流后经市政雨水管网汇入河道，不仅造成东莞本地水资源的损失与浪费，还对低洼城区形成洪涝压力，若遇到暴雨，极易形成洪水或城市内涝灾害。随着黄沙河流域城市化的不断扩大，洪涝灾害越来越严重，尤其东莞近几十年来洪涝灾害频发，经济损失惨重。“分散粗放式”的土地开发模式，密集的城市建设，增大了下垫面的径流系数，是城市内涝的根源。

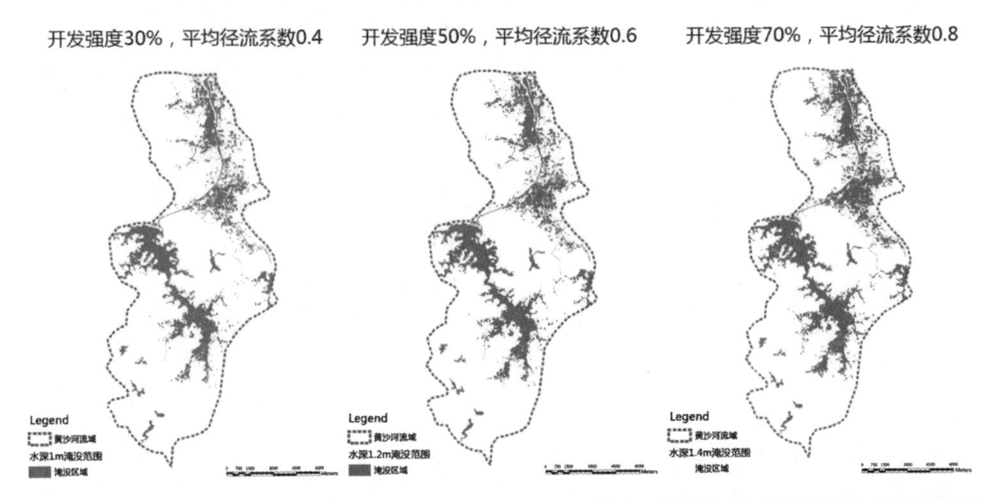

图 2-1-15 根据水力计算得到不同城市开发强度下流域的淹没状况

2）水系空间格局构建

Legend
新增水网
现状水域
黄沙河流域

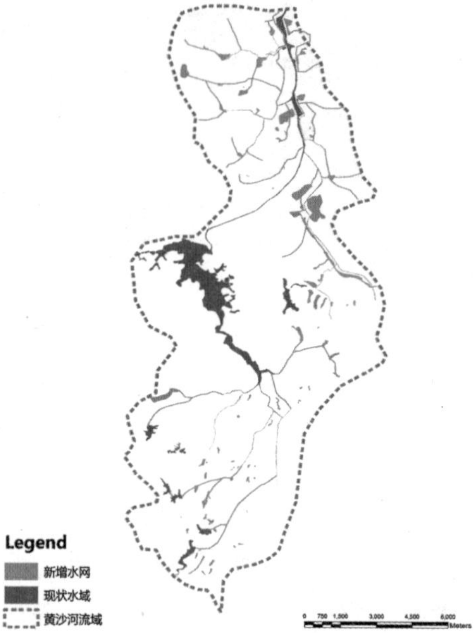

图 2-1-16 黄沙河流域海绵城市水系格局

海绵城市设计针对城市雨洪管理，采用透水铺装、下沉式绿地、调蓄塘和雨水花园等设施，通过生态沟渠相互连通，丰富蓝网水系。另外，增加绿地面积，增加调蓄内涝的水体体积，将 50% 的降雨就地蓄滞和下渗，解决洪涝问题，恢复生态系统的自然净化功能。

海绵城市设计后的黄沙河流域水系格局如图 2-1-16。地表径流流入海绵城市蓄滞水体（雨水花园、植草沟、雨水湿地和净化湿地等），部分下渗补充地下水；通过生态沟渠进入滞留塘（湖）或河流支流，最后汇入黄沙河。

东莞海绵城市水系规划增加了 8.1 km^2 的水面面积，将水面面积率提高到 12 %，内涝雨量削减 50 %。改造后的流域最大程度提高了雨水的蓄滞比例，减轻了流域低洼地带的城市洪涝压力。

海绵城市水系设计既能将雨洪资源转化为水资源对地表和地下水进行补给，提高了东莞的水资源总量，缓解了生活和生产用水压力；又能增加水景观，提供更多亲水区域，提升周边的土地价值；同时，也提供了更多的动植物栖息地，丰富生物多样性，真正意义上实现区域的良性水循环，实现区域城市水系空间格局价值的最大化。

四、遵从自然法则的湿地设计

湿地是强调水文、土壤以及湿地植物三个要素同时存在的一种关系，水深一般不超过 2 m，湿生和水生植物占大多数面积，土壤为水成土，具有明显生物积累和潜育化特征，有利于水生动植物的生长和繁育[12]。湿地可以分为天然湿地和人工湿地两大类，其中天然湿地又可分为沼泽湿地、湖泊湿地、河流湿地和滨海湿地。湿地的生态价值较高，主要有蓄水调洪、补充地下水、调节气候、净化天然水体、控制土壤侵蚀及保护生物多样性等功能。在海绵城市建设时可以充分利用湿地的防洪调蓄和净化水质等功能。

1. 湿地设计原则与目标

1）湿地设计的原则

（1）保护优先、科学修复、合理利用。保护原有的湿地植被、土壤和水文等自然条件，维持湿地功能和结构的完整性，保护动植物的栖息环境。对破坏严重的区域进行重点恢复，恢复湿地的自然形态。总之，通过适度的人工干扰、保护和修复，构建健康稳定的湿地生态系统，维持生态平衡，展示湿地的自然和人文景观。

（2）因地制宜、按需建设。在海绵城市建设中，应根据不同地区的水文条件和地形地貌等特点，确定湿地的功能、面积和布局。

（3）生态效益与景观效益同时兼顾。设计的湿地一般具有多种功能，除了满足湿地的防洪调蓄和水质净化等生态功能外，还应特别注重美学功能，给人们提供一个集生态、休闲娱乐及经济等于一体的湿地景观格局。

2）湿地设计的目标

充分尊重自然，恢复自然，以水动力为基础，以水质为目标，以最完美的科学设计和工程，构建科学完善的水陆空间格局、丰富多样的植被系统及健全的水质自净化系统，打造自然湿地，实现可持续发展，并可降低运营成本。

2. 湿地具体设计

1）生态基底分析

首先，对湿地水量、水质、地质和植物群落等进行分析，发现问题。其次，利用 GIS 系统对现状高程、现状汇水、现状坡向和现状坡度进行分析，为具体设计提供参考和支持。

2）湿地设计方案

（1）水系统设计。水文因素主要包括水源、地下水位、流速和水周期等，是决定湿地的重要因素。①水深。根据对湿地定义的研究，常水位水深应小于 2 m。水深主要影响水生植物的生长和群落的演替。随着水深度的增加，植被群落会形成陆生植物—挺水植物（水深通常小于 0.6 m）—浮水植物（水深为 1 m 左右）—沉水植物（水深范围为 0.5 ～ 2 m）的生态梯度。同时，在季节性降雨时还应考虑最大降雨量和最大水位以及持续的时间等。②水质。水质的状况主要受水源的影响，水的来源主要有雨水、污水处理厂的尾水、未处理的居民生活污水和工业废水等。水质的优劣也决定水系空间格局的规划。比如，水的来源主要是污水处理厂的尾水，则湿地中可采用坑塘植物带净化水质。③水文周期和水位变化。经过研究发现，湿地公园的水位变化不应过大，年水位变幅控制在 0.5 ～ 0.8 m 的范围，平均水位波动高度不宜超过 20 cm。同时，不同的淹水时间和深度也影响植物的分布。④汇水面积。汇水面积应与地貌相结合，经研究湿地面积与汇水面积的比例在 15 ～ 20 之间时，对湿地的排污和去除的效应较高。

（2）河床空间改造。自然河流的典型空间特征是曲折蜿蜒的水面以及其产生的河湾、江滩、跌水、深潭、主流、支流等多种多样的空间形态，在设计自然河流湿地时要满足以下三方面意义：①生态意义：修复水质自净化系统，建立多样化的繁衍生息环境；②工程意义：减弱水流冲力，保证河床稳定；③景观意义：构建多种多样的空间形态，极强的形式美感。此外，在设计时还应考虑以下三方面要素：a. 土壤层面：褶皱的表面增大土壤与水的接触面；b. 植物层面：增加不同水深植物的丰富度；c. 微生物层面：河床的多样性提高了微生物的种类和数量，有利于形成完整的生物链。

河床空间改造的五大因素是坑塘、岛屿、挺水植物、沉水植物和水动力沟渠。由于河流水文水质（流量、水质）、地貌（河流形态、地质）和地域等的差异，河床的改造方法也各异。下面主要列举两种常见的改造方法：

a. 自然湿地河床空间改造：针对地形平坦、水动力不足和水质稍差的湿地进行空间改造，方法是增加岛屿（适用于高于 0 m 常水位木本植被区）、坑塘（适宜的深度为 0.7~ 0.9 m）、挺水植物（适宜种植在水深小于 0.6 m 的区域）、沉水植物（适宜种植在水深大于 0.6 m 的区域）以及水动力沟渠（一般水深大于 0.9 m）（如图 2-1-17）。

b. 河流湿地河床空间改造：主要针对河流两侧受到现状地形的局限，河流断面狭小，流速快，污染物难以沉淀的这种河流类型。其改造方法主要是建立河道内湿地，恢复河道自然形态。

即在河道蓝线范围内，主河槽的两侧增加坑塘，并与河槽相连，扩大水域面积，增加河流与植物的接触面，减缓流速，提高污染物的沉淀效率（如图 2-1-18）。

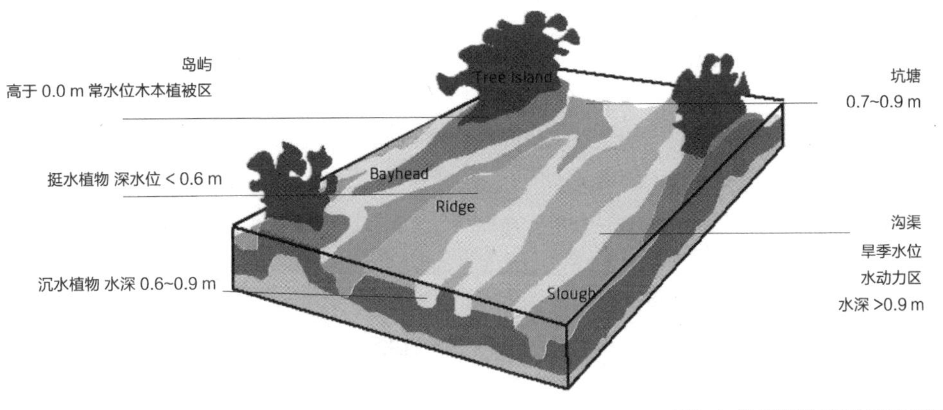

图 2-1-17 自然湿地河床空间改造示意图

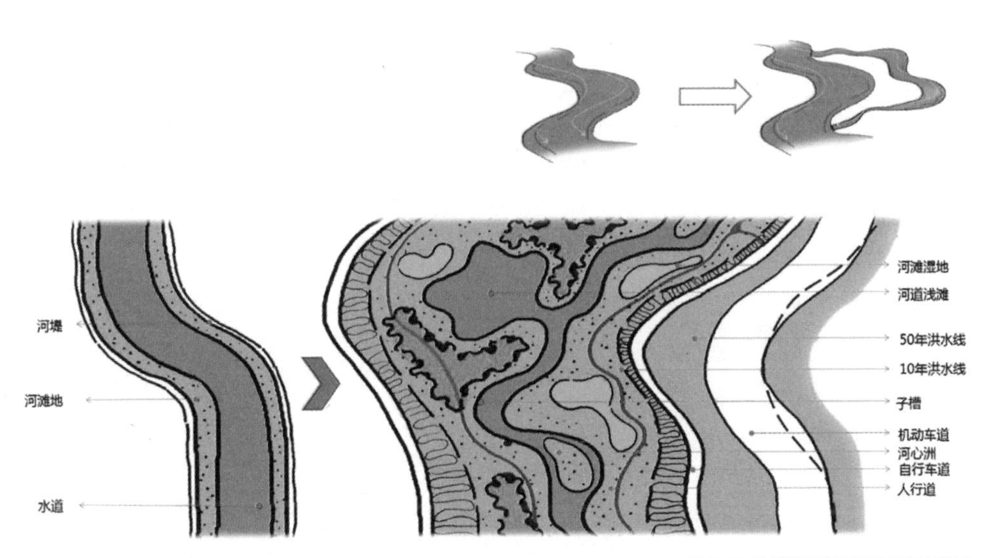

图 2-1-18 河流湿地河床空间改造示意图

（3）栖息地构建。从生态食物链的角度，动物处于较高层次，需要良好的生境和植被的承载。湿地生物群落的恢复与吸引关键在于其栖息地的营造。湿地中鸟类较多，也能反映湿地健康状况，下面以湿地鸟类为例讲述栖息地的恢复与建设技术：

a. 整体景观格局的确立。保持较大的斑块面积，斑块越大，竖向空间越丰富，结构越复杂，鸟类的种类和数量就会越多。

b. 水系规划。①水深控制：涉禽主要在浅水区觅食，应在岸际设计一定比例的浅水区，水深为 10 ～ 23 cm。游禽主要在水深 50 ～ 200 cm 水域栖息和活动，在 30 cm 以内的浅水区觅食。

②流速和水位变化：觅食地和栖息地水流速度宜缓，尤其是筑巢期和繁殖期，在 4 月－ 7 月的筑巢期，水位涨落幅度 10 ～ 30 cm 为宜。

③驳岸设计：驳岸的护坡材料应选择天然石材、木材、植物和多孔隙材料等将水体和陆地构建一个完整的水陆联通的生态系统，如网状石笼驳岸、土木材料复合种植驳岸和粗木桩驳岸等。

④设置安全岛：在水面中央可设置 0.5 ～ 1 hm^2 大小供鸟类栖息的安全岛，提供隐蔽的繁殖或栖息场所（如图 2-1-19）。安全岛留有裸露泥涂和种植芦苇等水生植物及少量灌木丛。

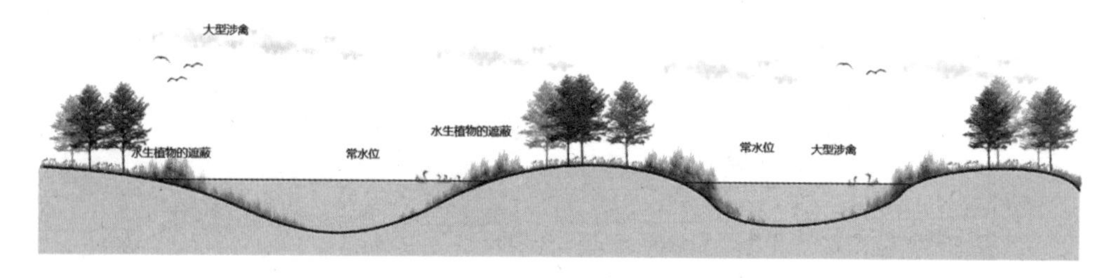

图 2-1-19 鸟类 栖息地的营造方式——安全岛示意图

c. 植物种植规划。丰富群落层次，通过乔木、灌木、草本和水生植物合理搭配。浅水区主要种植芦苇丛等挺水植物，覆盖率以 40 % ～ 60 % 为宜，以片植为主。高树冠（树高 5 m 以上）郁闭度不宜高于 30 %，小乔–灌木林（树高 5 m 以下）郁闭度 50 % ～ 80 % 为宜。另外，种植鸟类喜爱的植物，如柳树和芦苇等。

d. 人为干扰控制。园路和建筑尽量远离鸟类栖息地，采用掩体观鸟和高台观鸟等方式平衡鸟类安全和观鸟距离之间的矛盾，可以在 9 月— 11 月设置鸟类主题的活动吸引游客，其他月份尽量避免人为的干扰。

e. 主动招鸟的措施：人工投食、人工鸟巢、游禽停歇台。

（4）水景观规划设计。水景观规划以恢复自然湿地，保护湿地生态环境为宗旨，以原生态开放空间为主体，突出自然生态本身的景观魅力。主要表现在以下几方面：①尊重地域文化。延续当地生活习惯，使河流湿地更好地完成传统使命。活动：捕鱼、游泳、生活用水及农业等。②增加休闲活动。通过景观手法，结合场地特色设计休闲活动场所。如游憩、健身、观光及科普等。③丰富服务设施。为景观活动提供相配套的服务设施。如休闲茶室、观景平台、滨河步道及景观廊架等。

综上所述，湿地生态系统设计主要是通过对湿地的构建、恢复和调整，实现湿地的生态效益、社会效益和经济效益最大化。

五、地表径流与雨水就地下渗设计

1. 地下水保护与海绵城市建设

地下水为人类的生活和生产提供了优质的淡水资源，是人类生存空间的重要组成部分。然而，随着城市开发及城市化进程的加快，由于缺乏科学合理的开采布局和调蓄，地下水超采现象严重且不能得到及时补充，形成地下水降落漏斗，甚至造成含水层的疏干。从城市地下水水质监测报告来看，全国地下水质量状况不容乐观，全国 90 %的城市地下水已受到污染（如图 2-1-20）。采取有效措施恢复地下水水质、水量问题亟需解决。

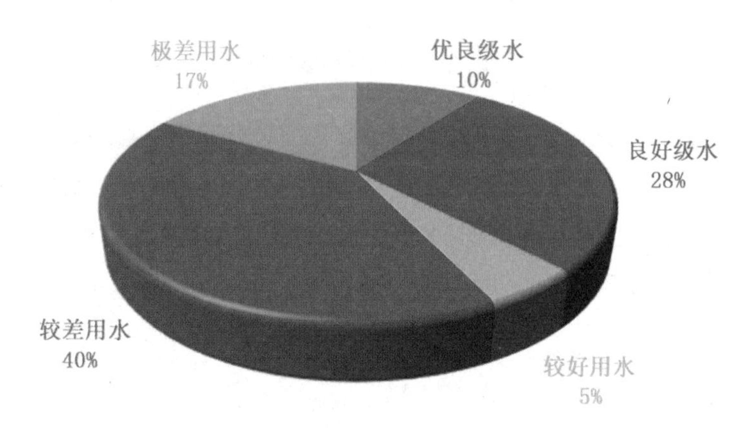

图 2-1-20 全国地下水水质情况

来源：《2010年中国国土资源公报》

海绵城市开发的重要功能是通过增加绿地面积，减少不透水地面面积，减少地表径流，增加雨水就地下渗，补充地下水资源；同时，通过海绵城市建设，使降水入渗地下的比率由 32 %提高到接近土地未开发前的 50 %，极大地补充地下水水量，并保障入渗雨水的水质。海绵城市就地下渗设计的过程中，还要注意地下水水位升高可能对城市带来的负面影响，比如使建筑物地基充水，损坏建筑物，引发土地沼泽化，岩土结构发生变化等。因此，进行海绵城市设计时，应因地制宜，合理设计，并考虑地下水水位变化对城市土壤及地质结构造成的影响。

2. 雨水就地下渗设计

海绵城市设计中的渗透及截污净化设施主要有透水铺装、下沉式绿地、渗透塘、湿塘、调节塘、雨水花园、生态树池、植被缓冲带，以及初期雨水弃流、人工土壤渗滤等（如图 2-1-21 和图 2-1-22）。根据不同类型用地的功能、用地构成、土地利用布局及水文地质等特点，各项设施的选择情况如表 2-1-4。

表 2-1-4 不同用地类型的海绵城市措施应用

单项设施	用地类型			
	建筑与小区	城市道路	绿地与广场	城市水系
透水砖铺装	●	●	●	◎
透水水泥混凝土	◎	◎	◎	◎
透水沥青混凝土	◎	◎	◎	◎
下沉式绿地	●	●	●	◎
雨水花园	●	●	●	◎
渗透塘	●	◎	●	○
渗井	●	◎	●	○
植被缓冲带	●	●	●	●
初期雨水弃流	●	◎	◎	○
人工土壤渗滤	◎	○	◎	◎

注：●—宜选用◎—可选用　○—不宜选用

1）人工土壤渗滤

土壤、植物和微生物组成的土地系统实现了蓄水保水和净化水质的功能，但是传统的土地处理工艺，由于负荷低和易堵塞等问题，作用有限，人工土壤渗滤工艺规避了传统工艺的缺点，能够吸附和去除污染物质，是重要的初期雨水净化设施。人工土壤渗滤技术主要包括：采用生物填料代替土壤填在地表，构造人工土壤环境；增加表土的土壤包气带，增强土壤透水和透气性。

低影响开发中，人工土壤渗滤主要用作蓄水池等雨水储存设施的配套雨水设施，使雨水达到回用水水质指标。人工土壤渗滤设施的典型构造，参照复杂型生物滞留设施（如图 2-1-23）：

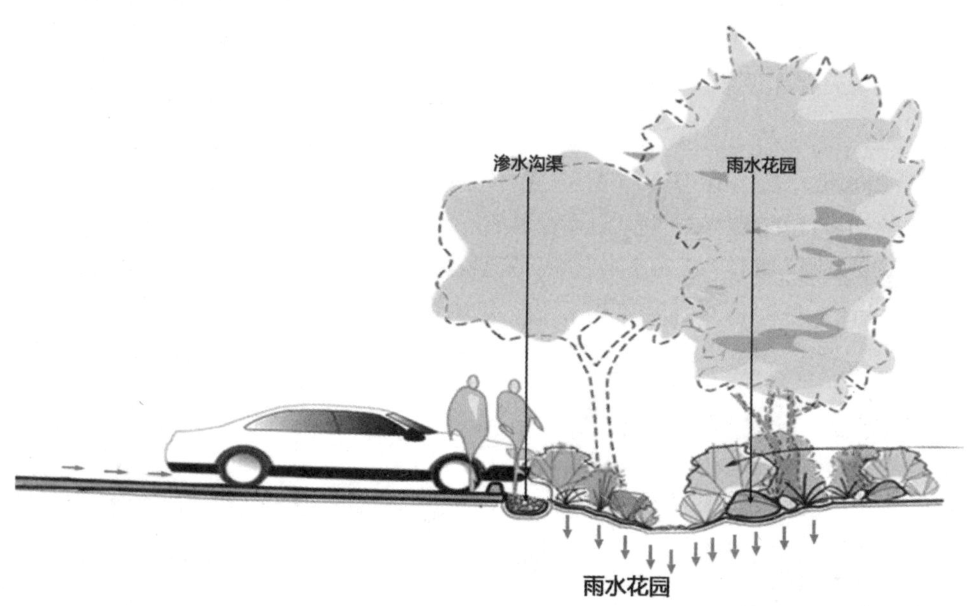

图 2-1-21 雨水花园设计示意图

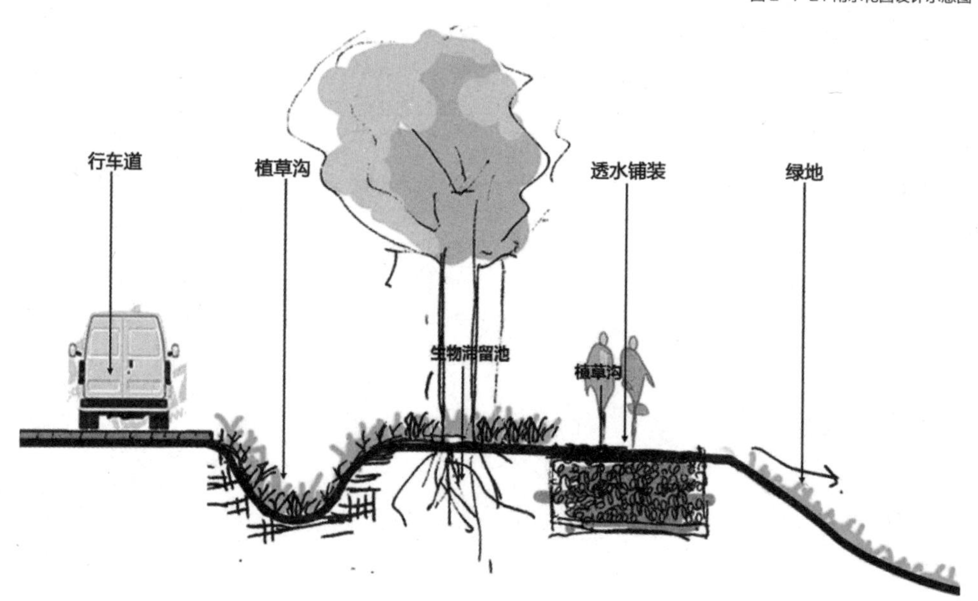

图 2-1-22 路边植草沟设计示意图

人工土壤渗滤适用于有一定场地空间的建筑与小区及城市绿地。人工土壤渗滤在后期维护管理中，应注意及时补种修剪植物及清除杂草；土壤渗滤能力不足时，应及时更换配水层；配水管出现堵塞时，应及时疏通或更换等。

2）不同土壤条件下的雨水下渗设计

每一座城市和每一片区域都会存在区别于其他省市的独特的地理属性，按照不同土壤下渗功能，可将土壤分为三种主要类型：渗透型、存储型以及调节型。然而，土壤的下渗功能与土壤类型有关。土壤按照砂粒和黏土粒的组合比例及渗透性不同分为三类：砂质土、黏土和壤土。黏土具有优秀的保水力而下渗能力较差，而砂质土的下渗能力最优但不能长时间集蓄雨水。因此，在建设海绵城市之前，设计师应该了解当地的土壤类型及其入渗能力，然后因地制宜提出不同的解决对策和设计方案。

（1）下渗能力强的砂土地区。砂土下渗性能强，不需要对土壤性质做过多改变，以渗透功能为主。若该地区降雨量较大且时间集中，则可以考虑以存储及调节功能为主。推荐低影响开发技术组合：以雨水罐、蓄水池、雨水花园及雨水湿地等为主的存储型低影响开发雨水系统；以调节塘、雨水湿地和湿塘等为主的调蓄型低影响开发雨水系统。相反，对于我国南方地区降雨量多，且地下水位偏高，宜考虑以传输功能为主，将地表径流传就近传送至雨水花园等存储设施中。推荐低影响开发技术组合：道路两旁的植草沟、生物滞留池。

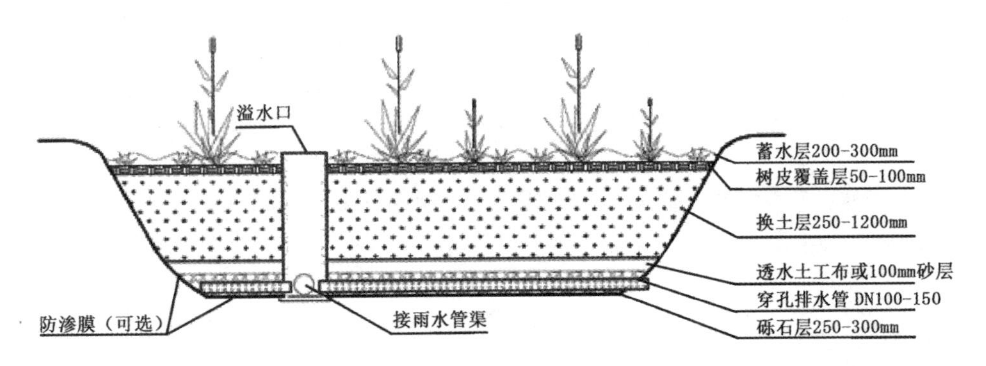

图 2-1-23 人工土壤在复杂型生物滞留设施中的构造示意图

注：图片来源于《海绵城市建设技术指南》

（2）下渗能力弱的黏土地区。此类地区首先可以考虑是否对土壤性质进行人工改良，比如，加入一定比例的砂粒使其呈砂质化，或者加入土壤改良剂，以加快黏土壤土的下渗速率。若此类地区降雨量多且集中，考虑以渗透及调蓄为主。推荐低影响开发技术组合：透水铺装、渗透塘、渗井、生物滞留池、雨水湿地、湿塘和调节塘等。

（3）壤土地区。壤土的下渗能力一般，因此此类地区的海绵城市建设应结合其他因素，如降雨量、土地利用性质及开发强度等，综合考虑其主要功能。

一般来说，海绵城市的主要功能分类便是渗透型、存储型、调节型以及截污净化，实际进行海绵城市建设时要结合土壤性质、降雨量多少、土地利用性质及开发强度、坡度及植被覆盖率等地方特性，形成多种功能的组合。我们应该认识到，海绵城市仍是至今能解决针对城市内涝和干旱等问题，最终实现雨洪调蓄的最有效方式。

参考文献

[1] 陈守珊 . 城市化地区雨洪模拟及雨洪资源化利用研究 [M]. 南京 : 河海大学，2007.

[2] 住房和城乡建设部 . 海绵城市建设技术指南——低影响开发雨水系统构建（试行）. 北京，2014.

[3] 黄兆平，肖建忠，刘冰 . 雨水花园赏析 [J]. 安徽农业科学，2011，39（9）:5412-5413.

[4] 杨锐，王丽蓉 . 雨水花园 : 雨水利用的景观策略 [J]. 城市问题，2011（12）:51-55.

[5] 刘星，秦启宪，王姗姗 . 雨水花园设计营造 [C]//2011 年第八届中国（重庆）国际园林博览会上海园 . 上海建设科技，2012（1）:31-33.

[6] 刘佳妮 . 雨水花园的植物选择 [J]. 北方园艺，2010（17）:129-132.

[7] 蒙小英，张红卫，孟璠磊 . 雨水基础设施的景观化与造景系统 [J]. 中国园林，2009（11）:31-34.

[8] 向璐璐，李俊奇，邝诺，等 . 雨水花园设计方法探析 [J]. 给水排水，2008（6）:47-51.

[9] 刘明 . 园林城市的命脉—生态水系 [J]. 建设科技，2009（6）:46-47.

[10] USEPA：National Management Measures to Control Nonpoint Source Pollution from Urban Areas[R]. United States Environmental Protection Agency Office Water Washington , DC.2005.

[11] 刘琳琳，何俊壮 . 城市化对城市雨水资源化的影响 [J]. 安徽农业科学，2006（16）:4077-4078.

[12] 成玉宁. 湿地公园设计 [M]. 北京 : 中国建筑工业出版社，2012.

第二节
水生态治理设计技术

水生态治理首先保证水的流动性和流量，满足水生态系统的水质要求，恢复河湖水生态功能。海绵城市建设中引进先进设计理念，充分利用雨洪资源，并结合自净化系统与生态系统修复技术、治污截污及雨污分流技术，净化水质，构建水生态系统。本节主要从水体净化、生态修复和护坡等几方面入手，讲述营造健康优美的河流的措施。

一、自净化系统与生态系统修复

天然形成或人工建造的水体一般存在补给水水质差、水量少和水体流动性差等问题，导致我国许多水体富营养化；加之未经过处理的生活污水和工业污水直接排入湿地，大大超出湿地水系的自净化能力，造成严重的污染。海绵城市建设以水质为目标，雨水通过雨水花园、蓄水湿地和植草沟等第一道防线过滤沉淀后汇入河道中，再经过河道中的自净化系统净化后水质得到进一步提升。因此，构建功能湿地和河道自净化系统是水生态修复的重要方法。

1. 自净化系统的含义及修复机制

水体都具有一定的自净能力。污染物进入水体后，水体可通过丰富的水生植物、微生物和基质等对污水进行沉淀过滤降解后实现水质净化的过程，而参与修复过程的基质统称为水体自净化系统[1]。但是，当污染物超过一定的浓度，水体的自净能力便会遭到破坏，我们可以通过生态修复工程对污染物进行削减，对水体的自净化系统进行修复，最终使水质恢复到污染前的水平和状态。

自净化系统的修复可分为物理净化、化学净化和生物净化三种。其中，生物净化是一种最生态化的方法，通过水中的生物种群的代谢过程，对污染物进行有效分解，降低污染物浓度和毒性。

2. 影响水体自净化系统的因素及生态修复措施

1）影响水体自净化系统的因素

自净化系统削减污染物的四大核心因素：水动力、土壤、植物和微生物（如图 2-2-1）。①水动力因素：主要影响水体中溶解氧的含量及污染物质的运移和混合。②土壤因素：土壤通过吸附、沉淀和过滤等作用去除污染物。③植物因素：植物可直接吸收氮、磷和重金属等污染物质，净化水质。④微生物因素：微生物是污染物降解和氮、磷转化的主要驱动者。

图 2-2-1 四大核心因素示意图

2）水体自净化技术措施

（1）湿地泡塘。湿地泡塘通常是指湿地浅坑，适宜分布在岸边湿地或水质较差的区域，对污染物的沉淀降解起到很好的作用，类似污水处理工艺中的沉淀池。其作用在于：一方面，泡塘为水体提供了很好的滞留沉降条件，且该区域生物多样性较为丰富。另一方面，泡塘提供了大面积的水成土，湿地土壤作为湿地物质转化过程的媒介、微生物生化作用的载体和湿地植物吸收转化化学物质的储存库，对污染物降解和水质提升至关重要。

泡塘形式较为灵活，可呈浅碗状、深盘状或沟壑状，宜采用串联的形式形成大小深浅不一的湿地泡系统，改善水动力，实现逐级净化。泡塘深度可结合挺水植物和沉水植物的生长深度进行调节，一般可设为 0.7~0.9 m，最深不宜超过 2 m。单个泡塘的面积可根据实际地形进行设计，设计目标是将一定深度的坑体形成较大面积的沉淀区。

（2）富养曝气。河流湿地富养曝气设计体现以下三个层面：①水动力层面：加速水体中氧的交换；②微生物层面：有利于微生物的快速繁殖；③植物层面：为水生植物的生长提供充足的氧[2]。富养曝气在河流湿地中的体现形式主要有两种，一是扬水曝气装置，二是多级跌水堰设计。

a. 扬水曝气装置

扬水曝气装置用于水深超过 1.5 m 的深水区域。扬水曝气装置能够补充氧，有利于微生物快速生长，改善水质。其次具有良好的景观性，提供优美的水景观效果，一举多得（如图 2-2-3）。

b. 多级跌水堰

多级跌水堰不仅能将水面蓄积，增大水域面积，而且可以通过增加水体溶解氧促进微生物的生长繁殖，为微生物提供良好栖息环境。多级跌水堰结合沉水植物和挺水植物的种植，可以提高水体与植物的接触面积（如图 2-2-4）。

图 2-2-2 新加坡碧山宏茂桥公园与加冷河修复

图 2-2-3 扬水曝气装置示意图

图 2-2-4 多级跌水堰示意图

（3）原位微生物激活素。湿地一般由生物因子（包括湿生、沼生和水生植物、动物及微生物等）和非生物因子（包括与其紧密相关的阳光、水分及土壤等）构成。原位微生物激活素生态修复能很好地分泌植物促生物质，激活本地物种的快速生长，改善植物根际的营养环境，形成丰富的本地生物种群，对污染物进行降解（如图 2-2-5）。

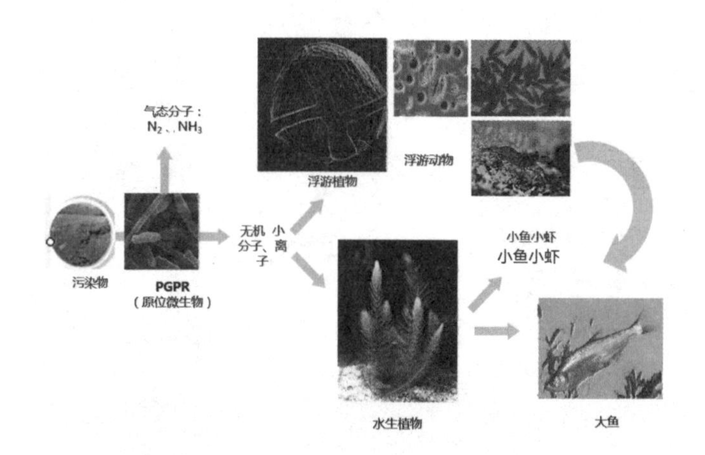

注：PGPR 是指生存在植物根圈范围的土壤和水体中，对植物生长有促进或对病原菌有拮抗作用的有益微生物的统称。

图 2-2-5 湿地生态自净系统结构示意图

（4）沉水植物系统。沉水植物是水质净化的主力军，可以通过有效吸收和降解污染物，净化水质，它适用于水深 1 ~ 2 m 的河流区域。

试验设计：选取菹草、苦草、狐尾藻、篦齿眼子菜、金鱼藻、伊乐藻和轮藻共 7 种沉水植物在培养缸中进行净水试验（如表 2-2-1）。

表 2-2-1 沉水植物对水体 TN，TP 的去除效果

植物	试验开始时	试验结束时	去除百分率			
	TN（mg/L）	TP（mg/L）	TN（mg/L）	TP（mg/L）	TN	TP
菹草	16.667	1.67	2.843	0.21	82.95	87.42
苦草	16.667	1.67	3.396	0.14	79.62	91.62
狐尾藻	16.667	1.67	3.119	0.18	81.28	89.22
伊乐藻	16.667	1.67	3.119	0.15	81.28	91.02
金鱼藻	16.667	1.67	3.887	0.18	76.68	89.22
篦齿眼子菜	16.667	1.67	3.611	0.21	78.33	87.42
轮藻	16.667	1.67	2.997	0.13	82.02	92.22
平均	16.667	1.67	3.282	0.17	80.31	89.73

（5）浮岛水质净化系统。浮岛水质净化系统的作用包括：a. 利用浮岛中的水生植物，吸收水体中的氮、磷等营养元素，吸附和截留藻类等悬浮物；b. 浮岛中的水生植物根系微环境具有典型的活性生物膜功能，具有很强的净化水质能力，对多种污染物有很强的吸收、分解和富集能力，能够起到良好的生态修复作用；c. 生态浮岛水质净化系统适宜在水域相对开阔，流速较缓的地带，适用于水深 2 ~ 5 m 的河流区域，便于污染物的有效降解；d. 通过把水生植物、农作物及蔬菜等种植到河湖的深水区水面架设的浮床上，使得原本只能在岸边浅水区生长的植物可以在深水区水面生长，通过植物根部的吸收和吸附作用，削减富营养化水体中的氮、磷及有机物质， 从而达到净化水质的效果，同时又可营造良好的水上景观并获得作物的高产。净化浮岛示意如图 2-2-6—图 2-2-9。

图 2-2-6 净化浮岛示意图

图 2-2-7 净化浮岛示意图

图 2-2-8 净化浮岛示意图

图 2-2-9 净化浮岛示意图

（6）湿地植被系统。湿地植物对污染物进行有效吸收和降解，起到净化作用，适用于水深 0~1.5 m 的河流区域。湿地植物选种的原则为：a. 本地植物种或适宜当地气候条件的物种；b. 防洪耐冲、廉价、便于维护、快速恢复以及自净化能力强的植物；c. 景观效果好的植物物种。

综上所述，影响水体自净化系统的因素较多，如水动力、土壤、植物和微生物等。在实际应用中应结合河流现状，选择适宜的改造方法。

二、治污截污及雨污分流

随着城市工业化和城镇化的建设，城市生活污水和工业废水也大量产生，且污水未经有效处理便排入水体的现象屡见不鲜，城市水体已然成为天然的排污通道和污水的承纳体。因此，必须通过源头截污和雨污分流措施最大化降低污水的处理难度，减少费用支出。

1. 治污截污

“源头削减”是保护水体环境的重要措施，也是建设海绵城市的必要手段之一。针对城市点污染源，主要是污水排放口，应完善城市污水管网系统，尤其是截污干管的建设，并确保生活污水及工业废水全部接入污水管网，避免“直排”。雨水径流是城市主要的面污染源，同时，也是造成水体污染的主要诱因。针对雨水径流，可利用植物、土壤和生物等自然元素构成的低影响开发设施对其进行处理，如：绿色屋顶、透水铺装、生物滞留池、植草沟、湿塘/景观水体、雨水湿地和下沉式绿地等（如图 2-2-10）。因此，在城市中需建造一个“点、线、面”衔接贯通的雨水处理网络系统。

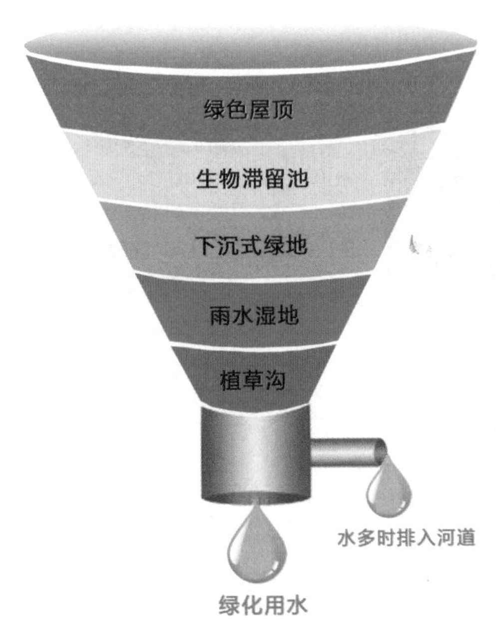

图 2-2-10 降雨径流过滤示意图

2. 雨污分流

雨水一方面会对水体造成污染，降低城市水环境质量，另一方面雨水还是城市宝贵的水资源。海绵城市建设以雨洪为资源，但初期降雨形成的径流，会携带地面和空气中的杂质，水质较差，若直接排入水体或被回收利用，一方面会造成受纳水体的污染，另一方面会增加雨水回收利用的处理难度和处理负荷，尤其是路面径流。而相对于初期降雨而言，中后期雨水水质较好。因此，经济有效的方法就是对初期雨水进行弃流，弃流雨水同污水一同进入污水处理厂处理后排放，中后期雨水经湿地等处理后排入水体或回收利用，即雨污分流（如图 2-2-11）。

受工程投资以及空间限制，老城区很难改造成雨污分流制排水系统，因此，雨污分流技术更加适用于城市新建地区。

初期雨水弃流设施是重要的雨污分流设施，它可以将初期雨水截留，降低低影响开发设施对雨水的处理负荷。初期雨水弃流设施一般适用于屋面雨水的雨落管、径流雨水的集中入口等低影响开发设施的前端。其构造示意图如图 2-2-12 所示。

图 2-2-11 雨污分流示意图

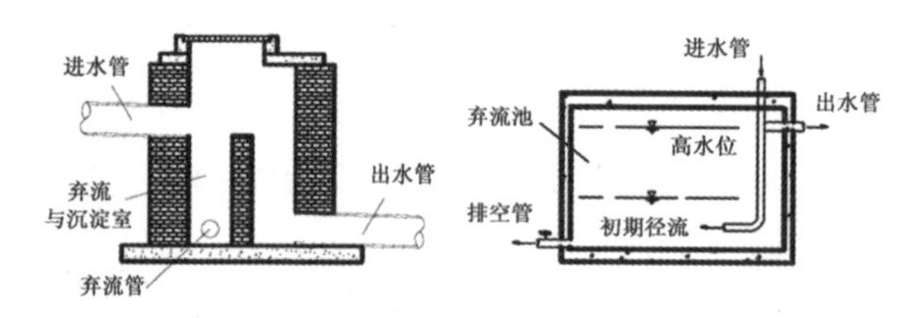

图 2-2-12 初期雨水弃流设施构造示意图

注：图片来源于《海绵城市建设技术指南》

三、生态驳岸设计

驳岸是位于水陆两地交界的区域，具有水域和陆地两种特性。生态驳岸要保证驳岸结构稳定和满足生态平衡要求。海绵城市中生态驳岸主要有自然和人工驳岸两种类型，其优点是保护河岸，防止雨水冲刷损毁，并有利于建立河道自净化系统，维持河流生态系统的完整与健康[3]。生态驳岸以植被护岸为主，其次结合河道本身特点合理选择硬质驳岸或土壤生物工程驳岸。

1. 植被护岸设计

1）植物护岸的机理

植被护岸主要是靠植物的茎叶和根系的作用护坡。植物的茎叶可以起到降雨截留，削弱溅蚀，减少地表径流的作用。草本植物根系主要起到加筋作用，木本植物根系主要对土壤起到加筋、锚固和支撑的作用。

2）植物护岸的优点

植物护岸保持了一种自然状态，极大地降低成本，低于传统硬质驳岸成本的1/3；通过植物种植，有利于降低面源污染对河流水质的影响，提高河流的自净能力；植被的存在也为各种小动物、微生物的生存繁衍提供了天然的生境，完整的生物链得以形成，提高了生物的多样性；植物景观效果好[4]。因此，植被护岸在河道生态治理中具有独特的作用，模仿自然植物群落构建乡土植物群落护坡，是生态护岸的基本方向。

3）植物的选择

首先，选择乡土植物和根系发达的植物。其次，在不同区域合理配置植物种类，在水深<0.6 m的区域，宜种植芦苇、菖蒲和香蒲等挺水植物，防止波浪对边坡的侵蚀；常水位以上宜种植多年生草本植物，如狗牙根、黑麦草和高羊茅等，同时也要配置木本植物，如垂柳、水杉、樟树和杨树等，以发挥木本植物根系强大的锚固和支撑作用，确保边坡的整体性。最后，在植物选择时也要考虑景观效果。单一植物很难达到较好的观赏价值，需结合多种草本、木本植物适当配置达到“三季有花、四季常青”的景观效果。同时，应综合考虑生态、经济和社会等方面的综合效益。

2. 生态型硬质驳岸设计

传统的硬质驳岸一般与生态河道的理念相违背，如混凝土驳岸和浆砌石驳岸等，阻断了河流生态系统的横向联系，使水生和湿生生物的生境遭到破坏，同时也降低了河流的自净化能力。所谓生态型硬质驳岸，是既有强度大、性能好和可参与性强的优点，又能维持稳定的河流生态系统的一种新型硬质驳岸。以下是几种常用的生态型硬质驳岸。

1）生态混凝土框格驳岸

生态混凝土框格驳岸是一种典型的生态型混凝土驳岸，是将传统混凝土板块做成框格砌块（如图 2-2-13），并在框格砌块上种植植被。各框格砌块环环相扣，整体性好，具有较强的抗冲刷能力，而且不影响坡面植被生长，有利于为水生动物、两栖动物营造良好的生境，促进生物链的形成，提高河流的自净能力。

2）生态型砌石驳岸

生态型砌石驳岸分干砌和半干砌石驳岸两种形式（如图 2-2-14）。干砌石驳岸采用直径 30 cm 以上的块石砌筑而成，块石之间有缝隙，有利于为水生动植物营造生境，这种形式适用于边坡较缓，水流冲击较弱的地方。

半干砌石驳岸采用的块石直径一般为 35 ～ 50 cm，采用水泥砂浆灌砌一部分块石间隙，这样既提高了驳岸的强度，又能维护生物生存条件。这种形式适用于水流冲击强度较大的边坡（如河道转弯处）。

图 2-2-13 框格砌块驳岸

图 2-2-14 半干砌（左）和干砌（右）驳岸图

3）石笼驳岸

当堤岸因防护工程基础不易处理，或沿河驳岸基础局部冲刷深度过大时，可采用石笼驳岸（如图 2-2-15）。石笼一般是由铁丝、镀锌铁丝和高强度聚合物土工格栅编制。编制石笼的铁丝直径一般为 3 ～ 4 mm，普通石笼可用 3 ～ 4 年，镀锌铁丝石笼的使用寿命可长达 8 ～ 12 年。

石笼抗冲刷能力强；柔性好，允许护堤坡面变形；透水性好，利于植物生长和动物栖息；施工简单，对现场环境适应性强。

图 2-2-15 石笼驳岸示意图

4）土壤生物工程驳岸

土壤生物工程是一种边坡生物防护工程技术，采用适合当地生长的植物根、茎（杆）或完整的植物体作为结构的主要元素，按照一定的方式、方向和序列将它们扦插、种植或掩埋在边坡的不同位置，在植物生长的过程中对边坡进行加固和稳定有利于控制水土流失、降低水流流速、截留沉积物、防止侵蚀、改善岸坡生境和生态修复。

土壤生物工程不同于普通的植草种树之类的边坡生物防护工程技术，它具有生物量大、养护要求低、施工简单、生境恢复快、费用低廉、景观效果好以及近似自然等特征，非常适用于河道险工段的生态驳岸工程[4]，工程效果如图 2-2-16。

图 2-2-16 工程效果

四、跌水堰设计

跌水堰是指使上游渠道（河、沟、水库、塘及排水区等）水流自由跌落到下游渠道的落差构筑物。跌水堰多用于落差集中处，也常与水闸和溢流堰连接作为渠道上的退水及泄水建筑物。根据落差大小，跌水可做成单级或多级。跌水堰主要用砖、石或混凝土等材料建筑，必要时某些部位的混凝土可配置少量钢筋或使用钢筋混凝土结构（如图 2-2-17）。

图 2-2-17 跌水堰意向图

跌水堰设计的原则首先是尊重地形地貌，尽量设计在主河道平缓区段，避免在河道转弯处影响行洪；其次，尽量设计在河道有桥梁处的上下游区段，增加景观效果。

1. 跌水堰的作用

海绵城市中设计跌水堰的水土保持效益十分显著。跌水堰中加固定的毛刷为微生物提供良好栖息环境，增加水体溶解氧便于微生物的生长繁殖，能蓄积水面、降低水流速以及沉淀污染杂质，为沉水植物提供生长环境，为富养曝气和微生物激活素提供条件以及形成很好的景观效果。此外，通过叠水曝气将 COD 降解 10 % 以上，每个跌水堰的氨氮削减率为 1.5 %。跌水堰的设计避免了漫水桥两侧水流静止及污泥淤积，可对河流中的固体污染物进行有效拦截过滤，具有良好的控制水冲蚀的作用。

2. 跌水堰防洪设计

在海绵城市中我们强调雨洪也是资源，因此在跌水堰设计中要着重考虑它的防洪效果。我们将从选材与摆放两方向分析跌水堰的防洪设计。

选材时要考虑石头的材质、重量和形状。石料材质一般需要具有一定的密度与坚固度，自身结构稳固好且耐冲刷的石料材质为佳，不可使用风化岩与砂岩材质，尽量不选用松碎层积岩与软页岩（如图 2-2-18）。根据汛期雨洪流速、流量和瞬时冲击等数据为前提条件进行计算检验认为石料的重量应大于 0.8 t，体积大于 0.25 m^3，大小结合。石料的形状尽量避免圆形或易发生滚动的形状，尽量选择下部稳重上端平直的梯形石料。

摆放过程中应确保石料稳固，在勘探现状河床结构的基础上，将石料底基落于稳固层，并保证至少 1/3 部分埋于河床表层之下。生态跌水堰不是传统的不透水的拦水坝，跌水堰安全要求是保证石块不会被洪水携带，以免造成安全隐患，但允许跌水堰被冲散或改变形状。

确认石料顶部面对来水方向具有一定角度，该角度不大于 15°（如图 2-2-19）。

石料底部前后两端均需设置散碎料石作为保护措施，迎水面散料可加入毛刷作为结构稳定措施及微生物附着床。

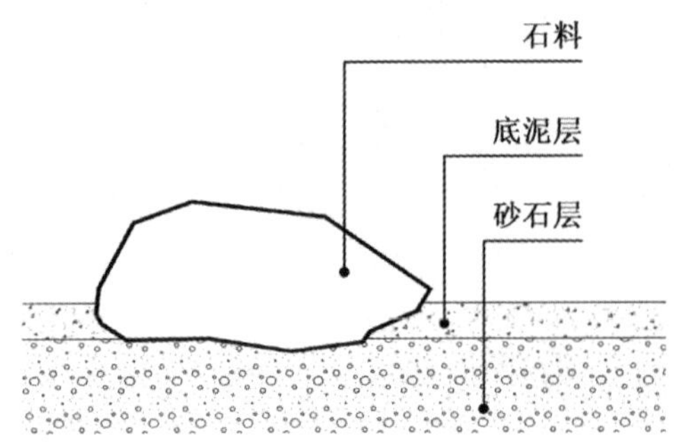

图 2-2-18 跌水堰石料层次示意图

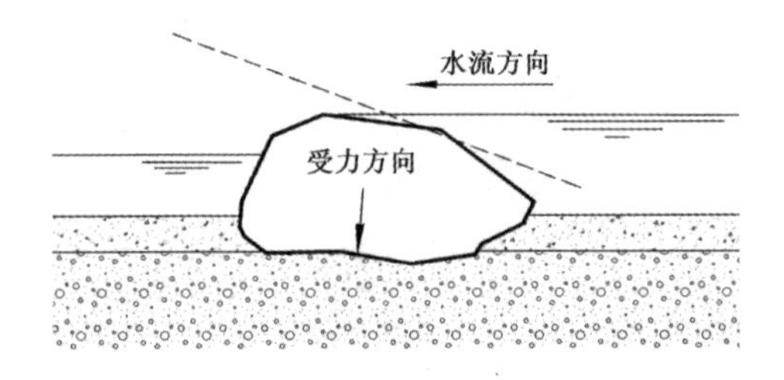

图 2-2-19 石料角度摆放示意图

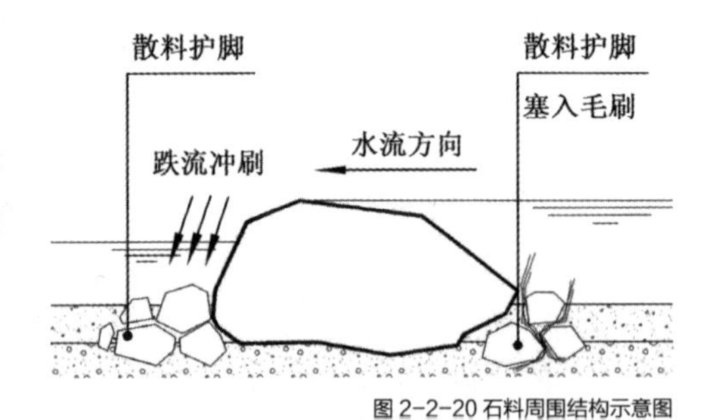

图 2-2-20 石料周围结构示意图

石料摆放尽量自然，落差不可超过 50 cm，避免笔直拦截河流，可以多级布置（不宜超过 5 道，但也不全是简单的石块摆列），尽量减少人工痕迹（应该有现场艺术总监指导，由技术工人摆放），每一道跌水堰都应该各有特色，根据地段河流水况及地形进行现场考量（如图 2-2-20）。跌水堰的设计结构图如图 2-2-21 所示。

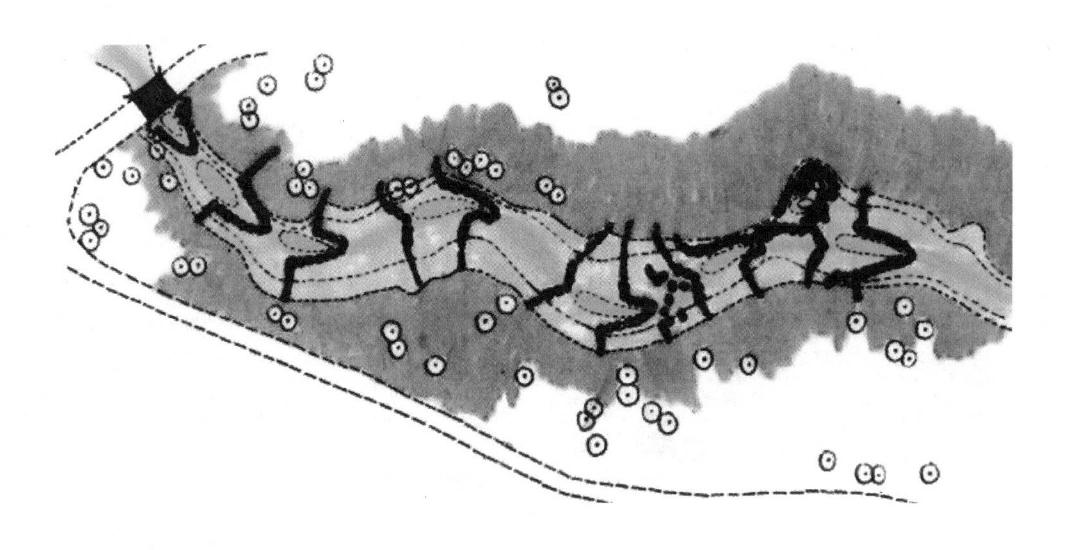

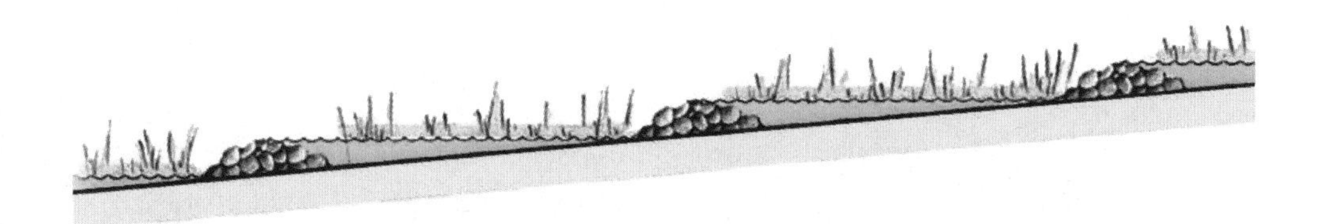

图 2-2-21 跌水堰设计结构示意图

五、水系面源污染三道防线

水系周边的植被带对水体的保护起着不可或缺的作用。一方面，它构成了水生态系统中生物生境的天然屏障；另一方面，水陆植被交错带是生物多样性和生境多样性的重点地带，构建较为完整的植被带能有效消减地表径流带来的面源污染。自然水体的三道生态防线主要包括：①林带；②草带；③湿地植物带。三道防线的打造是一项极具推广意义的设计，该设计有效地增加了“城市海绵体”，对雨水的调蓄、渗透及过滤都起到积极的作用。具体结构如图 2-2-22 所示。

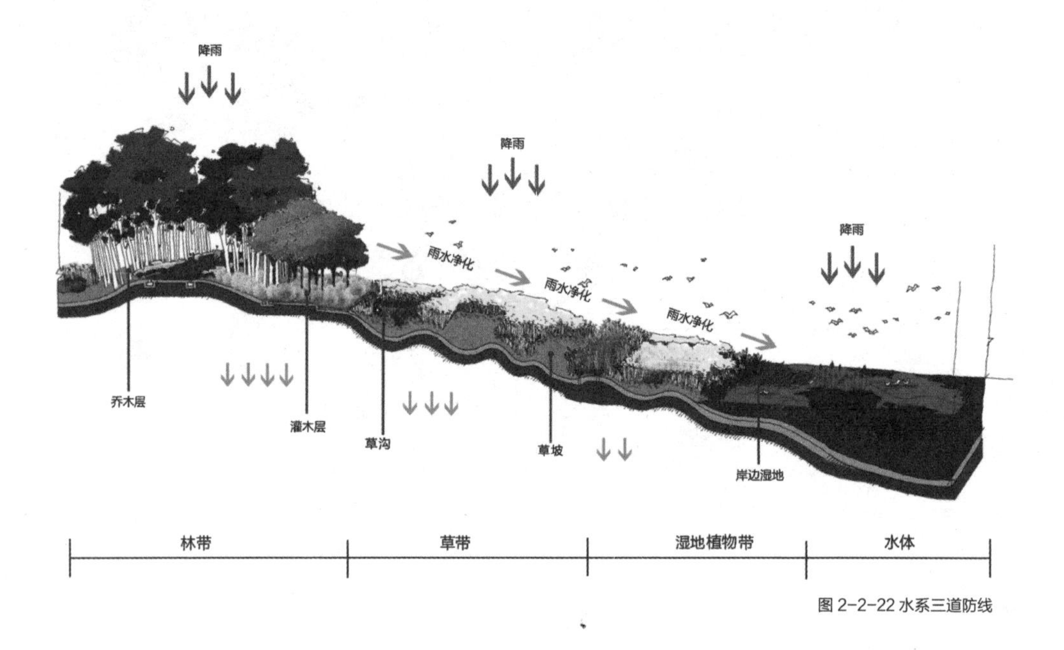

图 2-2-22 水系三道防线

1. 林带

林带主要由高大乔木树种和矮丛灌木及草本植物群组成，这样的林地内地被层枯落物较多，腐殖质含量较高，土壤的理化性质较为稳定，土壤肥力相对较高。降雨通过乔木层时，水分经乔木树种的枝叶进行林冠截留，削减大部分降水，未被截流的雨水透过林隙到达灌木层。此时雨水通过矮丛灌木和草本植物群时，一部分降雨被植物叶片吸收截留，一部分被灌木丛下的枯落物层吸附，蓄水的同时也去除地表径流中的大型固体颗粒物。

在植物配置的过程中应当选择喜光和耐湿的阔叶乔木树种，林下配置根系比较发达且固着力较强的耐阴矮丛灌木，草本植物宜选择藤本植物和经济花卉进行林下套种。在植物选择时，要尽量选择适宜本地生长的物种，不能选择情况不明的外来物种。同时应考虑景观美化效果、廊道生态功能及其他社会作用。

2. 草带

草沟和草坡组成了植草带。草沟主要起拦蓄作用，雨水流经草沟时，在草沟凹形构造及沟内植物的共同作用下减缓了流速，这个过程不仅对雨水径流中的悬浮颗粒污染物和部分溶解态污染物进行有效去除，同时也促进了径流垃圾的过滤。

草沟的设计可分为自然草沟和工程草沟，自然草沟通常坡度较为平缓，宽度与深度设计可与周边场地自然过渡，只需配合简单的砂石固定辅以表层植物，适合雨水冲刷较缓的区域。植物配置以耐水湿、抗倒伏的植物为主，可以选择藤蔓植物结合工程措施来实现固土保水的效果。工程草沟则可作为类似地表沟渠的排水系统，可设有穿孔管用以雨水收集，由内而外一般为砾石层、砂层、种植土壤层。工程草沟多用于居民区、商业区和旅游景区等，可用于取代雨水口或沟渠以及一部分雨水管网，缓解路面污染物随雨水冲刷排入市政管道的状况。

草坡的作用与草沟类似，也是通过大面积的坡体植被对雨水及污染物进行过滤沉淀，减缓雨水流速，保护水土流失。草坡的设计类似植物护坡，其布设应当充分考虑当地的气候和场地地形特征，尤其是降水量和坡度，坡度过大或降水量较大时，要综合考虑通过地形改造和植物配置来加强水土保持，以防坡面侵蚀。

3. 湿地植物带

水陆交错带本是极具生态价值的区域，但近年来河床及河岸的硬质化破坏了生物多样性和生态系统的连通性和稳定性。同时，也使大量的面源污染随着雨水径流直接进入水体。岸边湿地植物的茎和叶可以减缓流水，促进泥沙等颗粒物沉积，根系和地下茎的生长可增加沉积物的稳定性。湿地系统丰富的分解者——微生物，也对污染物的分解起到决定性作用。雨水径流经林灌、草坡草沟过滤后，再经过岸边湿地的深层过滤，水质得到优化和提升。因此，岸边湿地带的恢复是保护水体的一项重要举措。

湿地植物带主要包括湿生植物和沼生植物，其中挺水植物为主力军，如芒、芦苇、蒲和荻等，辅以部分沉水植物及浮水植物。岸边湿地带的打造应结合水岸土壤及河流水深和水量，并考虑水岸面积和坡度等地形特征，打造深浅不一的区域，在丰富生物多样性的同时也便于不同降解功能的发挥。湿地植被不仅是保护和净化水体的最后一道重要防线，同时也营造出陆水自然过渡的景观设计效果。

六、以水质为目标的水生态工程设计

水生态工程是河流、湖泊和湿地等的生态构建工程。目前大部分水生态工程的首要目标是提升水质。下面以官山河流域水生态治理为例进行介绍。

官山河流域水生态治理的水质目标是从Ⅴ类净化到Ⅲ类。主要通过湿地净化解决污水处理厂出水（Ⅴ类）对河道的污染问题，提升尾水水质（Ⅲ类）。水质净化过程主要通过湿地的3个功能区逐步净化，分别为进水沉淀区、自然净化区和跌水净化区。

1. 背景分析

官山河项目地位于十堰市官山河六里坪大桥东北部，旨在解决场地西南部的污水处理厂出水对官山河河道的污染，并提升尾水水质。湿地公园占地面积6.2万m^2，建设目的为：（1）通过湿地公园的微地形、水生植物、水生动物和微生物等的吸收净化，有效提升污水处理厂的出水（一级B标准）水质；（2）打造湿地观光和生态休闲的开放的城市游憩空间。

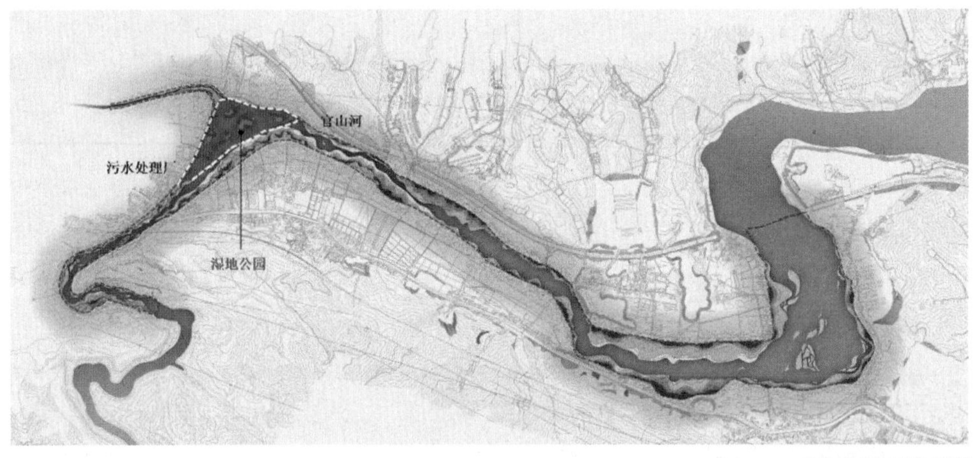

图2-2-23 项目区位图

污水处理厂日出水量 1 万吨，由出水管进入湿地公园。污水处理厂出水口高程为 169 m，湿地公园出水口高程为 168 m，具有一定高程差，可形成自然流动水面，成为湿地公园设计的基础（如图 2-2-24）。湿地公园平均水深 1.5 m，三个功能分区之间平均高程差为 0.3 m，可形成平稳低速的湿地水流。1 万 t 污水在湿地公园内滞留净化时间最长可达 9 天，有利于土壤、水生植物、水生动物等对 COD、NH_3-N 和 TP 等污染物的吸收削减，使污水处理厂出水在湿地公园内得到最大程度的净化，其中栽植的芦苇、美人蕉、风车草、鸢尾和菹草等水生植物具有极强的污染物削减功能，可对 NH_3-N、TP 和 COD 等污染物吸收净化，有力提高水质。

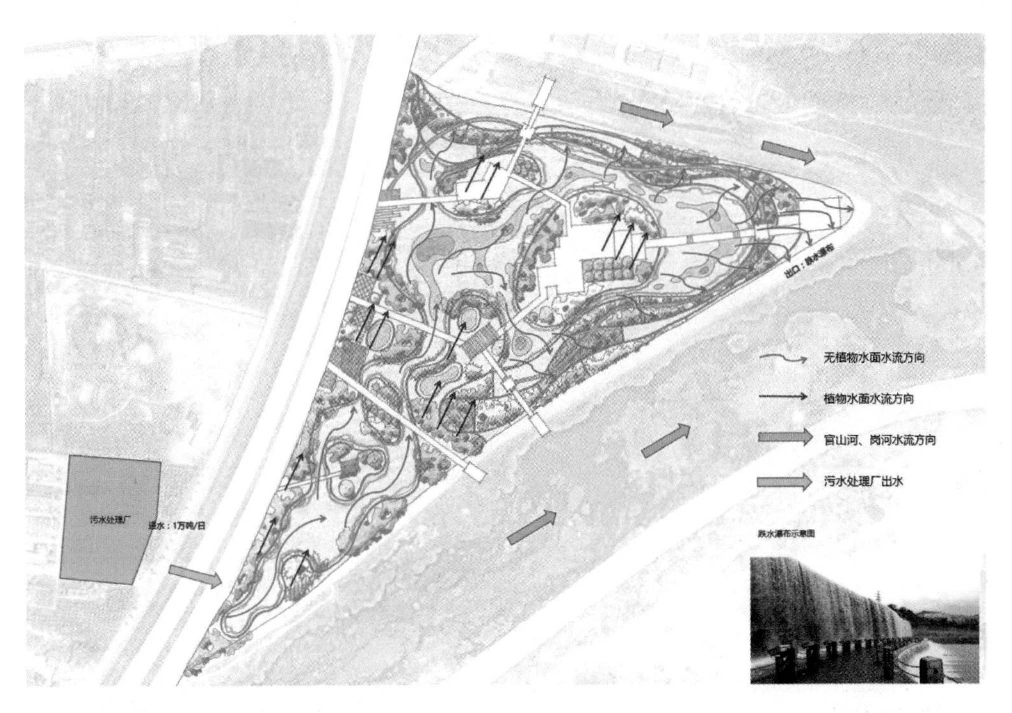

图 2-2-24 湿地水动力及水流向图

2. 水质净化过程分析

水质净化过程是通过湿地公园的 3 个功能区逐步提升水质（如图 2-2-25）。

1）进水沉淀区。进水沉淀区主要采用坑塘植物带的模式进行沉淀和吸收净化。其构成为坑塘带和面流湿地带，坑塘为向下挖深 0.6 ~ 0.9 m。面流湿地带包括岛屿区、挺水植物区、沉水植物区和水动力沟渠（如图 2-2-26）。污水处理厂出水进入进水沉淀区，通过累积沉淀，以及芦苇和风车草的净化作用，将固体废弃物、部分 COD、NH_3-N 和 TP 等污染物沉淀、吸收固化（如图 2-2-27）。

图 2-2-25 湿地分区图

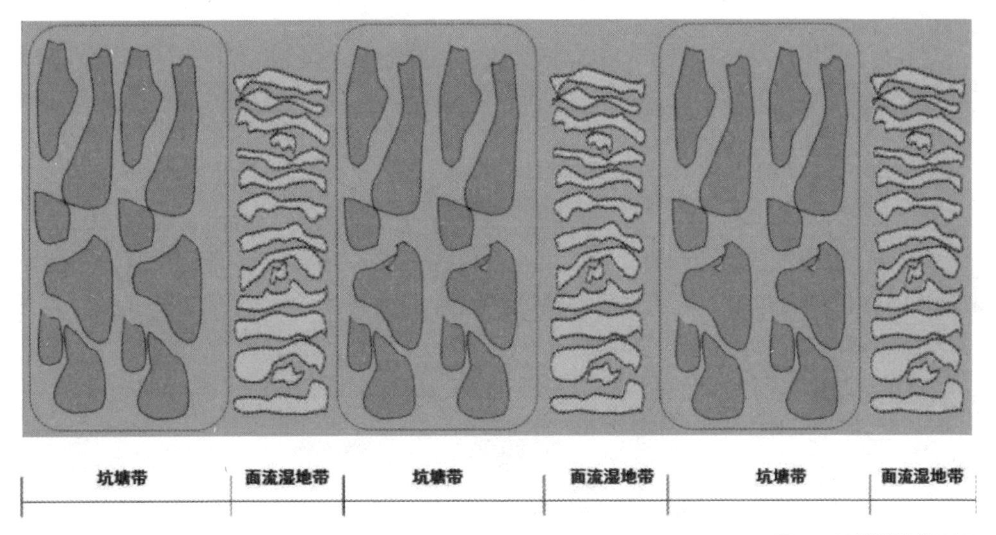

图 2-2-26 坑塘植物带示意图

2）自然净化区。初步净化的污水进入自然净化区，经过芦苇、风车草、美人蕉和鸢尾等污染物削减能力极强的水生植物的吸收净化作用，水质得到明显提升（如图 2-2-28）。

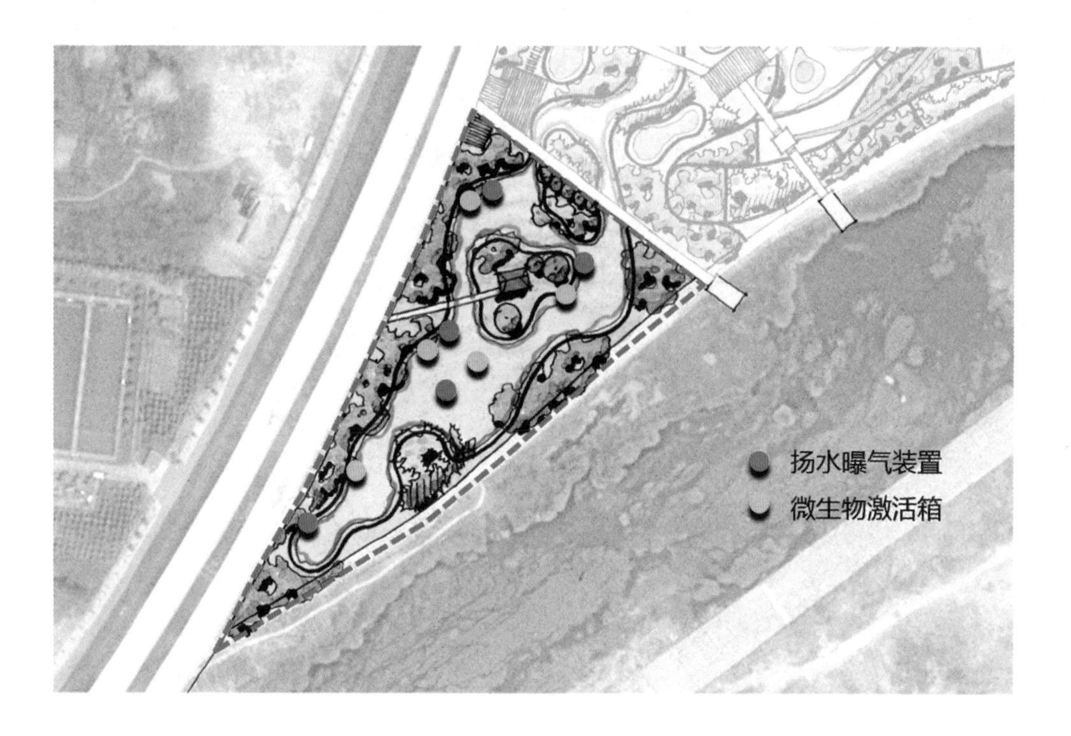

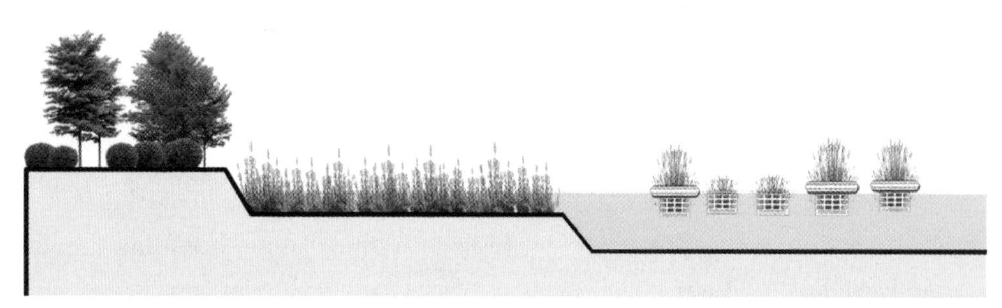

图 2-2-27 进水沉淀区平面与剖面图

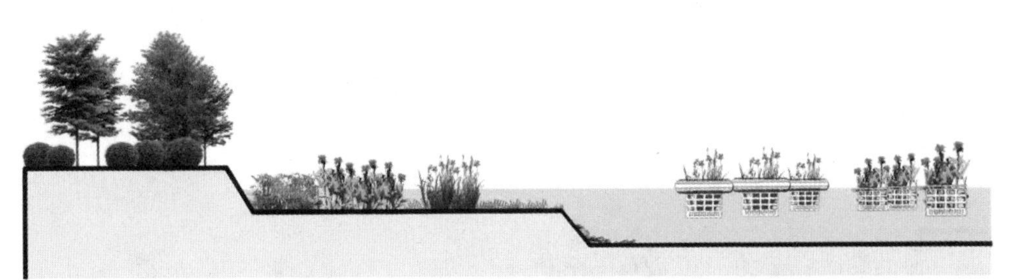

图 2-2-28 自然净化区平面与剖面图

3）跌水净化区。水体通过跌水净化区的曝氧、多种水生植物的吸收净化，进一步提升水质，以跌水瀑布的形式进入官山河，在官山河与岗河交界形成一个小型的跌水瀑布，不仅可以进一步曝气，削减 COD，提升水质，还具有极好的景观功能（如图 2-2-29）。同时，在跌水下方布置亲水栈道，可供行人亲水、游憩、赏景，形成一个休闲景点，可带来其他社会经济效益。

图 2-2-29 跌水净化区平面与剖面图

七、水系污染消减计算模型

1. 污染物消减模型

海绵城市建设对城市面源污染削减起到非常关键的作用，可有效降低固体悬浮物（SS）和氮磷营养物质的含量，尤其对SS的去除率最高可达90%以上。面源污染物随降水径流进入水体造成污染，污染物在径流迁移过程中通常会得到截留和降解，因此，对径流流经地面过程中污染物的含量进行削减将极大地降低污染物进入水体的风险。海绵城市设计中的多项技术最大限度地利用了水系空间自然形态促进沉淀和曝氧，利用土壤、地形、动植物、微生物等资源来恢复并保持水体的自净化功能，极大地减少地表径流和面源污染，极大地消减水体中的污染物。我们的污染物消减模型主要考虑了①污染物在水体中滞留时间的沉淀和消减，②沉水植物吸收的消减，③挺水植物吸收的消减，④曝气过程的消减，⑤微生物的消减。模型不仅用来计算不同生态工程措施对水系污染消减的量及水质，也用来反推为了实现某一水质标准所需要的生态工程措施。

模型首先考虑较低的水力负荷、较大的生态缓冲区域、适当的滞留时间、净化能力较强的动植物，以及新型研发的微生物激活促进剂和各类水体曝气措施，都能显著提高污染物削减率。总结部分已有的研究数据表明，通常情况下沉水植物对污染物的削减能力为TP>NH_3-N>COD，挺水植物对污染物的削减能力为NH_3-N >TP> COD，曝气措施对污染物的削减能力为COD > NH_3-N >TP，微生物激活促进措施对污染物的削减能力为TP > NH_3-N >COD。

由于污染物发生时间的无序性、产生量的随机性、发生地点的广泛性、发生机理的复杂性，以及污染组成和污染负荷等的不确定性，目前国内尚未形成较为成熟的生态工程水质修复效果标准化计算方法。因此，现阶段可采用基本公式估算法对功能措施进行污染物削减模拟估算。根据我国地表水污染情况，在目前的水质规划、预测和管理工作中一般认为水体中污染物的自净降解符合一级反应动力学公式。即：

$$\frac{\partial C}{\partial t} = -k \cdot C \tag{1}$$

将（1）式积分得：

$$\ln C_t = -k \cdot t + \ln C_0 \tag{2}$$

整理得：

$$C_t = C_0 \cdot e^{-kt} \tag{3}$$

式中，Co 为某污染物的初始浓度 (mg/L)；Ct 为 t 时刻某污染物的浓度 (mg/L)；k 为污染物降解系数（d^{-1}）；t 为反应时间 (d)。

计算公式的核心参数为污染物降解系数 k 和反应时间 t，由于污染物的降解过程是一个复杂多变的过程，致使污染物降解系数 k 是一个动态值，通常受到温度、pH、污染物浓度梯度、水文特征、河道状况等诸多因素影响，一般可采用资料类比分析、常规监测估值、实测资料反推、水团追踪试验等方法粗略得出。

已有研究者对特定植物及部分生态措施在特定环境下的污染物降解系数进行了估算，但对于多种措施在较大的流域或区域空间、大尺度水体中的综合应用，尚无有效数据参考。因此，基于综合降解系数的不易获取性，本文推荐采用水质改善工程效果叠加法进行估算，即将反应空间作为一个整体，对全部措施进行空间剥离，假设每项措施的效果在空间内逐一发生，然后对其效果进行连续核算，得出如下公式：

$$c_t = c_o \prod_{i}^{n} e^{-k_i t_i}$$

式中：i 为第 i 个叠加措施（如沉水植物、挺水植物、微生物激活素等措施的空间叠加）；C_o 为某污染物初始浓度 (mg/L)；C_t 为 t 时刻某污染物的浓度 (mg/L)；k_i 为污染物降解系数 (d^{-1})；t_i 为污染物降解作用时间（d）。其中水体平均滞留时间 t 可通过下面公式计算得出，即：

$$t=A*H/Q$$

式中，t 为水体滞留时间（d）；A 为总水域面积（m^2）；H 为平均水深（m）；Q 为平均流量（m^3/d）。

例：假设某河流 A-B 段长约 5000 m，宽约 15 m，平均水深约 1 m，平均流量为 1.7 万 m^3/d。其中 AA` 断面 COD 浓度为 40 mg/L，现将该段河道内种植 1/3 面积的沉水植物，1/3 面积的挺水植物，每千米设置一个曝气器（平均覆盖），并布有微生物激活素（平均覆盖），预估未来 BB` 断面的 COD 情况（$k_{沉水}=0.0398$，$k_{挺水}=0.0096$，$k_{曝气}=0.0200$，$k_{微生物激活素}=0.0576$）。

1.计算水体平均滞留时间，即：

$$\begin{aligned} t &= A*H/Q \\ &= 6.6(d) \end{aligned}$$

2.代入综合降解公式计算：

$$c_t = c_o \prod_{i}^{n} e^{-k_i t_i}$$

a.沉水植物对污染物的削减：

$$\begin{aligned} C_{沉水} &= 40 \times e^{-0.0398 \times 6.6} \\ &= 30.76 \end{aligned}$$

由于沉水植物仅占到河道面积的 1/3，所以：

$$\Delta C = 1/3 (C_{00} - C_{沉水}) = 3.08$$

即，经沉水植物削减后：

$$C_{t1} = C_0 - \Delta C = 40 - 3.08 = 36.92$$

b.挺水植物对污染物的削减：

$$C_{挺水}=36.92 \times e^{-0.0096 \times 6.6} = 34.65$$

由于挺水植物仅占到河道面积的 1/3，所以：

$$\Delta C = 1/3 (C_{t1} - C_{挺水}) = 0.76$$

即，经挺水植物削减后：

$$C_{t2} = C_{t1} - \Delta C = 36.92 - 0.76 = 36.16$$

c.曝气器对污染物的削减：

$$C_{曝气}=36.16 \times e^{-0.02 \times 6.6} = 31.69$$

d.微生物激活素对污染物的削减：

$$C_{微生物激活素}=31.69 \times e^{-0.0576 \times 6.6} = 21.67$$

综上，经该湿地区域持续稳定过滤后，BB` 断面的 COD 浓度可提升至 21.67 mg/L。

污染物削减估算的主要意义在于适度的水质效果评估可以对生态工程设计产生积极的指导作用，从水力负荷、有机负荷、空间格局、水域面积、植被数量、新型净水技术等方面的分析均可对生态工程的方案选取及工程量给予综合参考。

2. 模型应用案例

1）萍水河流域项目概况

萍水河是江西省萍乡市境内最大河流，流域面积 1423 km^2，呈扇形状；多年平均降水量为 1642.5 mm。萍水河流经项目地麻山新区总长度为 7074 m，常水位河道面积是 0.526 km^2，按 50 年一遇洪水线划定的面积约是 2.96 km^2；区域内河段平均纵坡 i=0.63‰，50 年一遇流量为 1643 m^3/s，20 年一遇流量为 1306 m^3/s。新区内萍水河流域地势低洼，三面环山，河流两岸被山体包围，处于山谷地带；从东到西河道蜿蜒而过麻山新区，与麻山河汇流。萍水河从东到西贯穿整个麻山新区，成为麻山新区的“母亲河”、“龙脉”，其水质和“水清岸美”维系着新区发展的成功与可持续性。因此，水质问题对于萍水河至关重要。

目前，麻山新区萍水河段平水期日径流量为 158.11 万 t，枯水期径流量为 126.490 万 m^3/d，水质为地表 V 类水。谢家滩污水处理厂，位于河流治理范围的上游，于 2008 年建成投产，目前日出水量为 8 万 t，出水水质为一级 B。污水处理厂未来规划设计日出水规模将达到 16 万 t。因此，污染物消减模型以污水处理厂日出水量 16 万吨计算，则水质模型计算中所选取的平水期平均流量为 174.112 万 m^3/d，枯水期平均流量为 142.490 万 m^3/d。

本次萍水河水质治理的核心目标是在规划河段范围内将 COD、氨氮、总磷三项污染指标削减至地表 III 类水的水质标准。

2）水体净化系统

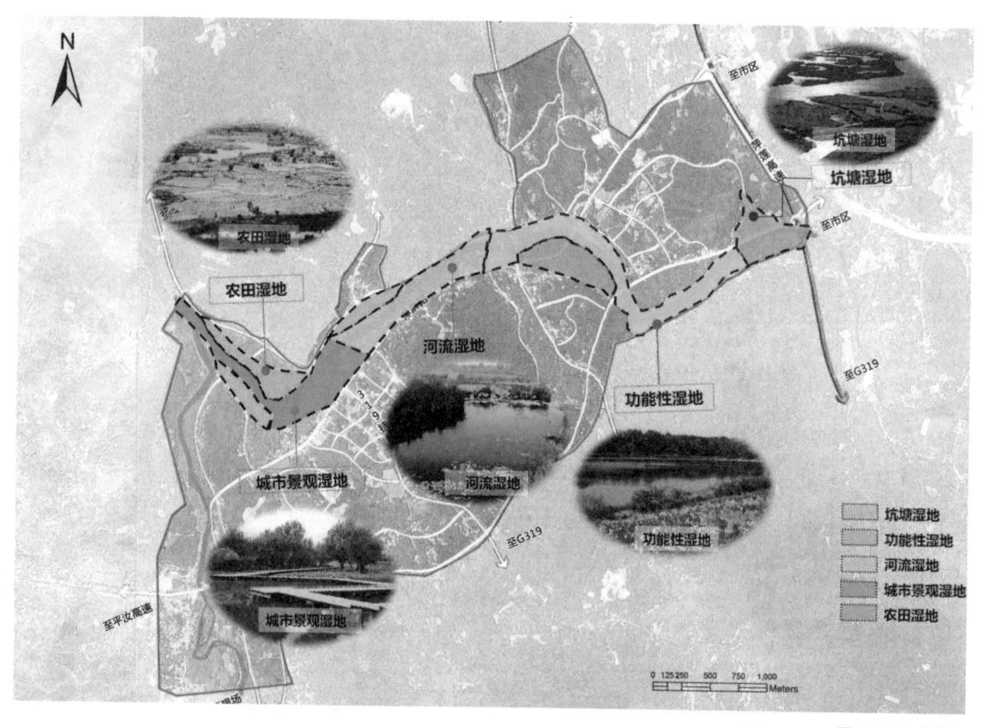

图 2-2-30 方案图

萍水河水质净化方案为分段设定、分区净化，增加河流湿地面积，从规划河道的上游至下游依次分段设定“坑塘—湿地—河流湿地—农田湿地”水质净化区。污水处理厂的出水首先进入坑塘进行初步沉淀，再流入湿地公园进行净化；净化后的污水处理厂出水和经河道净化后的上游来水经过湿地层层净化达到地表 III 类水标准后与麻山河汇流。

河流分区治理：上游段 AB，BC，CD 段要通过控制污染物，实现源头治理的目标，因此，该段建立坑塘—湿地系统沉淀污水和曝氧，净化河流水质，同时，可兼顾上游的水土保持问题。中游段 DE 段要实现过程净化水质的目标，使得该区域内湿地及水景观价值提升，通过低影响开发技术和建立生态驳岸打造良好的滨水景观，同时通过湿地系统逐级实现再生水利用的目标，为野生动物营造良好的生态栖息地。下游段 EF 段要实现末端保育的目标，为生态发展保留生态用地，同时保证与麻山河汇水后的水质状况。

水生态修复的生态措施：由于 BC 段紧挨污水处理厂，因此在 AB 段设计“90-70 型”坑塘对污水处理厂的一级 B 尾水进行预处理，坑塘湿地内投放 20 个微生物药箱，通过微生物进行水质修复。沿河道内布设道跌水堰，并在河道和湿地内投放微生物药箱，湿地内种植一定比例的沉水和挺水植物。在保持基本农田不变动的情况下建议不对 AC 段河道进行拓宽，为达到改善水质的目的，CD 段在原河道的基础上进行拓宽，在扩宽的基础上选取 1/3 左右的面积做浅塘湿地。DE 段不对河道进行拓宽，EF 段在原河道的基础上进行拓宽，用以改善水动力，增加对污染物的净化能力。

3）基于模型下的方案推荐

一般来说，河流污染物治理的整体思路是从源头上减少污染物，在水体流动过程中逐渐削减污染物的含量。

现状萍水河河流水质为 V 类水，上游污水处理厂出水标准为一级 B，在充分考虑节约土地和扩地成本的基础上，优先考虑水质提标，从源头上减少污染物。若水质提标后仍无法实现目标水质则考虑通过增加湿地面积实现在水体流动过程中逐渐削减污染物含量的目的。因此，萍水河污染物削减计算遵循如下流程。

方案一：现状污水处理厂出水标准为一级 B，河流本底水质为 V 类水时，在 DE 段之

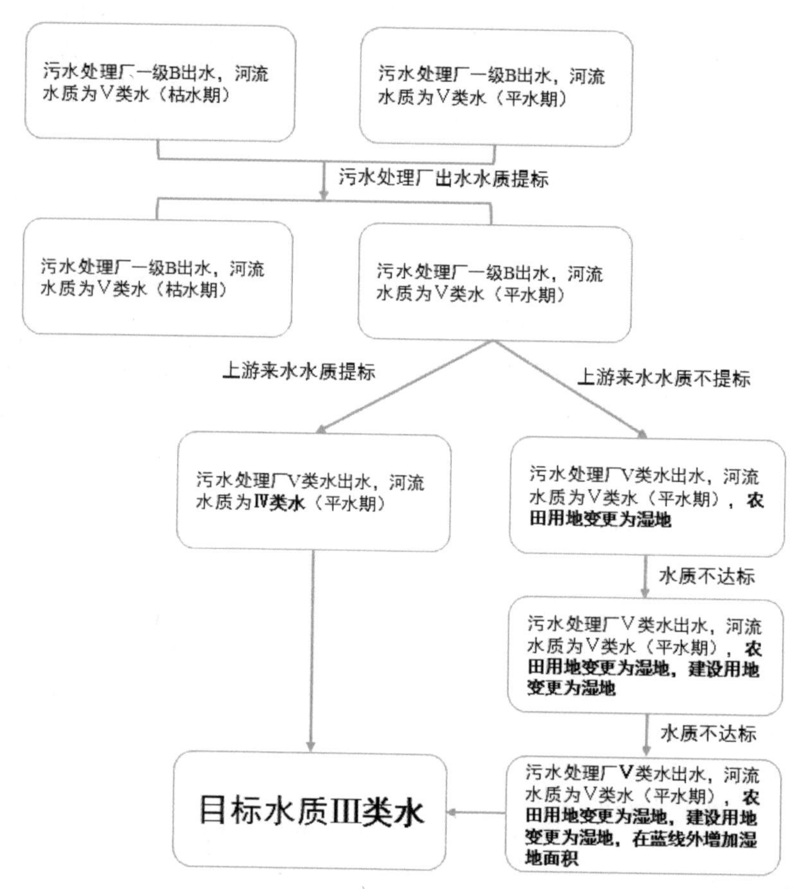

图 2-2-31 流程图

前水质基本上都维持在 V 类水水平，末端 EF 段出水水质基本在 III~IV 类水标准，枯水期与平水期污染物削减效果见表 2-2-1 及表 2-2-2，水质空间变化图如图 2-2-32 及图 2-2-33 所示。

表 2-2-1 枯水期各段污染物削减计算结果

	BC 段出水浓度	AC 段出水浓度	CD 段出水浓度	DE 段出水浓度	EF 段出水浓度
COD	57.05	37.49	31.91	27.22	23.24
NH_3–N	7.38	2.23	1.76	1.40	1.11
TP	1.39	0.43	0.34	0.26	0.21
TN	18.72	3.34	2.70	2.19	1.78
水质类别	一级 A- 一级 B	近 V 类	IV-V 类	IV 类	III-IV 类

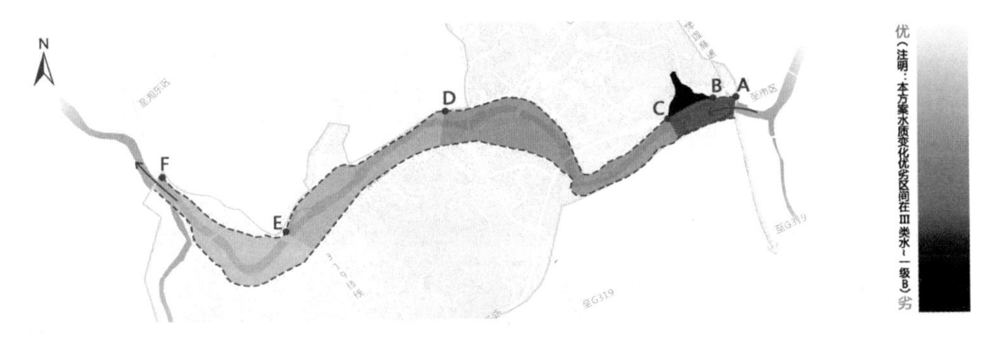

图 2-2-32 方案一枯水期水质空间变化图

表 2-2-2 平水期各段污染物削减计算结果

	BC 段出水浓度	AC 段出水浓度	CD 段出水浓度	DE 段出水浓度	EF 段出水浓度
COD	57.05	37.18	31.65	27.00	23.05
NH_3–N	7.38	2.14	1.69	1.34	1.06
TP	1.39	0.41	0.32	0.25	0.20
TN	18.72	3.05	2.46	2.00	1.62
水质类别	一级 A- 一级 B	近 V 类	IV-V 类	IV 类	III-IV 类

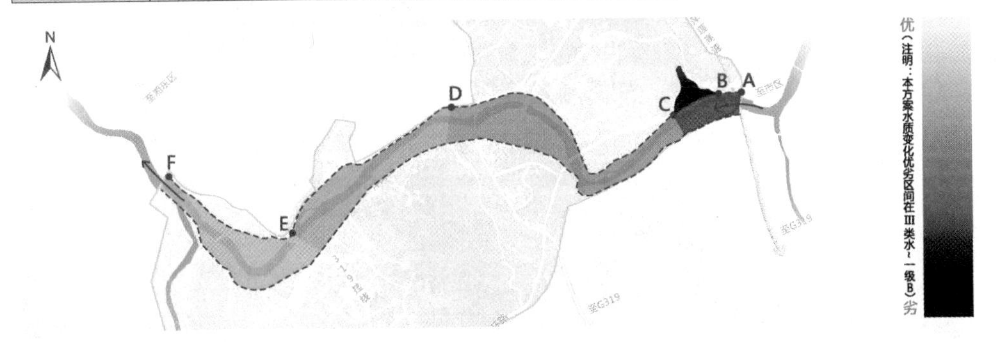

图 2-2-33 方案一平水期水质空间变化图

方案二：污水处理厂出水水质提标至 V 类水，河流水质为 V 类水时，空间水质可在 EF 段达到近 III 类水标准，枯水期与平水期污染物削减效果见表 2-2-3 及表 2-2-4，水质空间变化图如图 2-2-34 及图 2-2-35 所示。

表 2-2-3 枯水期污水处理厂出水提标后各段污染物削减计算结果

	BC 段出水浓度	AC 段出水浓度	CD 段出水浓度	DE 段出水浓度	EF 段出水浓度
COD	38.03	35.58	30.28	25.84	22.06
NH_3–N	1.85	1.70	1.34	1.07	0.85
TP	0.37	0.33	0.26	0.21	0.16
TN	1.87	1.71	1.38	1.12	0.91
水质类别	V 类	IV-V 类	IV 类	III-IV 类	近 III 类

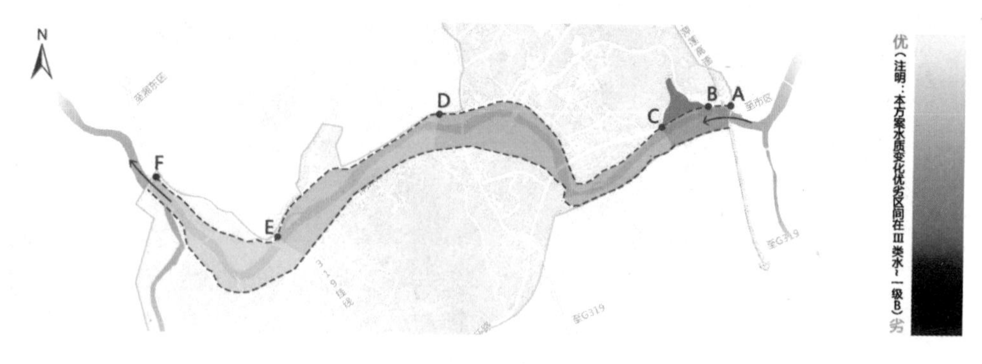

图 2-2-34 方案二枯水期水质空间变化图

表 2-2-4 平水期水处理厂出水提标后各段污染物削减计算结果

	BC 段出水浓度	AC 段出水浓度	CD 段出水浓度	DE 段出水浓度	EF 段出水浓度
COD	38.03	35.61	30.32	25.86	22.08
NH_3–N	1.85	1.70	1.35	1.07	0.85
TP	0.37	0.34	0.26	0.21	0.16
TN	1.87	1.71	1.38	1.12	0.91
水质类别	V 类	IV-V 类	IV 类	III-IV 类	近 III 类

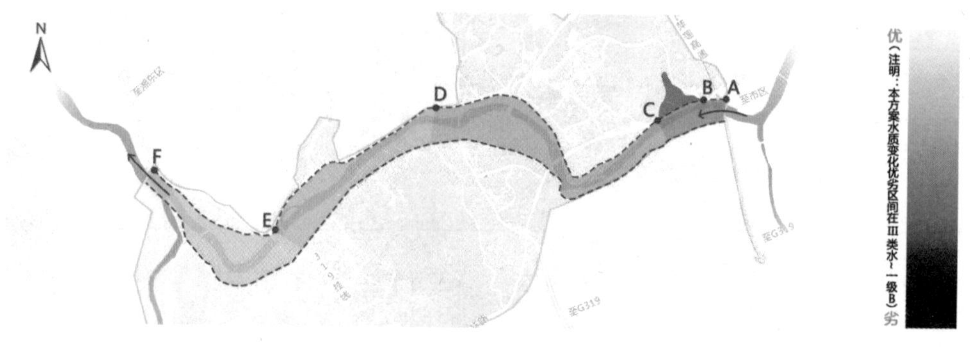

图 2-2-35 方案二平水期水质空间变化图

方案三：以平水期计算为例，污水处理厂出水水质提标至 V 类水，河流水质提标为 IV 类水时，在 DE 段水质水平即可达到 III 类水质目标，污染物削减效果见表 2-2-5，水质空间变化图如图 2-2-36。

表 2-2-5 平水期河流水质提标为 IV 类水后各段污染物削减计算结果

	BC 段出水浓度	AC 段出水浓度	CD 段出水浓度	DE 段出水浓度	EF 段出水浓度
COD	38.03	27.49	23.40	19.97	17.04
NH_3–N	1.85	1.31	1.04	0.82	0.65
TP	0.37	0.26	0.26	0.16	0.12
TN	1.87	1.32	0.20	0.87	0.70
水质类别	V 类	IV 类	近 III 类	III 类	III 类

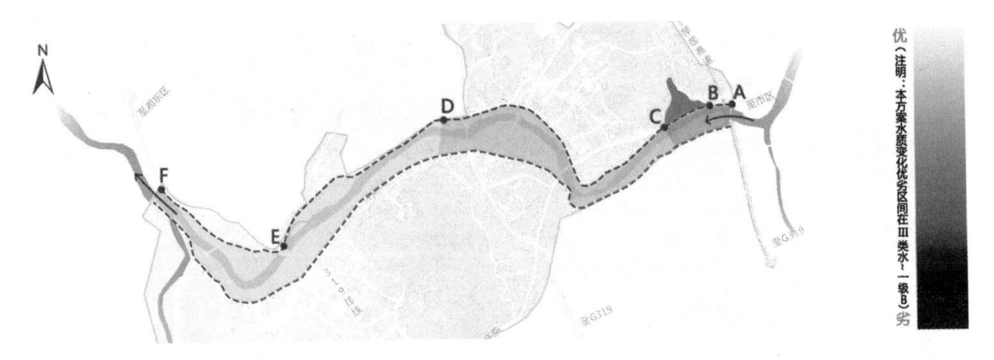

图 2-2-36 方案三水质空间变化图

方案四：考虑到一般情况下上游城市来水很难实现 IV 类水质，因此将污水处理厂出水水质提标至 V 类水，河流水质仍为 V 类水时，通过改变蓝线内的现有农田为湿地，实现对污染物的削减，与方案三中平水期计算结果相比来说，各段水质状况变化较小，但各段的污染物浓度均有明显的下降趋势，其削减效果见表 2-2-6，水质空间变化图如图 2-2-37。

表 2-2-6 平水期蓝线范围内农田变为湿地后各段污染物削减计算结果

	BC 段出水浓度	AC 段出水浓度	CD 段出水浓度	DE 段出水浓度	EF 段出水浓度
COD	38.03	35.61	29.89	25.29	21.00
NH_3–N	1.85	1.70	1.32	1.04	0.79
TP	0.37	0.34	0.25	0.20	0.15
TN	1.87	1.71	1.34	1.07	0.83
水质类别	V 类	IV-V 类	IV 类	III-IV 类	III 类

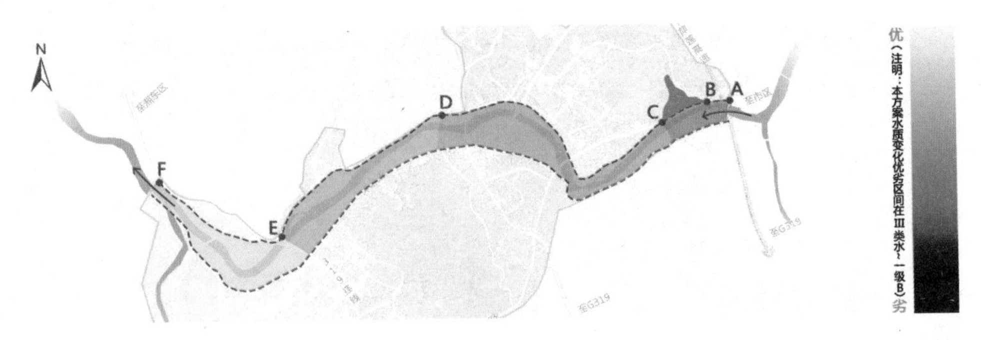

图 2-2-37 方案四水质空间变化图

方案五：在方案四的基础上仍无法实现目标水质，则考虑将蓝线范围内可拆的建设用地变为湿地实现对污染物的削减，因可拆建设用地较少，水质净化效果不明显，和方案四中的削减效果较为接近，但单各段污染物的浓度均有下降，也达到了一定的削减效果。其削减效果见表 2-2-7，水质空间变化图如图 2-2-38 所示。

表 2-2-7 平水期蓝线范围内可拆建设用地变为湿地后各段污染物削减结果

	BC 段出水浓度	AC 段出水浓度	CD 段出水浓度	DE 段出水浓度	EF 段出水浓度
COD	38.03	35.61	29.89	25.29	20.54
NH_3–N	1.85	1.70	1.32	1.04	0.77
TP	0.37	0.34	0.25	0.20	0.14
TN	1.87	1.71	1.34	1.07	0.80
水质类别	V 类	IV-V 类	IV 类	III-IV 类	III 类

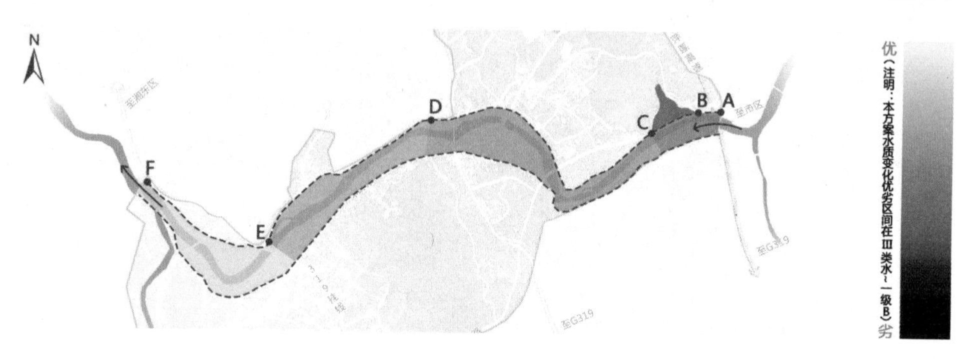

图 2-2-38 方案五水质空间变化图

参考文献

[1] 侯巍，张晓晖，胡雪，等 . 浅谈河流生态恢复内容和技术 [J]. 中国水土保持 ,2011 (12):40-42.

[2] 胡洪营，何苗，朱铭捷，等 . 污染河流水质净化与生态修复技术及其集成化策略 [J]. 城市给排水 ,2005 (4):1-9.

[3] 丁丽泽 . 城市河道生态驳岸评价与设计应用—以宁波江东区河道为例 [D]. 浙江：浙江工业大学 ,2012.

[4] 向雷，余李新，王思麒，等 . 浅论城市滨水区域的生态驳岸设计 [J]. 北方园艺 ,2010(2):135-138.

[5] 蔡守华 . 水生态工程 [M]. 北京：中国水利水电出版社 ,2010.

第三节
绿色设计技术

城市的发展带来一系列负面影响，如雾霾、水污染、土壤污染和热岛效应等，严重破坏了生态环境。在海绵城市设计中，绿色设计主要坚持环保、可持续和资源节约等生态理念，核心是充分利用绿地对雨水进行净化、存储、调节和利用，减少径流污染，补充地下水，实现雨水的循环利用。绿色设计主要应用于建筑、绿地、道路、公园等方面。

一、绿色建筑雨水利用

1. 绿色建筑与海绵城市

绿色建筑是指在建筑的全寿命周期内，最大限度地节约资源（节能、节地、节水及节材等），保护环境和减少污染，为人们提供健康、舒适和高效的使用空间，并实现自然和谐共生[1]。其生态核心是通过节约能源和资源，减轻建筑对环境的负荷，使人与建筑和自然环境实现循环生态可持续。

在城市建设中，建筑面积占据了较大比重，故而建筑雨水利用成为了城市雨水利用的重要组成部分。如果建筑能像海绵一样有“弹性”，能够吸水、蓄水、渗水及净水，达到节水和节能目的，那么就实现了建筑的“绿色化”，而且，海绵城市建设的理念也得以体现。因此，绿色建筑建设在海绵城市建设中起到至关重要的作用。

2. 绿色建筑雨水利用效益

1）资源效益

建筑雨水收集利用可用于补充城市水源，使自然资源得到充分的利用。增加地表水水资源量，疏解城市集中用水，缓解城市供水压力，减少市政集中供水量。

2）社会效益

雨水是城市水资源利用的重要来源，建筑是居民最广泛的活动场所，雨水和建筑与每一位居民的生活都息息相关。因此，绿色建筑雨水利用在社会中的推广，以及在日常生活中普及雨水收集利用知识，开展雨水利用实践活动，对提升居民的环保节水意识和循环生态可持续观念具有重要意义。

3）经济效益

建筑雨水利用在增加可用水量的同时也容易实现就近用水，减轻城市给排水设施的负荷，降低城市供水设施的规模，也降低了污水废水处理量，从而节省城市基建投资与运行费用。雨水的利用也可间接减少因水资源短缺及洪涝干旱灾害造成的国家财产损失及财政投入。因此，雨水资源的循环利用对社会经济可起到减投增收的作用。

4）生态效益

建筑雨水资源的高效利用对补充城市地表水与地下水起到积极的作用，对周边生态环境保护以及生物生境的修护起到极其重要的作用，同时也有助于缓解地下水位不断下降、海水入侵等环境问题。建筑雨水的利用极大地减少了城市雨水的外排量，降低了由雨水径流产生的面源污染，从而改善城市水环境污染状况。

3. 绿色屋顶雨水利用技术

屋面径流是建筑雨水径流的直接来源，对降落到屋面的雨水实施科学有效的管理可以减少城市地表雨水径流量，进而减轻城市给排水设施以及污水处理设施的负荷，是实现绿色建筑理念的关键。绿色屋顶概念是基于海绵城市建设而提出的，是重要的低影响雨水开发设施，同时，

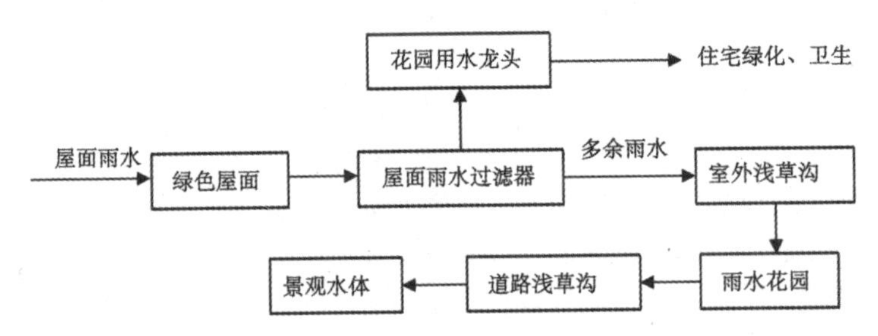

图 2-3-1 屋顶雨水收集处理流程图

作为绿色建筑中不可或缺的工程设施，绿色屋顶更要着重强调其生态学意义，要求通过植被种植实现屋顶景观绿化，同时实现雨水的净化、存蓄以及资源化利用。具体收集处理示意图见图 2-3-1。

（1）绿色屋顶的结构：绿色屋顶（又称：屋顶绿化和种植屋面）根据植物种植基质的深度以及景观布置的复杂程度可分为简单式绿色屋顶和复杂式绿色屋顶。简单式绿色屋顶仅种植地被植物和低矮灌木，基质深度不超过 150 mm；复杂式绿色屋顶在种植乔、灌木以及地被植物的基础上，还布置园路或者园林小品，基质深度可超过 600 mm。

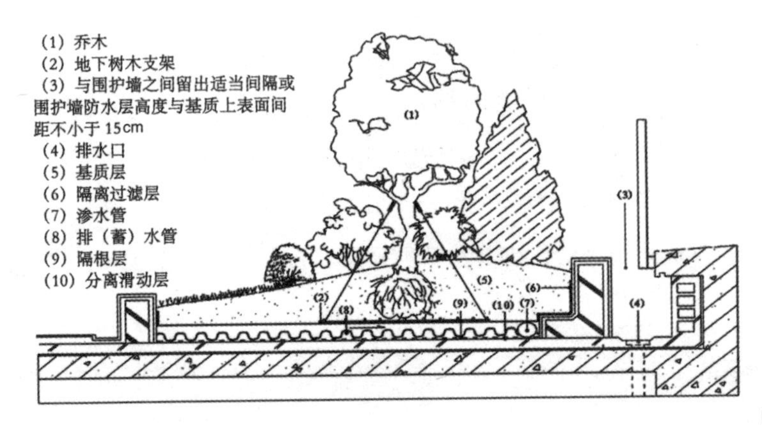

图 2-3-2 绿色屋顶构造剖面图

绿色屋顶种植区构造层由上至下分别由植被层、基质层、隔离过滤层、排（蓄）水层、隔根层和分离滑动层等组成[2]，隔离过滤层、排（蓄）水层、隔根层和分离滑动层在所有结构中最为重要（注：坡屋面种植土厚度小于 150 mm 不宜设置排水层）。绿色屋顶的基本构造剖面图见图 2-3-2。

（2）绿色屋顶的设计：绿色屋顶对屋顶的荷载、防水、坡度、空间条件等有严格要求，一般适宜建造在符合屋顶荷载、防水等条件的平屋顶建筑以及坡度≤ 15° 的坡屋顶。并且，简单式绿色屋顶宜占屋顶面积的 80 % 以上，复杂式绿色屋顶宜占 60 % 以上。

绿色屋顶构建首先要对屋面荷载进行计算，对于新建的绿色屋顶要将种植荷载包括在内，已有屋顶改造要保证荷载在屋面结构承载力范围之内；然后根据计算结果选择屋面的构造系统（轻型 / 重型），种植方式（简单式 / 花园式）以及种植土类型，其中种植土宜选用饱和水容重轻，透气性能好，不易板结，病、虫卵和杂草少，肥力相对瘠薄的园田土、改良土以及无机复合基质；再次，确定防水保护层、保温隔热材料以及植物种类，防水保护层要耐根穿刺，常年有六级风以上的地区屋面不宜种植乔木，不宜选择速生性乔、灌木且选取根系刺穿性较弱的植物；另外，还要对排水系统、照明系统等进行设计。另外，绿色屋顶还可以与储水池结合应用，将多余的雨水积存起来用于浇灌。（注：具体设计、施工技术可参考《种植屋面工程技术规程》（JGJ155））。

二、下沉式绿地设计及公路绿化带设计

传统的城市雨水管理及内涝防治往往通过大规模的市政基础设施与管网建设来实现，但这种传统方式的弊端日渐暴露。随着城市对雨水管理要求的逐步提高，一种新型的雨水管理方式下沉式绿地——逐渐赢得人们关注，该种雨水渗透方式将城市雨水防治工程和城市景观进行完美结合，给雨水的收集过滤提供了一种全新的思路。

1. 下沉式绿地的设计流程

下沉式绿地的设计主要包括以下三个流程：

1）按照项目规划，确定下沉式绿地的服务汇水面。

2）综合下沉式绿地服务汇水面有效面积，设计暴雨重现期、土壤渗透系数等相关基础资料，利用规模设计计算图合理确定绿地面积及其下沉深度。

3）通过绿地淹水时间和绿地周边条件对设计结果进行校准。校准通过则设计完毕，否则重新确定服务汇水面积。

2. 下沉式绿地设计要点

目前，针对下沉式绿地的基本参数我国已有一般性规定，如北京雨水控制利用规范明确指出“下沉式绿地应低于周围铺砌地面或道路，下沉深度宜为 50~100 mm，且不大于 200 mm”。但实际工程项目中，不同场地的绿地率、土壤渗透条件和雨洪控制目标等方面存在一定差异性，因此下沉式绿地的设计参数不能照搬规范中的统一标准，应基于场地条件合理确定。

计算原则：雨水渗透的水量平衡原理是下沉式绿地设计遵循的基本原则，其表述如下：

$$Q=S+U \tag{1}$$

其中，各部分涉及参数如表 2-3-1：

表 2-3-1 下沉式绿地设计参数表

符号	含义	单位
Q	某一时段内下沉式绿地总入流量，即设计控制容积	m^3
S	下沉式绿地雨水下渗量	m^3
U	下沉式绿地的蓄水量	m^3
ψ	综合径流系数	参考国家规定
h	设计降雨量	mm
Fn	服务汇水面积	m^2
Fg	下沉式绿地面积	m^2
k	土壤稳定入渗速率	m/s
J	水力坡度	垂直下渗时为 1
T	蓄渗计算时间	60min
H	下沉绿地高度	mm

雨水设计控制容积 Q，存在以下关系 [3]：

$$Q=0.001_h(\psi Fn+Fg) \tag{2}$$

下沉式绿地雨水下渗量，存在以下关系：

$$S=60_kJF_gT \tag{3}$$

下沉式绿地蓄水量，存在以下关系：

$$U=0.001HF_g \tag{4}$$

以上（1）~（4）式描述了下沉式绿地设计的各部分计算方法，可根据需要进行推导，其中，下沉式绿地高度 H 是较为敏感的数据，不但关系到绿地的蓄水功能，且与工程成本密切相关。

3. 建设下沉式绿地的注意事项

在不适宜建设地区，盲目建设下沉式绿地，尤其是改造原有绿地为下沉式绿地时，会带来如下不良后果：①破坏表土与植被；②暴雨多发时，由于雨水长时间淹没，植物可能死亡，且大规模单一的耐水植物不利于物种的多样性，并影响景观建设；③地震、战争等灾害和大雨同时发生时，下沉式绿地无法实现防灾功能。

建设下沉式绿地时，以下问题值得关注：①下沉式绿地的蓄水量应经过科学计算，并非越多越好。当城市人口集中或需要修补地下水的漏斗时，可以考虑多截留一些雨水，但应尽量减少对地域原生态水平衡的影响。②因地制宜进行建设，对于全年降水量较少的干旱城市，适宜建设下沉式绿地，但对于降水量大、暴雨多的城市以及地下水位很高的城市，则需慎重分析。

4. 下沉式绿地在公路上的运用

传统的公路两侧绿地做法多为护坡与挡土墙的形式，高于公路表面。当遇到暴雨等情况时，冲刷产生的淤泥、石子等杂物很可能导致车辆通行不畅，甚至威胁生命财产安全。将下沉式绿地运用于公路两侧，可以有效拦截和缓存冲刷下来的泥土与石子，同时也能起到道路排水的作用。具体示意图见图 2-3-3。

a 传统公路

b 下沉式绿地公路

图 2-3-3 下沉式绿地在公路上的运用

5. 下沉式绿地的设计优化

下沉式绿地的设计应注意以下几方面：

(1) 遵循设计原则。设计原则包括三方面：①保证雨水径流流向下沉式绿地，在地面硬化时，将其坡度设计朝向下沉式绿地。②路缘石高度应与周边地表持平，以促进雨水径流分散流向下沉式绿地，若路缘石高于地表，则宜在其周边设置适当缺口。③溢流口应位于绿地中间或与硬化地面交界，高程应低于地面但高于下沉式绿地，具体示意图如图 2-3-4 所示。

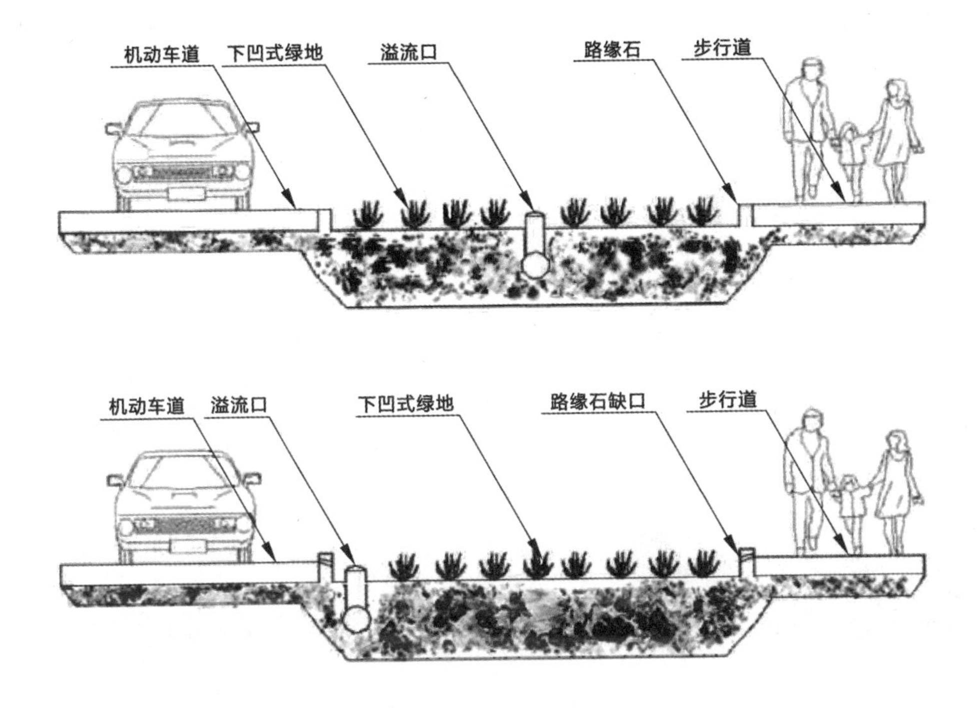

图 2-3-4 溢流口设置示意图

（2）景观辅助。目前，下沉式绿地的设计仍以功能为主而忽视了其作为景观和优化生态环境的作用，为了丰富下沉式绿地的设计手法，可采用与其他人造景观如座椅、假山等结合的方式，也可与其他雨水设施结合，以增加下沉式绿地的观赏性；在植物的选择上，可选择多种耐水性植物交错的方式，形成耐水植物体系，丰富绿地景观。

（3）关注植物淹水时间。为了保持土壤的渗透条件，下沉式绿地项目区域应避免重型机械碾压，对已夯实的区域可加入多孔颗粒和有机质的方式调节土壤结构，对于渗透性较差的地块，可掺加炉渣以增强土地渗透力，缩短植物的淹水时间[4]。若绿地淹水时间较长，可采取以下两种方式：①综合考虑整个绿地的日常维护用水量，适当增加绿地面积并调整绿地下凹深度；②适当减少绿地下沉深度，并配合透水路面、渗透渠及其他设施满足雨水排放的设计要求。

三、低影响开发（LID）与植物配置

低影响开发（LID）是利用城市绿地、道路和水系等调节空间对雨水进行吸纳、存储和净化，从而达到减少地表径流、存蓄并净化雨水的目的。其中绿地系统通过植物根系、微生物以及土壤的综合作用吸收降解雨水中的污染物，合理的植物配置亦可通过微生物、植物和昆虫吸引鸟类、蝴蝶和蜻蜓栖息，从而达到改善水气环境、修复自然生境和营造良好景观效果的目的。因此，植物配置与土壤选择起到非常关键的作用。

1. 植物配置分析

根据地区降雨特点、生态滞留池等级、滞留量、滞留池深度和常年积水深度，将植物分为三个区（见图 2-3-5），在“区域一”应选择净化能力强，根系发达的湿生植物，在“区域二”应选择净化力强，耐湿并具有一定抗旱性的半湿生护坡植物。“区域三”由于在生物滞留池外，生境受生物滞留池的影响小，主要遵循当地的景观植物配置原则，适宜种植耐湿耐旱植物以及水陆两栖乔木、灌木和适当草本。

植物类型主要推荐挺水草本植物类型，这类植物包括芦苇、茭草、香蒲、旱伞竹、皇竹草、藨草、水葱、水莎草和纸莎草等。这些植物的共同特性在于：①适应能力强，或为本土优势品种；②根系发达，生长量大，营养生长与生殖生长并存，对 N 和 P、K 的吸收都比较丰富；③能于无土环境生长。

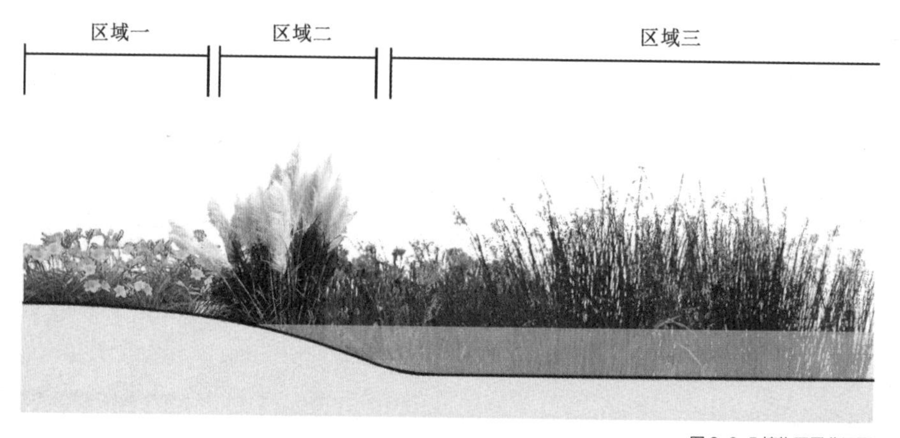

图 2-3-5 植物配置分区图

根据植物的根系分布深浅及分布范围，将推荐植物分为深根丛生型和深根散生型。其中，深根丛生型的植物根系分布深度一般在 30 cm 以上，分布较深而分布面积不广。地上部分丛生的植株，如皇竹草、芦竹、旱伞竹、野茭草、薏米和纸莎草等。由于这类植物的根系入土深度较大，根系接触面广，配置栽种于“区域一”更利于发挥其净化性能。深根散生型植物根系一般分布于 20 ～ 30 cm 之间，植株分散，这类植物有香蒲、菖蒲、水葱、藨草、水莎草和野山姜等，该类植物的根系入土深度也较深，因此适宜配置栽种于“区域二”。

2. 植物选择原则

根据生物滞留池区域选择合适的植物要满足以下要求：

（1）选用耐涝为主兼具抗旱能力的植物。由于雨水花园中的水量主要受降雨影响，存在满水期与枯水期交替出现的现象，需选择既适应水生环境又要有一定的抗旱能力的植物。因此，宜选择根系发达、生长快速及茎叶繁茂的植物。

（2）选择本地物种。本土植物对当地的气候条件、土壤条件和周边环境有很好的适应能力，具有维护成本低、去污能力强并具有地方特色等特点。

（3）选择景观性强的植物种。雨水花园一般选择耐水、耐湿且植株造型优美的植物作为常用植物，以便于塑造景观和管理维护。可通过芳香植物吸引蜜蜂、蝴蝶等昆虫，以创造更加良好的景观效果。

（4）选择维护成本低的植物种。多年生观赏草和自衍能力强的观赏花卉以及水陆两生的植物比起传统园林观赏植物的优势在于生命力顽强，抗逆性强，无需精心的养护，对水肥资源需求甚少，能够达到低维护的要求。

3. 土壤条件

生物滞留池土壤需满足四大需求：①高渗透率，②在满足高下渗的条件下拦截污染物，③满足植物生长条件，④适当选择肥料。

4. 植物的后期维护

传统的景观植物需要维护，同样生物滞留池植物也应持续维护，由于LID的自然功能与联通水体的特殊性，LID植物维护与传统的景观维护又有其不同，主要表现在以下四个方面：

（1）灌溉。一般的植物需2～3年长成，长成之后本地植物不需过多灌溉即能成活，但植物遇到旱季应及时灌溉，防止植物萎蔫，在雨季应利用夏季灌溉，灌溉频率必须控制适当，避免灌溉过量。

（2）应及时修剪清除杂草。可选择自然的方法和产品除草，不要在生物滞留池中使用除草剂和杀虫剂因为除草剂和杀虫剂对水生动植物具有潜在的毒性，可利用自然的方法和产品抑制杂草和害虫，如夜间人工光源诱导。

（3）堆肥护根。用于保持生物滞留池水分，防止植物根系腐烂，抑制杂草生长，需定期维护更换护根设施，护根要选用堆肥护根，树皮护根会在暴雨时被冲走，在暴雨后应及时检查。

（4）施肥。选用最好的堆肥或黄金液体活性菌肥（compost tea）代替施肥给土壤提供营养和有益菌，护根堆肥的时间应选在每年的春天，或者在每年的5月—6月之间喷施金液体活性菌肥（compost tea）。

四、城市绿地与城市公园的空间格局设计

城市绿地是指由公共绿地（包括公园绿地）、生产绿地和防护绿地等组成的绿化用地，具有生态、景观和休闲游憩等作用[5]。目前，在绿地设计时大多重视景观、降噪吸尘和社会功能，往往忽略了减灾功能，比如缓解雨季内涝、防治水污染等问题，造成城市绿地利用率低以及空

间形式单一。大面积的城市绿地作为良好的“海绵体”，具有雨水入渗、储存、调节、转输和截污净化等作用。近年来，我国的水污染、土壤污染和大气污染等问题突出，我国南方许多城市发生了严重的洪涝灾害，严重影响了人们的生活质量和居住环境。因此，将城市绿地、雨洪设施和景观工程结合起来，进行绿地系统规划和空间格局打造，从根本上解决城市雨水径流污染问题，从源头上解决城市内涝问题，并改善城市微环境[6]。

城市绿地空间格局（包括绿地的数量、组成、分布和与周边的联系等）是否合理决定城市绿地生态服务功能的发挥。因此，在城市绿地规划时应注意各类城市绿地的合理布局、相互紧密连通以及城市内外有机结合，打造一个完整的有活力的绿色空间网络，实现生态、社会和经济效益最大化[7]。下面主要从不同的尺度进行城市绿色空间格局规划。

1. 城市绿地网络构建

城市绿地网络主要针对城市区域，结合城市各类绿地资源以及自然特征，以点、线和面绿色空间结构形式进行构建绿色生态基础设施网络，协调各用地需求，充分发挥绿地生态防护、雨洪管理等功能，构建完整的城市生态防护屏障[8]。

城市绿地网络主要由生态节点、绿色廊道和绿色斑块组成的网络结构，如图 2-3-6。生态节点，是指具有某些特征的集中点，比如城市公园、街头绿地、游憩区和居民区等。“点”状空间是城市绿地系统的重要组分。廊道，作为绿地网络的骨架，连接各个点状绿地和开放空间，承载着包括人们休闲、运动和娱乐等重要活动的线性场所。绿色廊道具有较好的生态功能，其形式多样化，包括滨河绿带、绿道、线性公园、绿篱和公路等城市线性空间。绿色斑块，是指面积较大的以及呈较大组团状的绿色空间，例如森林公园、大型主题公园等。

2. 基于低影响开发理念的绿地系统规划

低影响开发（LID）理念也是一种新的雨洪管理理念，主要通过源头对雨水进行收集、渗透和存储等，保护原有水文功能，有效缓解洪峰和减少地表径流造成的面源污染。技术措施主要有植草沟、雨水花园和蓄水湿地等。

基于低影响开发理念的绿地系统规划，主要目标是在规划时将雨水管理融入绿地建设当中，重视居住小区等小尺度的绿地规划建设，并将绿地、水系和城市市政管网有效的关联成一个有机整体，更好地对水资源进行疏导流通，从源头上消除城市内部洪涝灾害的隐患和控制径流污染[7]。

以居住小区为例，传统的城市居住小区强调土地集中利用，楼层低，地表多为硬化铺装，土地缺乏弹性空间，土地利用效率较低，也不利于居民的出行。现在我们提倡紧凑型混合用地，节约利用土地，优化各用地的空间组合，处理好建筑与开放空间的关系。具体的是将城市建筑拔高，集约出更多的空间来增加海绵细胞体，增加城市绿地，让城市居民享有更多的绿地空间和滨水景观，更加美丽宜居（见图 2-3-7）。居住小区与外部需要相互连通，主要采用“海绵细胞模式”，每个海绵细胞由社区以及社区内的蓄水湿地、雨水花园等蓄水设施组成，并通过沿街带状绿地以及沿河绿地，最终汇入河道。例如，降雨过程中，地表径流首先汇入蓄水湿地、生物滞留池、雨水花园和路边植草沟等，减少入河的地表径流量，削减洪峰，并推迟峰现时间；同时，蓄滞下渗的雨水成为宝贵的水资源，以备利用，见图 2-3-8。

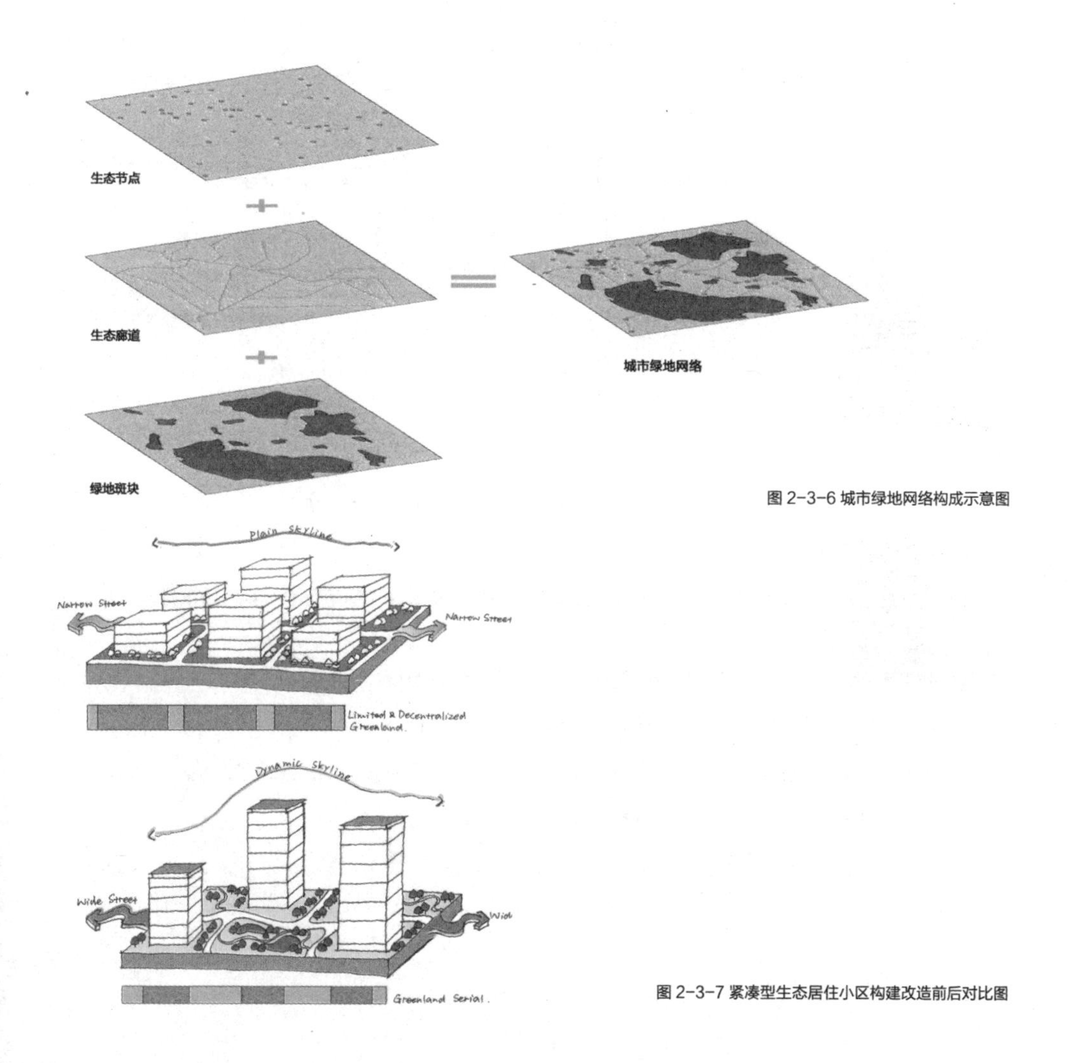

图 2-3-6 城市绿地网络构成示意图

图 2-3-7 紧凑型生态居住小区构建改造前后对比图

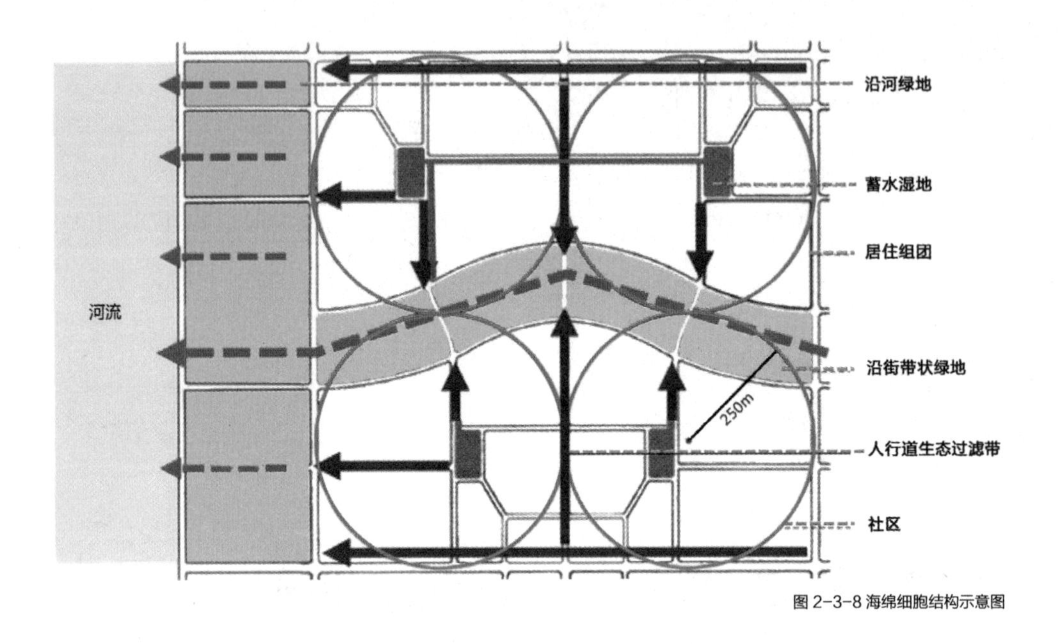

图 2-3-8 海绵细胞结构示意图

参考文献

[1] G，《绿色建筑评价标准》[S]. 北京 : 中国建筑工业出版社，2014.

[2] D，《屋顶绿化规范》[S]. 北京市质量技术监督局，2005.

[3] 潘国庆，车伍，李俊奇，等 . 中国城市径流污染控制量及其设计降雨量 [J]. 中国给水排水，2008，24（22）:25-29.

[4] 张志维 . 土壤：水系统中被忽视的向度 [J]. 景观设计学，2013，1（4）:70-77.

[5] 中华人民共和国建设部 . 城市绿地分类标准（CJJ/T-85-2002）. 2002.

[6] 汤萌萌 . 基于低影响开发理念的绿地系统规划方法与应用研究 [D]. 北京 : 清华大学，2012.

[7] 刘韩 . 城市绿地空间布局合理性研究 [D]. 上海 : 同济大学，2008.

[8] 袁敬 . 城市生态绿网的系统设计 [J]. 系统工程， 2013，31（10）:123-126.

第四节
生态基础设施设计技术

海绵城市通过对湿地、绿地以及可渗透路面等“海绵体”的生态基础设施建设，旨在解决城市雨洪调蓄、径流污染控制等问题。其设计理念可广泛应用于各类生态基础设施建设当中，保障可持续发展的多功能性。海绵城市建设理念在渗透铺装中应用极为广泛，对污水处理厂尾水处理及工程建设中水土流失防治也提供了新思路。

一、城市雨水管理系统设计

1. 城市水资源循环系统

城市水资源循环系统包括自然水资源循环系统和传统水循环系统。自然水资源循环系统是蒸发、水汽输送、凝结、降水、地表径流、下渗和地下径流的过程循环往复的自然过程[1]，而城市传统水循环系统是指城市用水由区域打井或调水形式并采用集中水厂供水（供水系统），产生的污水采用统一的地下管道系统输送至污水处理厂净化后排放（污水排水系统），雨水则通过地下管道远距离排放至地表水系（雨水排水系统）[2]。

与自然水资源循环系统相比，城市水资源循环系统采用基础设施集中布置模式以及快产快排的雨水排水模式，导致城市宏观层面的自然水循环模式被破坏。它直接造成了大规模集中式污水处理厂的建设，以及城市的内涝灾害。

2. 城市雨水管理系统设计

海绵城市雨水管理系统设计综合采用生态学以及工程学方法，针对雨水排放、雨水收集利用、雨水渗透处理和雨水调蓄等问题采取一系列低影响开发措施，以求实现城市防洪减灾，维护区域生态环境的目的。

1）城市雨水管理系统设计理论依据

研读“可持续城市排水系统理论”“低影响开发模式理论”“水敏感性城市设计理论”和“城市基础设施共享理论”等基于径流源头治理的生态基础设施理论研究，可知这些理论强调雨水基础设施的分散化、源头处理、非共享、减量化、资源化和本地化等特征[2]。

而基于上文分析的雨水基础设施规划现状问题，应结合径流源头治理的生态基础设施理论，在城市宏观层面提出“源头减排，过程转输，末端调蓄”的规划治理思路，在城市微观层面提出“集、输、渗、蓄、净”的设计治理手段。

2）宏观层面上的城市雨水管理系统设计

依据“源头减排，过程转输，末端调蓄”的规划治理思路，结合城市绿地系统规划，将宏观层面上的城市雨水管理系统设计分为多级控制阻滞系统（居住区级雨水花园、小区级雨水花园游园和居住绿地级雨水花园）、滞留转输系统（下沉式道路绿地 / 植草沟和渗管 / 渠渗透）和调蓄净化系统（城市综合公园和湿地公园）。

将居住区公园、小区游园和居住绿地分级进行径流总量控制规划，外溢的雨水径流通过线状的下沉式道路绿地（植草沟）和渗管 / 渠渗透并输送至市区级的综合公园，综合公园由下凹绿地、雨水花园和透水铺装等滞留渗透系统，湿塘、雨水湿地、调节塘和容量较大的湖泊等受纳调蓄设施组成，城市综合公园应通过自然水体、行泄通道和深层隧道等超标雨水径流排放系统连通，将超标雨水通过该系统排至城市外。在城市下游，结合城市污水处理厂的中水排放设置湿地公园，丰富城市景观的同时起到水质净化和削减洪峰的作用。

3）微观层面上的城市雨水管理系统设计

依据“集、输、渗、蓄、净”的设计治理手段，结合雨水链设计理念，可以设计构建从工程化硬质到生态化软质的一系列雨水管理景观设施[3]，包括：“集流技术”——绿色屋顶和雨水罐；“转输技术”——植草沟和渗管或渠；“渗透技术”——透水铺装、雨水花园、渗井；“储蓄技术”——蓄水池、湿塘、雨水湿地；“净化技术”——植被缓冲带、初期雨水弃流设施、人工土壤渗滤。

在建筑与小区用地中，从“集流技术”到“净化技术”设施的空间布局应该由建筑屋顶靠近建筑，再远离建筑依次分布。

二、海绵城市渗透铺装设计

透水铺装源于日本的混凝土铺装技术，是由一系列与外部空气相连通的多孔形结构组成骨架，可以满足交通使用及铺装强度和耐久性要求的地面铺装和护堤，通过合理的铺装基层施工加上高强度的透水技术，使透水性路面具有透水好、强度高、耐久强和景观好等特点。

1. 透水铺装于海绵城市的必要性

城市中大面积的地表硬化是城市化的特征之一，不透水铺装改变了土壤、植被和渗透层对水的天然循环属性，加速产生了热岛效应及洪涝灾害等一系列负面问题。 近年来，城市建设已经意识到过度硬化产生的危害，逐步转向一种全新的，具有环境、生态和水资源保护功能的地面铺设——透水铺装。这不仅成为城镇发展的必要措施，也是海绵城市建设的重要课题之一，具有以下几方面重要意义[2]。

1）透水铺装与雨水保持

透水铺装将会改变雨水从地面直接流失的状况，降低蒸发量，补充地下水，缓解地下水位下降，避免因过度开采地下水而引起地陷和房屋地基下沉等问题。

2）透水铺装与污染防治

雨水通过透水铺装及下部透水垫层层层过滤和净化。同时，透水铺装下部土壤中丰富的微生物还能针对雨水中的有机杂质进行生物净化，使得下渗的雨水得到进一步净化。减少地表径流和路面污染物，利于降低二次污染。

3）透水铺装与防洪安全

透水铺装通过雨水渗透，在暴雨季节或短时间强降雨时，有效缓解城市排水系统的压力，径流曲线平缓，峰值降低，流量缓升缓降。同时减缓路面积水、内涝的程度，保证道路行车和行人的安全性，防止形成有雨洪灾、无雨旱灾的矛盾局面。

4）透水铺装与生态平衡

透水铺装最大限度地降低“城市荒漠”的比例，特别强调水循环的生态平衡，保持土壤湿度，维护地下水和土壤的生态平衡。

5）透水铺装与热岛改善

透水铺装有利于地表上下空气流通和水分交换，有效调节空气温度、湿度和缓解城市病之一的“热岛效应”。

2. 透水铺装的技术原理

1）透水铺装的基本原理

透水铺装最大优点是透水性好，其主要影响因素是孔隙率。根据透水铺装的沥青混合料的孔隙率与透水性的关系研究显示，8 % 的孔隙率是沥青路面透水性急剧增长的拐点。

透水铺装的孔隙率应大于 8 %，而根据实际应用状况及经验总结，透水铺装的孔隙率 15 %~25 % 比较合适，可以达到 31~52 L/(m·h)，才能保证达到畅通透水的效果。基本步行道透水铺装示意见图 2-4-1。

有停车透水水泥混凝土基层人行道结构图

透水砖厚≥ 80 mm
中砂厚（20~30 mm）
透水水泥混凝土厚 150 mm
透水级配碎石厚（200~300 mm）
土基

无停车透水水泥混凝土基层人行道结构图

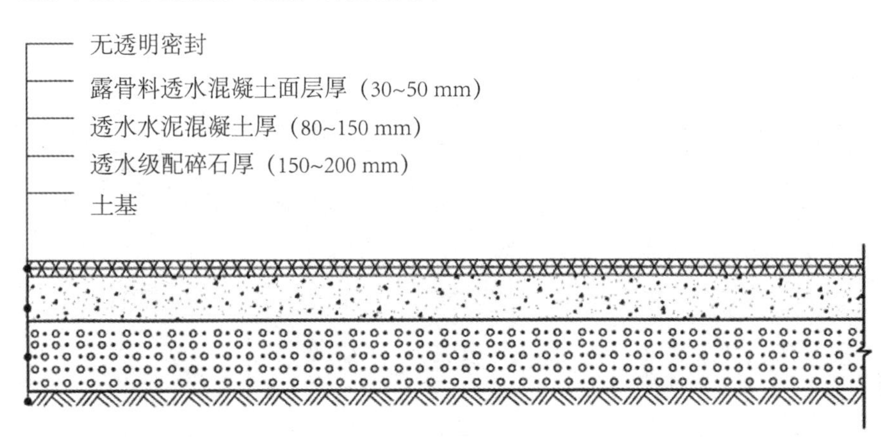

图 2-4-1 基本步行道透水铺装示意

2）透水铺装对选址条件的要求

透水铺装在室外地面的用途非常广泛，包括广场、自行车道、人行道、商业步行街和园路等。透水铺装对选址有一定要求，首先要进行评估，主要从气候条件、地质条件、人文条件和工程条件四大方面进行考察评估[3]。

（1）气候条件。参考发达国家“设计雨型”的概念，即综合考虑可能出现的典型暴雨的设计降雨量的时间分布、汛期降雨量及降雨强度，评估有无必要采用透水铺装，以及确定适宜的透水铺装类型。另外，要注意温度和湿度条件，对高温高湿的南方和寒冷的北方采用不同的透水铺装技术。

（2）地质条件。主要指原地基土的性质，根据已有的国内外成熟经验，砂性土质的地基适宜采用透水铺装，而粉土、饱和度较高的粘性土或地下为不透水岩石层，则不适宜采用透水铺装。因此，根据基土的特质评估选择是否采用透水铺装至关重要。如果基土不符合但又必须采用透水铺装，就必须对地基进行加固处理甚至换土，同时应该与地面径流规划相结合，合理确定径流量与渗透率的比例，达到径流规划汇水与渗透铺装载水的完美融合。

（3）人文条件。不同的区域如工业区、商业区、文体娱乐区以及一些交通停滞区段如停车场、交叉口和收费站等的空气环境、路面要求、交通量、交通轴载和使用强度等都相差很大，因此，在不同区域或地段应充分考虑人文条件，将透水铺装用于必要且适宜的地区，具体适应性见表 2-4-1。

表 2-4-1 不同区域人文特征及透水铺装适应性

不同区域	空气环境	交通特征	透水铺装适宜性	适用场合
重工业区	悬浮物多	交通量大，车辆轴载大	不适宜	——
轻工业区、高科技园区	悬浮物较多	交通量较大，车辆轴载较大	较适宜	人行道、非机动车道、绿地园路、设施设备区
商业区	悬浮物较少	交通量大，车辆轴载小	较适宜	广场、步行街、非机动车道、停车场
文体娱乐、住宅、休闲区	悬浮物少	交通量小，车辆轴载小	适宜	广场、人行道、非机动车道、绿地园路、停车场
交通停滞地段	悬浮物较多	交通量大，车辆轴载大	不适宜	——

（4）工程条件：在具体的工程条件阶段，主要通过考虑透水的下渗方式（就地保留或下渗后排入固定区域保留）来选择透水铺装的材料以及全保水型、半保水型还是排水型的铺装方式。

透水铺装的选址条件评估需严谨细致，全面考虑自然条件和人文条件进行反复评估，最终做出合理可持续的决策，保证透水铺装的可行性、实用性与经济性。

3）透水铺装的类型及特点

目前，透水铺装主要包括透水性混凝土铺装和透水性沥青铺装、透水性地砖铺装三类[4]。

（1） 透水性混凝土铺装。透水性混凝土属于全透水类型，有很好的透水性、保水性和通气性，是将水泥、特殊添加剂、骨料和水用特殊配比混合而成，比其他地面铺装材料更优良及更生态。其路面结构形式自下到上依次是素土夯实、砂卵石或级配砂石、60 ~ 200 mm 的透水混凝土、无色透明密封。该铺装可将雨水渗透至路基或是周围的土壤中加以储存，多数应用于园林绿地、公园和球场等。另外，针对不同区域的降雨水平，可适度增加附属排水系统，联通市政管网或蓄水系统。主要应用于道路、通道、人行道和广场等道路承载较大的地段，具体透水性混凝土铺装示意图见图 2-4-2。

（2） 透水性沥青铺装。透水性沥青属于半透水类型，其路面结构形式与普通沥青路面相同，只在道路表面层采用透水沥青。该铺装需在底面层两侧增加碎石排水暗沟，以保证渗水通过路面底面层横向流入两侧的排水暗沟中。同时每隔一定距离需在路边设置渗水井，使雨水通过渗水井渗透到路基以下，或统一储存于蓄水池便于循环利用。同时，重点要求底面层施工时控制道路的横坡坡度，以保证道路的耐久性和安全性。透水性沥青铺装主要适用于园路、广场、人行道和车行干道。

（3）透水砖铺装。透水砖从材质和生产工艺上分为两大类，一类以废弃工业料、生活垃圾和建筑垃圾等为主要原料，通过粉碎、筛留、成形和高温烧制而成的具有透水性能的陶瓷透水性地砖；另一类以无机的非金属材料为主要原料，通过成形及固化而制成的具有透水性能，无须烧成的非陶瓷透水性地砖。其中，陶瓷透水砖通过废物循环利用，减轻污染并节省能源，且该铺装具有高透水性和高摩擦系数，装饰效果与吸音效果也较好，具有很强的推广性。具体铺砖示意图见图 2-4-4。

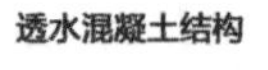

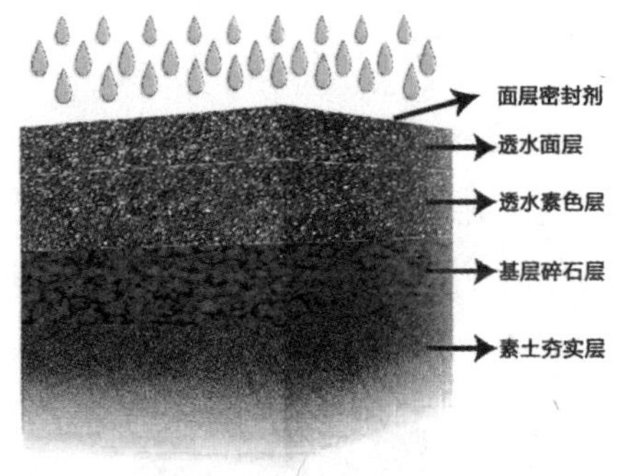

图 2-4-2 透水性混凝土铺装示意

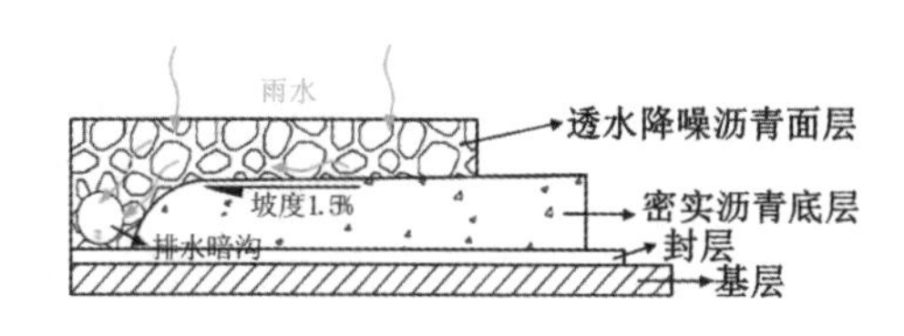

a 结构图

b 示意图

图 2-4-3 透水性沥青铺装图

图 2-4-4 透水性地砖铺装示意

另外，根据透水性地砖的构成原料，分为普通透水性地砖（用于一般街区人行步道和广场）、聚合物纤维混凝土透水性地砖（用于市政、重要工程和住宅小区的人行步道、广场和停车场）、彩石复合混凝土透水性地砖（用于豪华商业区、大型广场、酒店停车场和高档别墅小区）、混凝土透水性地砖（用于高速路、飞机场跑道、车行道，人行道、广场及园林建筑）和生态砂基透水性地砖（用于“鸟巢”、水立方、上海世博会中国馆、中南海办公区及国庆六十周年长安街改造等国家重点工程）。

4）透水铺装的基本流程

透水铺装作为海绵城市生态环保可持续的铺装工程，已经在实践中形成合理高效的施工流程。主要有：①材料准备；②材料搅拌；③湿润浇筑；④轻巧振捣；⑤多次辊压；⑥浇水维护。

5）透水铺装的后期养护

对于透水铺装来说，由于存在空隙、摩擦系数大的问题，砂土、灰尘及油污等异物在路面长期堆积，同时渗透的雨水会过滤空气中的灰尘和道路上的杂物，也会在透水垫层中产生一定程度的吸附和沉淀，久而久之，透水孔隙容易被堵塞，造成透水率下降甚至失去透水能力。通过，对已有的一些透水铺装路面进行观察发现，一般具有良好透水功能的时间只有 1 年，2 年后的透水性能降低了 60 % 以上，使用 4 年后已基本不透水。因此，透水铺装的后期养护非常重要，必须充分考虑不同铺装材质的透水衰减率，采取相应的养护措施，定期或不定期对透水铺装进行高压冲水清洗，或采用专业设备进行清洗，将阻塞孔隙的颗粒和杂物冲走，保证透水率的可持续性，才能延长透水铺装路面的寿命。

三、分散式污水处理厂设计

污水处理厂将收集到的污水进行统一处理后，若无其他回用要求通常将达标水质直接排放。当污水处理厂大量排放尾水至自然水体时，受纳水体的环境承载能力及水体生态环境将受到很大的挑战。因此，对污水厂排放的污水进行进一步处理，使之不直接进入自然水体，可以有效减少水环境压力。一种有效的解决方法就是使污水处理厂的尾水流经人工湿地系统加以过滤再排放至水体，可大幅提高水质（最高可达Ⅲ ~Ⅳ 类水），尤其对氮和磷的去除起到很好的效果，使水体污染物变为植被营养物。

目前，污水处理厂主要有集中式污水处理厂和分散式污水处理厂两种。这两种处理厂存在其各自的优点和缺点，并适用于不同开发建设强度的地区。相对于集中式污水处理厂，分散式污水处理厂更加灵活且针对性强，能对不同的水质进行专门处理，更重要的一点是，分散式污水处理占地面积小，基建和运行投资均较小。这意味着，对于分散式污水处理厂，我们只需修建小规模的绿地对尾水进行过滤消纳即可保证水质，而集中式污水处理厂则需要大面积的绿地过滤尾水，才能达到一定的水质标准排入自然水体。基于目前城市的发展状况，污水产生量巨大，土地资源紧张，建设大面积的湿地系统有一定的困难（尤其是对建成度高的城市）。因此，“化整为零”和建设分散式污水处理厂，在保证水处理能力及尾水排放水质的基础上，更有利于土地资源的合理利用。

分散式污水处理厂污水处理规模不大，但可生化性好，通常采用小型污水处理装置进行处理，其处理常用工艺包括厌氧生物处理、好氧生物处理和自然生物处理等，在海绵城市的设计中，我们采用湿地系统进行处理尾水的再净化。

分散式污水处理厂出水后连接的湿地尾水处理系统即为我们所提出的“海绵体”，它承担了海绵城市的“蓄水和净水”功能。处理厂将尾水排入湿地系统后，经过植物、微生物与土壤的过滤和沉淀，水质进一步被提升，达到更高的排放标准，然后排入自然水体，降低受纳水环境的消纳压力。

厦门大学污水处理及再生水工程充分体现了分散式污水处理与景观绿地相结合的优越性。之前厦门大学的污水除部分通过化工厂旁的市政污水泵站排放外，大量污水仍流入西大门排洪沟，再排入大海，造成海滨污染，学校每年必须为此支付超标排污费近 200 万元。2012 年 8 月，厦大投资 1390 万元建设污水处理站，该工程日处理污水约 3000 吨，具体工艺流程图见图 2-4-5。处理后达标的再生水被送入校园现有的建筑中水管网，并全部回用于校区洁厕、冲洒道路、园林绿化以及芙蓉和化学湖补水等。每年不仅可为学校节省大量的开支，而且将实现学校污水零排放的目标，极大改善学校排污条件及周边水环境，创造可观的经济、社会和环境效益，同时也实现了净水还河和净水还湖。

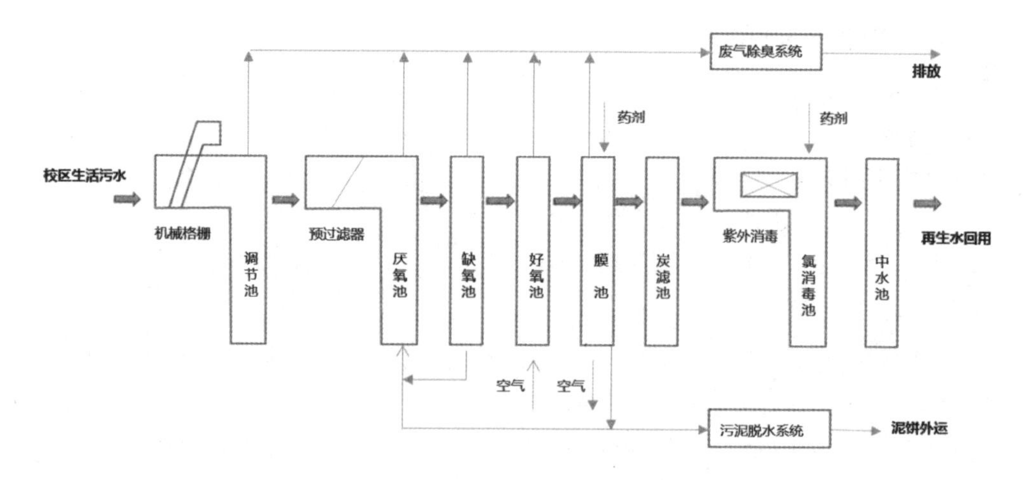

图 2-4-5 厦门大学再生水处理站工艺流程图

四、工程建设中水土流失防治

随着我国城市化的快速发展，各类建设项目不断增多，如房地产开发、道路建设及水电等工程，都会造成水土流失。在建设中，原有的地形地貌遭到破坏，一些建设活动导致土壤表土松动，并产生大量的废气废渣，严重影响了城市居民的生活环境质量。海绵城市的提出为城市水土保持工作提供了新的思路，即水土保持应尽量和海绵城市中的雨水控制管理理念有效结合起来，通过低影响开发技术，减少地表径流，有效控制水土流失。

1. 工程建设中水土流失的成因及其影响因素

总体来说，水土流失的成因可分为自然原因和人为原因两部分。①自然因素：包括降水、地表径流冲刷、风力侵蚀、植被稀疏和土质疏松等。在工程建设中，自然因素是产生水土流失的先决条件。海绵城市建设能够有效地从源头上控制径流量，增加雨水下渗，减少水土流失。②人为因素：包括场地平整，土方开挖回填等。人类活动加剧了水土流失的发展，加大了水土流失的强度。简而言之，工程建设中的水土流失是由自然因素和人为因素所共同作用的结果。

2. 工程建设中的水土流失的防治原则

①因地制宜，因害设防。应基于特定的环境、场地、施工方法和可能发生的灾害等，采用相应的保护措施，一定要有合理性以及可操作性，切忌生搬硬套。②生态优先，方便经济。在建筑材料的选择方面，以就地取材，重复利用，生态经济为指导原则，选用合理的，生态经济的建筑材料。③适宜当地环境，便于后期管理。一些临时用地如施工便道等，在其工程阶段结束之后除另有要求外，应恢复成原有土地利用类型。

3. 工程建设中的水土流失的控制

1）前期分析及预测：在工程建设实施前期，对因工程建设所引起的水土流失的流失量进行科学合理的分析及预测是制定施工现场水土保持方案的重要参考依据。前期分析时应注意具体问题具体分析，对于特定的工程建设，首先应充分了解其项目类型，地质水文情况以及水土流失的现状、成因和特点等。其次选用合适的测定方法进行测定。目前常用的用以评估和预测工程建设产生的土壤侵蚀的方法有：实地测量法、数学模型法、经验法和通用土壤侵蚀方程（USLE）等[5]。

2）工程建设中的水土流失的防治的一般性措施：水土流失的防治措施主要采用植物护坡技术，将植物与土壤有效的融合起来成为一个具有渗、储、调和净等功能的海绵体。措施的选择应该因地制宜，同时应考虑实施的可行性、经济效益和景观效果。具体主要包括以下几方面：

（1）建筑及周边区域。该区域重点通过雨水收集、存储和下渗有效控制场地内的雨水径流洪峰，防止对土壤的冲刷造成的水土流失，并减轻雨水管网的压力。具体措施有雨水花园、植草沟和雨水湿地等。

（2）城市道路。道路两侧绿化带应设计成下凹式，摆脱原来道路高出周围绿化带的模式。下凹式绿化带能有效地吸纳和净化雨水，并结合雨水口和连接管排入到市政管网中。其中，植物的选择应具备抗旱、耐湿、根系发达、净化能力强及景观效果好等特点。

（3）河流、水库等生态敏感区。在河流、水库以及水源地等地区水土保持极为重要。以湖北十堰市泗河茅箭区为例，河岸采用生态护坡的方法，防止水土流失和径流污染（见图2-4-6）。植物的选择因地制宜，以本地物种、耐水湿、净化能力强以及便于维护为主，种植模式主要采用乔—灌木—草本—湿地植物。

（4）山体。根据不同的地区、坡度以及敏感性选择适宜的生态护坡方式。例如，坡度大于35° 的区域属于敏感的防护区域。主要采用生态的护坡方法和喷浆、生态袋及石笼等工程做法相结合（见图 2-4-7）；坡度 15° ~ 35° 的区域，利用植被结合梯田或置石等景观做法进行综合性护坡；坡度 5° ~ 15° 的区域范围内，属于局部小面积水土流失区域，可采用生态砖、木护坡等自然材料的边坡防护措施；在坡度小于 5° 的区域，应该加强道路两边的边坡绿化，修建生态雨水汇水沟、边沟截水沟及急流槽等，减轻径流对边坡冲刷。此外，护坡植物的选择主要以乡土植物和地带性植物为主，同时要考虑深根和浅根植物的合理搭配，乔灌草的有效结合，以及功能防护和景观视觉的结合。

a. 改造前

b. 改造后

图 2-4-6 河流生态驳岸示意图

a. 改造前

b. 改造后

图 2-4-7 山体护坡示意图

参考文献：

[1] 苗展堂 . 微循环理念下的城市雨水生态系统规划方法研究 [D]. 天津 : 天津大学，2013.

[2] 赵润江，师卫华，杜山江，等 . 透水性铺装材料的发展与应用 [J]. 河南科技，2008，9:72.

[3] 董祥，肖又元，吴永俊 . 城市道路透水性路面工程选址与类型选择的研究 [J]. 南工业大学学报，2009，5（23）:9.

[4] 秦健 . 透水性人行道铺装结构设计和适用范围 [J]. 中国市政工程，2010（5）:11-13.

[5] 苏彩秀，黄成敏，唐亚，等 . 工程建设中产生的水土流失评估研究进展 [J]. 水土保持研究，2006，13（6）:168-174.

第五节
管理指标体系及经济分析技术

海绵城市的科学管理有利于“海绵体”功能的正常发挥，海绵城市的后期管理应该由多个部门统筹管理，制定相应的管理指标体系，实现城市和谐有序的发展。在城市空间格局中运用GIS以及3S技术，对各种空间数据和属性数据进行科学有效的关联分析，做到城市科学合理有序开发，保护好生态敏感区域，确保海绵城市后期运营良好，达到综合效益最大化目标。

一、海绵城市的管理技术

海绵城市的管理技术不仅要应用到后期的设施维护及管理，更要与整个海绵城市建设系统相匹配，融入到各个阶段及各分项过程中。根据不同纬度特征、不同地域特征、不同气候特征、不同城市下垫面特征、不同城市人口结构特征以及不同城市发展特征等，都应以科学合理的管理分析为基础，指导各个阶段的设计与施工，便于海绵城市建设的有序进行。海绵城市的构建路径与管理措施的结合方式参考图 2-5-1。

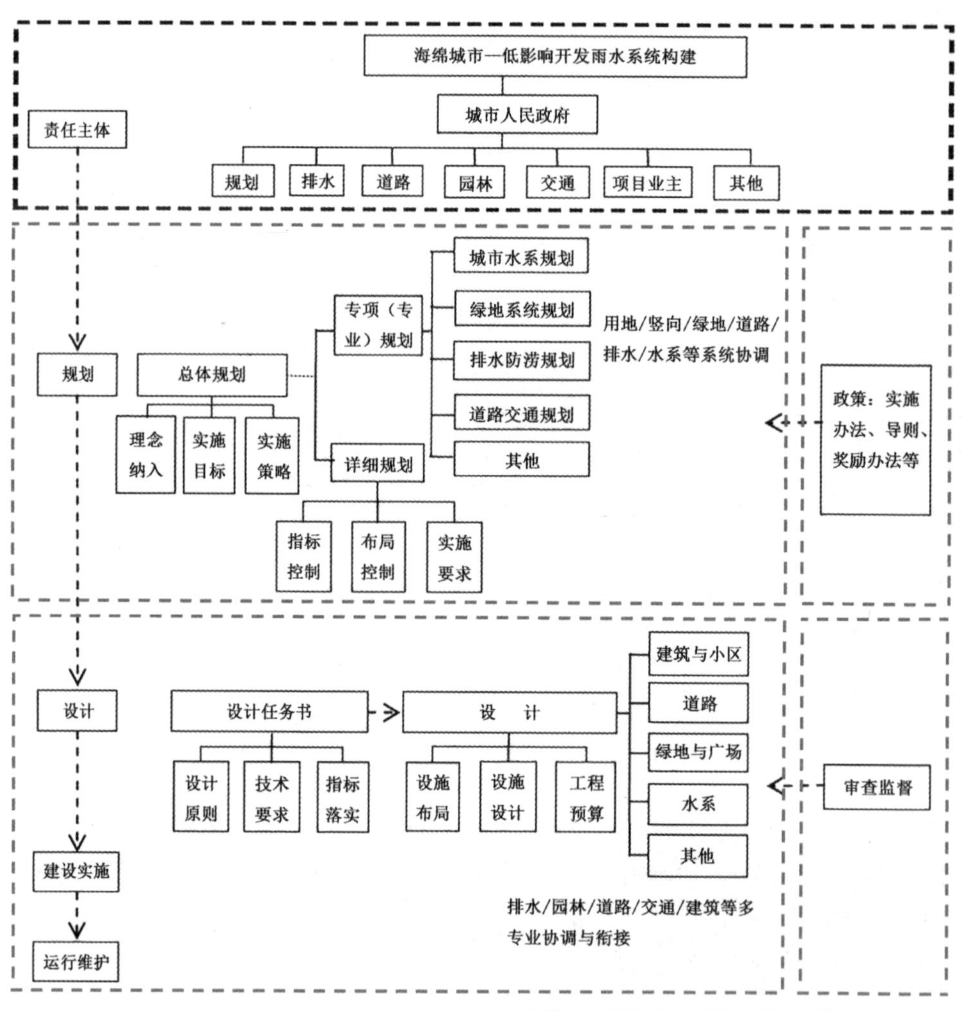

图 2-5-1 海绵城市——低影响开发雨水系统构建途径示意图

1. 在城市规划中的管理技术

城市总体规划设计与海绵城市开发互相指导，彼此贯通。在总体规划设计中应采用海绵城市的创新理念，将低影响开发融入到总体规划设计中去，保护好生态敏感区域，做到城市科学合理有序开发。

首先是采用生态优先的多规合一规划管理模式。在各个专项规划中，如国民经济和社会发展规划、土地利用规划、水系统规划、绿地系统规划、城市设计规划、城市旅游发展规划和环境生态保护相关规划等，全面导入低影响开发理念，从空间、经济及生态等多个维度保障海绵城市理念和技术的渗透和实施，从而为海绵城市的管理提供顶层设计的有力支撑。

其次有序制定分期开发管理计划。根据城市发展进程的不同和低影响开发的周期规律，分期分批次合理开发建设，分区域和分等级，最终形成一个城市多片区多节点网状式布局，解决城市发展过程中所遇到的各项问题。通过概念规划设计可以模拟出未来城市发展的空间格局，反馈到城市总体规划设计中去，针对城市总体规划进行合理分析及调整，然后对水系统专项规划、城市绿地系统专项规划、城市排洪防涝综合系统专项规划和城市道路交通专项规划等进行完善。通过控制性详细规划确定出各专项控制指标，通过修建性详细规划确定出约束条例，最终完善城市的发展布局，运用管理技术实现城市和谐有序的发展。

2. 在工程设计中的管理技术

应建立在城市低影响开发理念为指导，制定出一整套设计程序。

在专项设计中，建设用地、竖向、绿地、道路、市政和水系等要相互协调设计，用总的控制目标制定相应的专项规划目标。因此，各项系统之间的协调至关重要，需要科学有序的管理来引导，这是形成一个系统的关键。

3. 在工程建设中的管理技术

在实际的工程建设中，需要根据不同的因素来采取不同的建设技术手段，以达到既定的控制目标。在城市建设初期，要对相关图纸进行严格审核，整体把控项目工程规模、竖向处理、透水铺装材料的选取及比例、下沉式绿地比例以及空间平面布局的合理性等，通过综合评估与指导，制定工程建设中的相应管理技术。

4. 设施维护中的管理技术

由于海绵城市开发涉及多个管理部门，在后期设施维护管理阶段，必须形成一套完整的管理模式，以保证低影响开发设施的正常运行，延长设施的使用期限。

首先，市政公共项目应该由政府部门指派相应管理机构进行统筹管理，根据不同项目类型将低影响开发设施进行归类梳理，由相应归属方进行管理和后期维护运营，在末端与市政公共体系相对接，形成一整套完整体系。

其次，分级分层，责任到人，并对相应管理人员进行统一培训，合格上岗，以便对设施进行科学的维护管理，保障设施正常运转，安全有效运行。

最后，建立设施数据库，使相应设施与数字信息数据库相连通，加强数字监管。同时，应加强社会宣传，提高公众对海绵城市的认知度。

二、应用于海绵城市设计的 GIS 分析

GIS 技术主要用于地理空间信息的采集、输入、收集、分析和管理，具有强大的地理空间分析和表现能力，它的主要特点是：①具有对空间信息处理的空间性；②具有实时存储和管理信息数据的动态性；③具有空间分析、构建地理模型等动态模拟决策的能力。GIS 技术在空间规划设计领域的应用已日趋成熟，将为海绵城市设计提供强大的分析工具和技术支撑[1]。

1. 土地适宜性评价

以某地区为例，创建这样一幅适宜性评价图基本需要 4 个步骤：①确定需要哪些数据集作为参考因子；②以现有数据集衍生更深层次数据以获取更多数据；③重分类各数据集，由于数据集采用不同数据源，需要无纲量化处理形成标准化（例如分 5 级，1、3、5、7、9，级别越高代表影响力越大）；④计算权重，并采用 AHP 方法计算获得权重，然后叠加分析得到适宜性分析图，具体操作流程图见图 2-5-2。适宜性建模分析可以解决许多空间模型涉及寻找最佳位置，为低影响开发设施和项目的落地寻求最优化的空间方案。

2. 填挖方统计分析

一般按 3 个步骤进行：①整理原始等高线，作为分析依据；②根据改造范围重设计等高线；③原始 DEM 模型与设计 DEM 模型进行关系运算，得到填挖方量和填挖方深度，具体填挖方统计流程图见图 2-5-3。利用 GIS 可以快速统计大面积挖填方量，土方就地产生就地消纳，解决多余土方外运和缺少土方客土问题，同时改善水陆格局，联通水系、堆筑岛屿和构建坑塘，恢复动植物多样化生境，大大减少海绵城市建设中的填挖方工程量。

3. 城市水文分析

一般分 4 个步骤：①确定原始 DEM 模型无洼地；②根据无洼地 DEM 模型计算水体流向数据；③根据水体流向数据获得汇流累计量数据和流域数据；④设定汇流累计量阈值获得河网数据，具体水文分析流程图见图 2-5-4。

对于未遵循自然规律布局的区域，其地表径流和地下径流对区域本身造成一定的水体隐患可通过加强水文控制进行生态调节。如依据汇水线合理疏导汇水，通过对源头水资源保护，中段就地下渗，补充地下水或进入其他管网，末端实施水环境治理，全程控制点和面源污染，全面构建区域水生态安全格局。

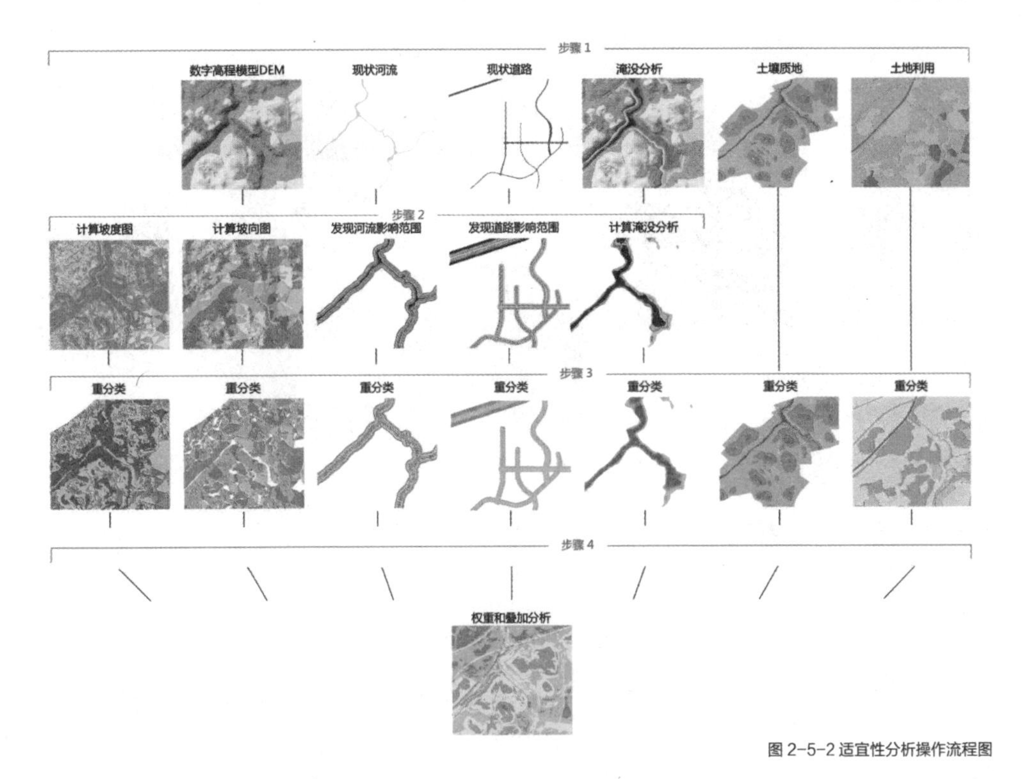

图 2-5-2 适宜性分析操作流程图

在坚持尊重场地并综合考虑区域特征理念下进行城市规划及相关设计工作得到越来越多人的认可。GIS 在海绵城市设计中的作用已非常凸显，通过模型的构建将规划问题模块化，便于城市设计中多个问题的解决，并且海量大数据的运用使设计结果更加合理化、科学化和定量化。

三、海绵城市后期运营评估办法

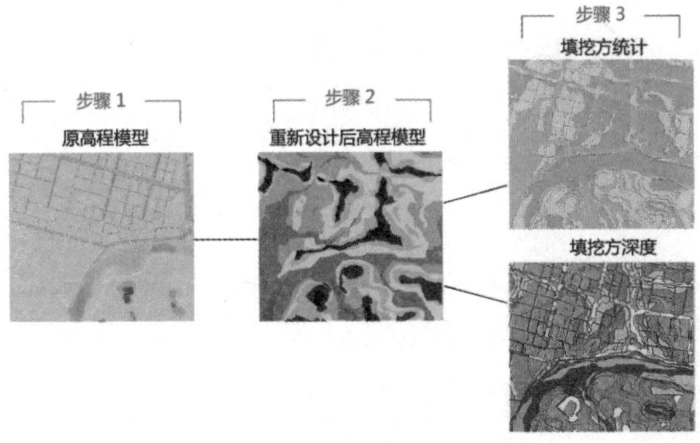

图 2-5-3 填挖方统计流程图

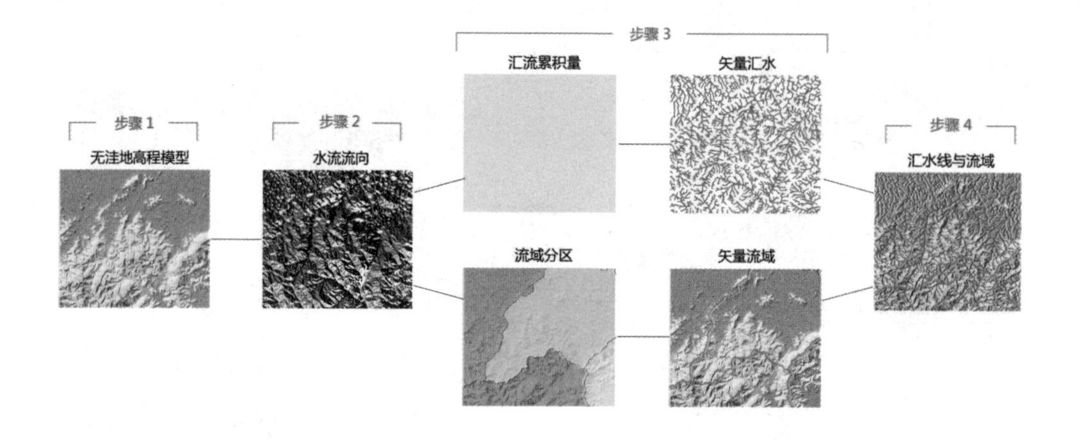

图 2-5-4 水文分析流程图

海绵城市建设体系涵盖了规划、设计、建设、管理和维护等多个层面的内容。一直以来，关于海绵城市建设的后期运营、维护、监督和评价等环节均缺乏较为成熟的理论及规范，对此，住建部最新出台了海绵城市建设绩效评价与考核办法（以下简称“办法”），规定采取实地考察、查阅资料、监测数据分析相结合的方式，来评估海绵城市的后期运营情况。

“办法”将海绵城市建设考核指标分为以下六个方面：①水生态。具体包括年径流总量控制率、生态岸线恢复、地下水位和城市热岛效应 4 个指标；②水环境。包括水环境质量和城市面源污染控制 2 个指标；③水资源。由污水再生利用率、雨水资源利用率和管网漏损控制 3 个指标构成；④水安全。包括城市暴雨内涝灾害防治以及饮用水安全；⑤制度建设及执行情况。具体包括规划建设管控制度、蓝线、绿线划定与保护、技术规范与标准建设、投融资机制建设、绩效考核与奖励机制和产业化 6 个指标；⑥显示度。连片示范效应指标，要求 60 % 以上的海绵城市建设区域达到海绵城市建设要求，形成整体效应。其他各指标评价的方法、要求参考《海绵城市建设绩效评价与考核指标（试行）》[3]，在此不赘述。

结合国外建设经验，海绵城市后期运营评估可分为三个方面：①定期维护已有海绵城市基础设施；②径流总量消减量；③新增雨洪工程应对暴雨重现期的能力。

本文采用综合打分法对海绵城市进行评估，其评判周期为五年一轮，以上三部分的平均值作为海绵城市指标分数，$T=(A+B+C)/3$。

1. 定期维护已有海绵城市基础设施

（1）分数 A 为以下分类指标平均数，$A=(A_1+A_2)/2$，市政雨水管道检修维护总长度占总

长度比例（A_1，%）

a. 指标选取思路：管道的正常运行促进雨水资源的合理利用，预防管道溢流造成路面积水甚至城市内涝，并且定期检查维护管道可避免面流污染的汇集。

b. 计算方法：得分 = Σ_5 检修维护管道总长度（ 检修维护管道总长度（ 检修维护管道总长度（ km）/ 总雨水管道长度（ 总雨水管道长度（ 总雨水管道长度（ km） ×100%

例如：某市雨水管道总长 40 km，2010 年检查雨水管道长度 5 km，2011 年为 5.2 km，2012 年为 4.9 km，2013 年为 3.8 km，2014 年为 6.1 km，2015 年为 4.6 km，完成率 =100 %=74 %，因此得分 74 分。

（2）海绵城市基础设施土壤渗透检测合格比例（A_2，%）

a. 指标选取思路：海绵城市设施能否正常下渗雨水取决于土壤渗透能力，要保证其功能正常使用。

b. 计算方法：土壤渗透率设定 40 % 为合格。依据美国雨洪管理手册抽样调查市域绿地面积 20 % 的土壤，五年完成土壤测量，渗水率大于 40 % 视为合格。

得分 = 合格样品 / 总抽样样品数 ×100 %

2. 径流总量消减量（B）

a. 指标选取思路：硬质铺装阻碍雨水下渗，严重影响地下水水位，并增加地表径流流量，增加城市内涝风险。《海绵城市建设技术指南》提出利用海绵城市基础设施消减径流总量，并测算消减量。

b. 计算方法：土壤渗透率 =40 %

硬质铺装总面积 = 已有硬质面积 + 新增建筑用地（单位：km^2/yr）

总径流量 = 降雨量 × 硬质铺装总面积（单位：km^3/yr）

海绵城市设施径流抵消量 = 坑塘底面积 × 降雨量 + 其他海绵设施 × 降雨量 ×40 %（单位：km^3/yr）

得分 = 径流消减率平均值 =（∑5 海绵城市设施径流抵消量 / 总径流量 ×100 %）/5

3. 新增雨洪工程应对暴雨重现期的能力（C）

指标选取思路：海绵城市一方面要补充地下水，另一方面要预防城区内涝造成生命以及经济损失，所以雨洪工程应对暴雨重现期的能力同样非常重要。无论人口密集或者稀松的现代城市，主要市政管道都应满足至少 25 年的暴雨重现期，面对城镇化日益普及的中国，应重视雨洪工程的建设，全面实现能够应对突发暴雨状况，并能收集水资源加以利用。

计算方法：得分 = 新增雨洪工程应对重现期≥ 25 年的设施 / 总新增雨洪设施 ×100 %

备注：无论是人口密集的大城市还是中小城市，海绵城市的指标都应保持一致。因为市民都需要有绿色生态的居住环境，干净整洁的通行道路，以及安全可持续的地下水资源。建议检查的工作量以 5 年为一周期，与城市近期规划一致，亦对规划起重要指导作用。

四、海绵城市的经济效益分析

对于海绵城市的经济账，目前社会上有一些认识误区，认为建设成本过高，投入产出比不高，部分地区还处于观望态度。对于开发者而言，主要聚焦建设期成本，而对于更关注项目长期效益的管理者和公众而言，则聚焦项目的综合收益。笔者试图通过对海绵城市全周期（包括建设期和运营期）的考量，运用费用评估法、生命周期评价法等方法，构建更加全面、准确的海绵城市经济评价体系。基于对成本 - 收益的综合权衡、评估，实现海绵城市资源的合理有效配置和效益最大化。

1. 成本评估

1）海绵城市建设成本测算

海绵城市工程成本通过低影响开发设施单价及数量 / 规模计算得到，主要包括铺装、绿地、渗滤管材等设施成本，针对每个城市的不同需求和特点，数量、类型可以各有侧重。比如在干旱地区，应以雨水回收利用为主；在太湖等区域，则应以污染控制为主；在山区则应以控制水土流失为主。即使在同一个城市，也可以在不同的区域分别制定建设方案，寻求最适合的规划目标和建设方案，让建设投入更有针对性，降低成本。

海绵城市优先鼓励旧城改造，旧城建设比新城建设难度更大，建设成本更高。一般而言，平均建设成本约每平方公里 1 亿元，其中，新城区每平方公里投入约 6 千万 ~1 亿元，老城区每平方公里造价约 1 亿元 ~1.5 亿元。部分低影响开发单项设施单价估算参见表 2-5-1。

2）海绵城市与传统模式成本比较

海绵城市建设在保护性开发的思路下，排水管网等工程量减少，场地清理费用降低，调蓄设施往往与城市既有绿地、园林、水体相结合，净增成本比较低。因此，相比传统的灰色基础设施建设，海绵城市一般会节约 20%~40% 的造价，具有一定的成本优势。LID 设施与传统设施单价成本对比及与传统方案建设成本对比参见表 2-5-2、表 2-5-3。

表 2-5-1 部分低影响开发单项设施单价估算一览表（北京地区）

低影响开发设施	单位造价估算
透水铺装	60 ~ 200（元 /m^2）
绿色屋顶	100 ~ 300（元 /m^2）
狭义下沉式绿地	40 ~ 50（元 /m^2）

生物滞留设施	150 ~ 800（元/m²）
湿塘	400 ~ 600（元/m²）
雨水湿地	500 ~ 700（元/m²）
蓄水池	800 ~ 1200（元/m²）
调节塘	200 ~ 400（元/m²）
植草沟	30 ~ 200（元/m²）
人工土壤渗滤	800 ~ 1200（元/m²）

表 2-5-2 LID 设施与传统设施单价成本对比

低影响开发措施	单价（元/m²）	传统排水模式	单价（元/m²）
透水铺装	60 ~ 200	硬质铺装	70 ~ 220
简单下沉式绿地	40 ~ 50	绿化	40 ~ 200
生物滞留措施	150 ~ 800	800 混凝土管	350 ~ 400
雨水塘	300 ~ 600	1000 混凝土管	600 ~ 650
雨水湿地	200 ~ 400	1200 混凝土管	800 ~ 850
植草沟	30 ~ 200	s1500 混凝土管	1600 ~ 1700

表 2-5-3 LID 方案与传统方案建设成本对比
美国西雅图第二大道项目建设费用（单位：美元）

对比项目	传统规划费用	LID 建设费用	节省费用	节省比率
场地整理	65 084	88 173	-23 089	-35 %
雨水管理	372 988	264 212	108 776	29 %
整体铺设及人行道	287 646	147 368	140 278	49 %
景观	78 729	113 034	-34 305	-44 %
杂费	64 356	38 761	25 595	40 %
总费用	868 803	651 548	217 255	25 %

2. 收益评估

1）直接收益

直接收益指雨水利用转化而来的直接经济效益，以及因减少相关工程节省机会成本带来的费用减省，主要包括以下四个方面：

a. 雨水收集利用和增补地下水收益

当前，全国 660 多个城市中，缺水城市有 400 多个，其中严重缺水城市 114 个（北方城市

71 个，南方城市 43 个），水资源本身就是一笔珍贵的财富。海绵城市通过雨水收集或增补地下水多获取的这部分水量，可通过水价折合成直接经济收益。

首先，需要计算水量。一是雨水收集量，可通过设计的雨水收集设施的规模尺寸统计，也可按降雨量的 10%~20 % 经验值进行估算；二是增补地下水量，新区低影响开发不影响地表径流，几乎不会减少地下水量，但是对旧区改造而言，低影响开发可增加 20%~30 % 的地下水下渗。

其次，确定水价。美国一般以森林协会的一项全国性研究结果作为计算依据，1 立方英尺（0.028 m^3）的雨水收集将带来 2 美元的经济效益（由于考虑长期生态效益，因此标准较高）。在我国，一般以水价作为节水利用的收益标准。以北京地区为例，经过沉淀过滤处理后的雨水一般达到 4 类水标准，略低于南水北调出渠水质，但优于污水处理厂出来的中水。南水北调初期供水在北京的出渠价为 2.33 元 /m^3，污水处理厂中水约 1~2 元 /m^3，海绵城市雨水价可取其中间值，约 1.5 元 /m^3 进行计算。

b. 减少治污费用带来的收益

海绵城市有助于减少水面源污染，可节省治污费用，减少污染带来的社会损失。可参考生活污水排污费（约 0.7 元 /m^3）进行计算， LID 项目实现的污染去除效益约为 0.6~1 元 /m^3。

c. 节省城市排水设施运行维护带来的收益

海绵城市可有效减少向市政管网排放的雨水量，节省城市排水设施运行维护的部分费用。城市排水管网运维费用约为 0.15 元 /m^3，因此海绵城市每留存 1m^3 雨水，即可节省 0.08 元的直接费用。

d. 节省城市河湖改造等水利工程带来的收益

海绵城市可减轻河道行洪压力，进而节省可观的河道整治和拓宽费用。一般情况下，河道拓宽改造工程费用约为 1000~1800 万元 /km^2，通过海绵城市设计可节省 40%~80 % 的河湖水利工程费用，并延长河湖工程改扩建的周期。

综合来看，海绵城市设计通过水资源集约利用和对相关费用的节省，可直接产生可观的经济收益。按项目处理和利用的雨水资源总量来算，直接经济收益约 5~10 元 /m^3。

2）间接收益 / 外部收益评估

间接效益是指由项目引起的而在直接效益中未得到反映的那部分收益，亦称外部效益。海绵城市建设具有很强的正外部性，在其带来的外部收益中，一部分较为主观，难以量化分析和比较，可采用定量和定性分析相结合的方式对其经济收益进行评估。

a. 提升区域内房地产价值

海绵城市建设将显著改善城市环境，提升土地和房产价值。计算步骤如下：① 估算区域内土地房屋现状价格，建成区数据较好获取，新区可通过土地基准地价表结合周边类似地块出让价推算土地价格，通过比较类似地块的房价或租金推算物业价格；② 确定土地房屋增值参数，根据海绵城市相关建设经验，LID 实施后土地价值增值幅度约为 12%~25 %，住宅、商业等物业增值幅度约为 15%~30 %；③ 现状价格乘以增值幅度，即为海绵城市建设带来的土地出让收益和物业增值收益。

b. 带动财税、就业和相关产业发展

如前所述，海绵城市建设将产生一个庞大的产业链系统，其上游和下游产业将极大受惠于低影响开发的实施，创造一个年投资规模上万亿的蓝海市场，给政府带来 GDP 和税收，给企业带来产业机会，从深层次影响和优化产业结构，并带来大量的相关就业机会。

在宏观层面，海绵城市对产业和就业所产生的经济效益和社会效益难以衡量。在微观项目核算层面，可根据海绵城市具体项目的投资，运用支出法推算其带来的 GDP，约为 1 亿元 /km²，在我国税收总额占 GDP 百分比约为 10.54 %，以此推算带来的税收收益约 1 千万元 /km²。每平方公里海绵城市项目建设可带来约 12 个直接就业人口和 30 个间接就业人口，就业乘数效应约为 2.5。

参考文献：

[1] 住房城乡建设部 . 海绵城市建设技术指南——低影响开发雨水系统构建（试行），2014.

[2] 刘宝华，张立涛 . 浅析 GIS 在城市规划中的应用 [J]. 城市勘测，2011（8）:2-5.

[3] 中华人民共和国住房和城乡建设部 . 海绵城市建设绩效评价与考核办法（试行），2015.

第三部分：案例篇

第一节
天津于桥水库湿地
——以水质为目标的设计

一、项目概况

本案例的主要设计内容是打造于桥水库入河口湿地，利用生态手段提升水库水质状况、减轻水环境污染以及恢复周边区域生境。

于桥水库位于天津市蓟县城东 4 km，是国家重点大型水库之一，同时是治理蓟运河的主要工程之一。水库坝址建于蓟运河左支流州河出口处，属蓟运河流域州河段。控制流域面积 2060 km²，总库容 15.59 亿 m³。上游主要入库河流为淋河、沙河和黎河，多年平均径流量为 5.06 亿 m³。1983 年引滦入津工程建成后，于桥水库正式纳入引滦入津工程管理，是天津人民生活饮用和工农业用水的唯一水源地。其功能以防洪和城市供水为主，兼顾灌溉和发电等（如图 3-1-1）。

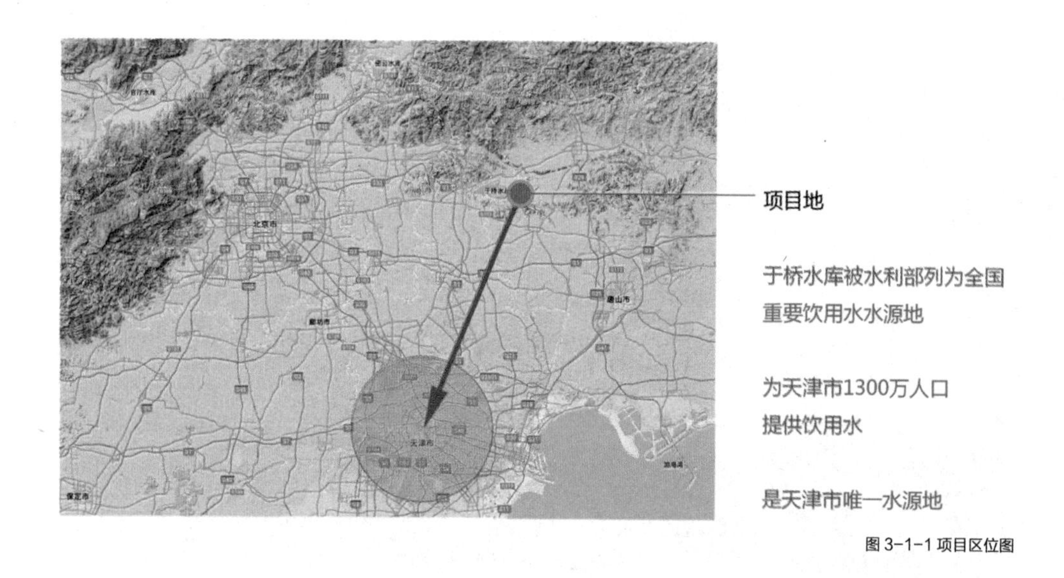

图 3-1-1 项目区位图

本项目地位于果河流域下游段（进入于桥水库库区段），设计范围包含南北两岸现有湿地与水田。现状基地平整，无较大地形起伏。在场地天然的肌理条件基础上，结合水源地治理的要求，对果河南北两岸进行湿地整治规划，对于桥水库水质提升具有重要意义（如图 3-1-2）。

于桥水库通水初期，水库的富营养化为“贫到中”水平，水源水质在国家地表水环境质量标准Ⅱ～Ⅲ之间。但随着流域人为活动的影响，水库污染日益加剧，水质迅速恶化，营养状态急剧发展，库水中营养盐含量明显增加，水库富营养化已经达到“中到富”水平。其中总氮处于Ⅴ类水平，总磷在年内某些月份也出现了超标现象，在水库北岸浅水区和几个入库口的局部区域已发生轻微水华，表明水库已呈现富营养化症状（见图 3-1-3）。而造成这一问题的原因主要为营养盐的输入。营养盐负荷绝大部分来自于河北省的上游地区，污染物汇集，通过河流进入水库。TN 占入库总负荷的 90 %，TP 占入库总负荷的 92%。

图 3-1-2 项目地卫星图

图 3-1-3 水库水质对比图

上游中又以引滦输水和3条河的面源输入为主，由于面积广及跨省区，其治理存在困难。为了改善于桥水库严重的富营养化，在位于本市范围内的水库入口设置功能湿地是十分必要的。湿地作为公认的一种生态经济且可持续的水质净化技术，能有效净化入库污染，改善水库水质。

因此，打造于桥水库入河口湿地，利用生态手段削减氨氮含量、改善水质以及恢复生境是区位生态影响价值提升，自然环境品质优化的关键性举措。

二、规划目标及功能定位

1. 规划目标

基于水质目标的于桥水库规划设计目标包括三方面：

（1）打造湿地净化系统，构筑生态屏障，确保天津水源地水质安全；

（2）构建湿地保护区水土保持系统，完善立体植被保护系统，保护生物多样性；

（3）打造生态景观，承载科学研究，提供科普教育。成为生态工程的典范，社会文明、生态建设的龙头。

2. 功能定位

1）生态保护

保护水源地和水生态安全，构筑生态屏障和景观空间格局，构建完整的水生植物群落和野生动物栖息地，保护生物多样性和景观空间格局的多样性。

2）示范引领

模拟自然湿地生态系统和优化湿地生态系统功能，建立湿地生态系统格局的展示区和观测区，重点展示湿地生态系统和生物多样性，开展湿地科普宣传和教育活动。

三、设计原则

遵循全流域治理原则，根据当地自然地理现状结合水文特点，以“上蓄、中清、下净”为主要治理方针，做到“源头减排，过程控制，末端治理”（如图3-1-4）。

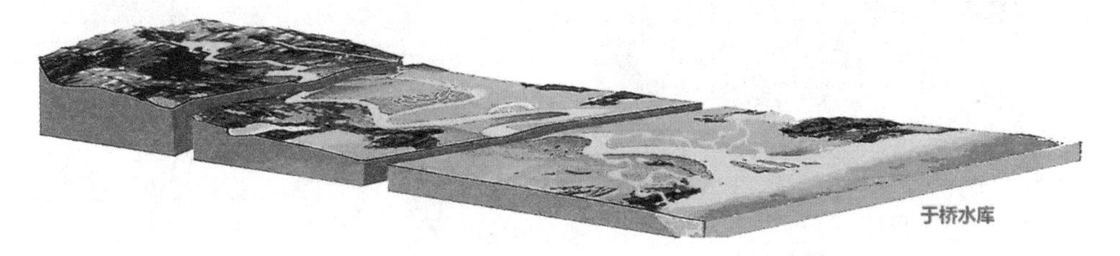

图 3-1-4 总体指导理念

四、方案设计

1. 基础分析

利用 GIS 系统对现状高程、现状汇水、现状坡向和现状坡度进行分析，得出以下分析结论（如图 3-1-5）：

（1）高程值分析显示：项目所在区域高差较小，拥有较为可行的实施条件；

（2）现状汇水图显示：虽然现状较为平缓，但还是存在汇水线，主要导向为集中到河道流向库区；

（3）现状坡向显示：水系南岸总体坡度趋于北向，水系北岸总体坡度趋于南向与西南向，其中绝大部分坡向适宜植物的生长；

（4）现状坡度显示：整体地块平缓，较陡坡度地块较少，水流有成为面流的条件。

2. 水位模拟

利用 GIS 系统对淹没水位进行模拟分析，通过比较模拟成像中的水陆面积变化，科学选择淹没水位，在此基础上，对水陆格局进行控制，选择工程合理范围，在合理工程范围内进行水陆格局的梳理（如图 3-1-6）。

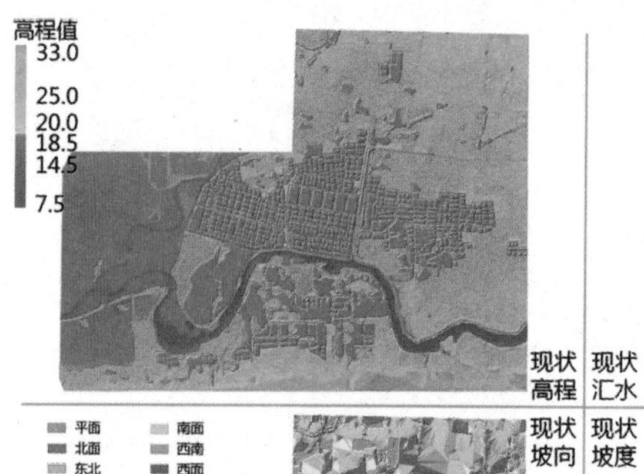

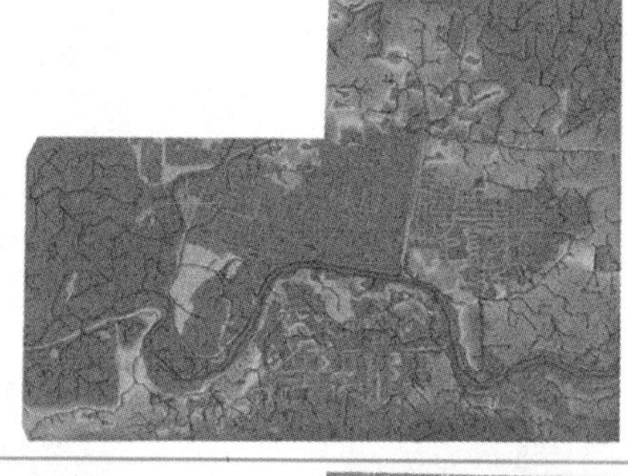

现状
坡向

平面
北面
东北
东面
东南
南面
西南
西面
西北
北面

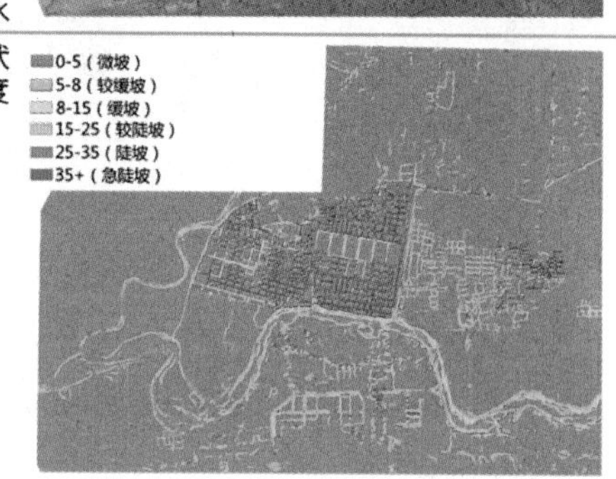

图 3-1-5 GIS 分析图

模拟水位16.5

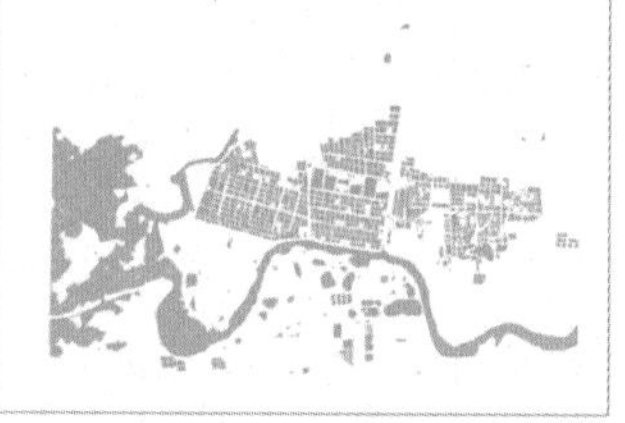

模拟水位17.5

模拟水位18.5

模拟水位19.5

模拟水位20.5

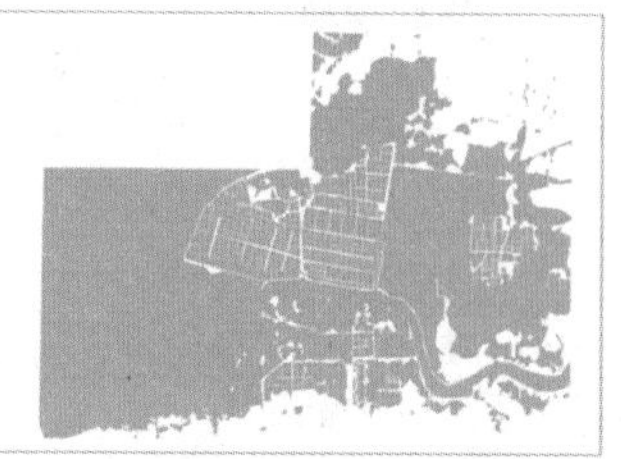

模拟水位21.5

图 3-1-6 水位模拟图

3. 确定合理的工程范围线

具体须要考虑以下几个方面（如图 3-1-6、图 3-1-7）：

（1）参考 19.5 m（常水位最低点）高程线，保证正常水位下水陆格局，同时保证水系净化作用；

（2）工程实际发生位置；

（3）生境恢复最佳区位（入河口水质净化关键区段）；

（4）退农还湿集中区域；

（5）周边农业影响因素明显的边界。

4. 优化水陆格局

通过对水陆格局和自然生境的分析，变原有单一径直的河道为自然蜿蜒的河道，同时，利用曲水、绿岛和密林等元素对河道进行改良，恢复自然河道的空间格局。由此，提高水陆面积比，增加水流与土壤、植物根系的接触面积，延长接触时间，即增强生物交换过程。这样既降低了水流流速，削弱了对土壤的冲蚀，又充分地利用了土壤、微生物和植物，对水系进行净化（如图 3-1-8、图 3-1-9）。

模拟水位19.5

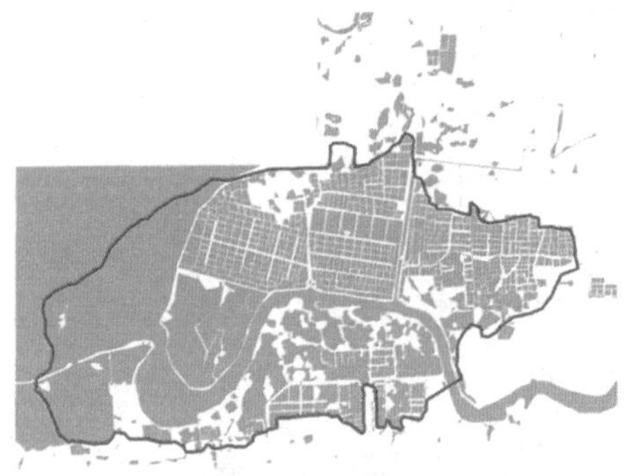

划定大致范围

图 3-1-7 工程范围图

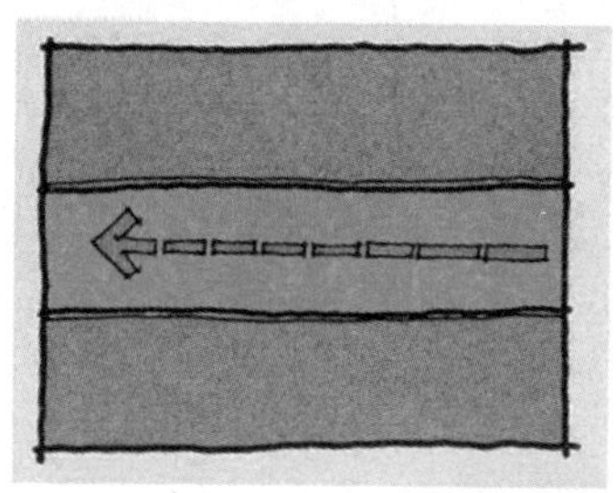
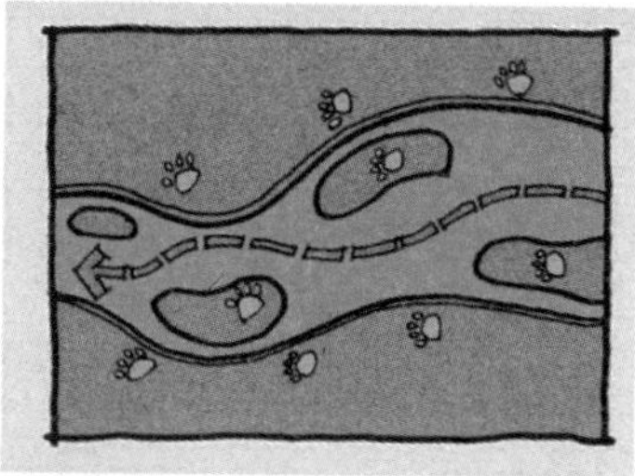
还原自然蜿蜒的河道

图 3-1-8 水陆格局分析图

曲水

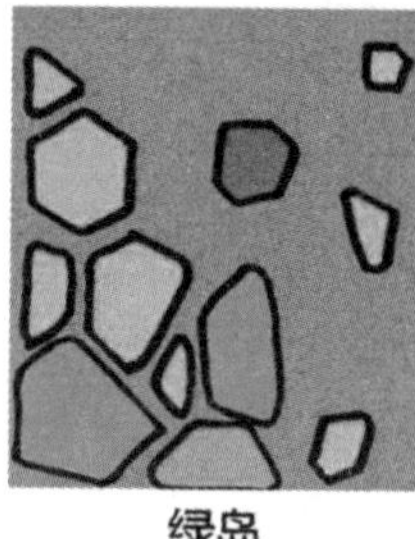
绿岛

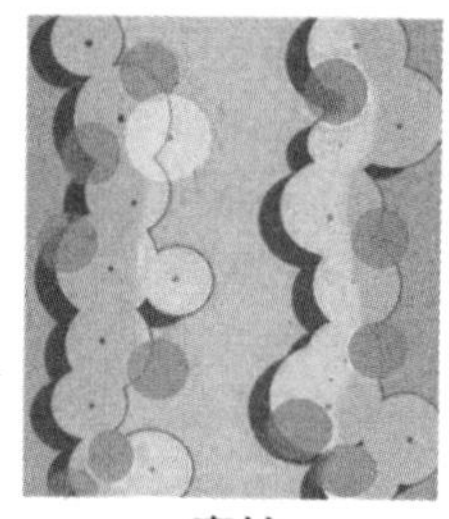
密林

图 3-1-9 水陆格局构建元素

5. 原地形利用与改造

通过对水系及现状田埂进行梳理，将现状田埂打破与改造，同时对水系进行疏通，利用打破田埂时产生的土方量堆筑岛屿及护坡，土方就地产生和消纳，实现土方平衡（如图 3-1-10）。

6. 控制水陆比例

合理控制水陆面积，根据 1 ∶ 20 的水体净化承载力理论，从分析不同淹没水位下的陆地面积与水面面积的比例可以看出，方案的水陆面积比例都能很好地满足承载力要求（1 ∶ 20），最大限度的净化入库水质。具体水陆比控制表见表 3-1-1。

表 3-1-1 水陆比控制表

水位（m）	陆地面积（km^2）	水体面积（km^2）	水陆比
18.5	12.04	15.98	1 ∶ 1.33
19.5	6.66	21.36	1 ∶ 3.21
20.5	2.87	25.15	1 ∶ 8.76

图 3-1-10 设计思路推演图

7. 水利与安全考虑

（1）周边村庄均已搬迁，在 22 m 最高水位时，淹没区域内没有村庄，无生命财产隐患，同时，湿地中还有未淹没区域，保证生态交换正常进行（如图 3-1-11）；

（2）水陆格局，将原有塘埂进行打通，保证水系连通（如图 3-1-12）；

（3）河流部分区段进行填方，通过之前的水系连通工作，在保证水系能够形成面流以及净化水体的同时，增大行洪断面，保证行洪安全（如图 3-1-13、图 3-1-14）；

（4）单一河道变为面流，保证雨季或高水位期时，湿地对山体汇流和果河来水有蓄洪作用，提升洪涝蓄滞能力。

8. 植物系统构建

根据总图，结合水系规划（如图 3-1-15），提出在不同高程下的植物种群系统规划，通过对植物种的筛选，合理进行分区规划，真正达到植物对水体的净化作用，同时保持植物种群的可持续性。同时，遵循以下原则：①本地植物种；②择适宜植物种；③自净化强的植物种（如图 3-1-16、图 3-1-17）。

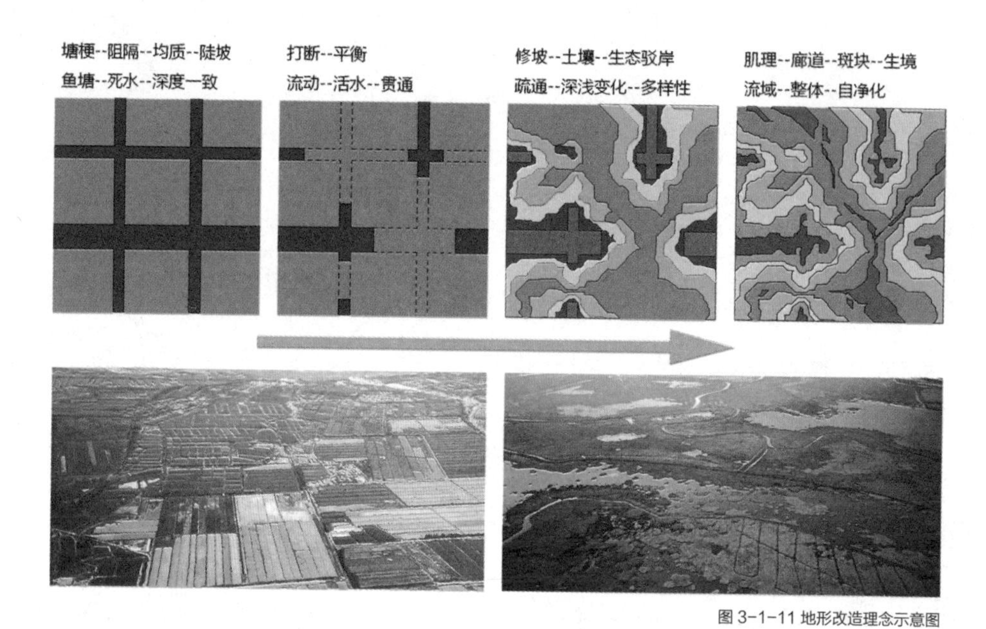

图 3-1-11 地形改造理念示意图

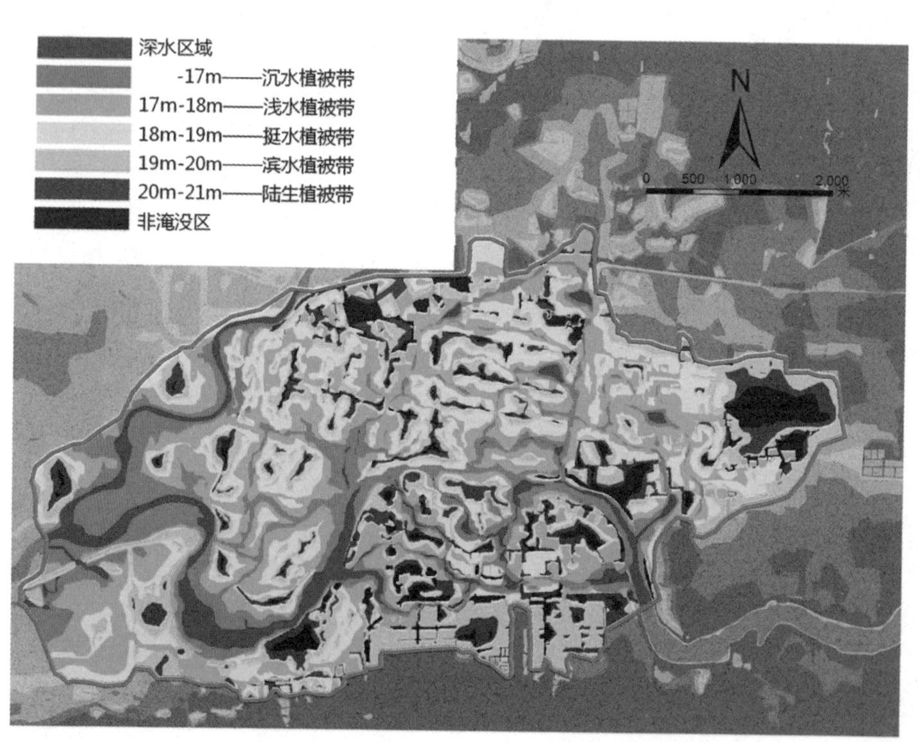

图 3-1-12 水系规划总平面图

图 3-1-13 原行洪断面示意图

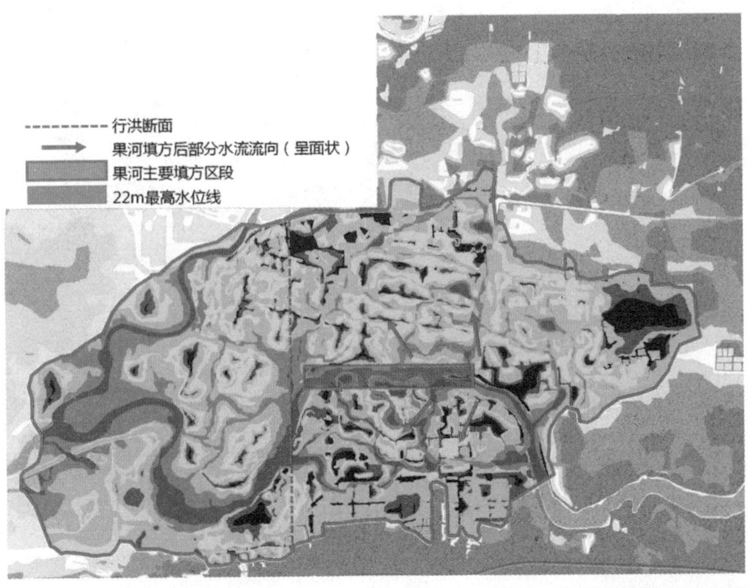

图 3-1-14 改造后的行洪断面示意图

图 3-1-15 植物系统结构图

图 3-1-16 典型湿地植物系统断面图

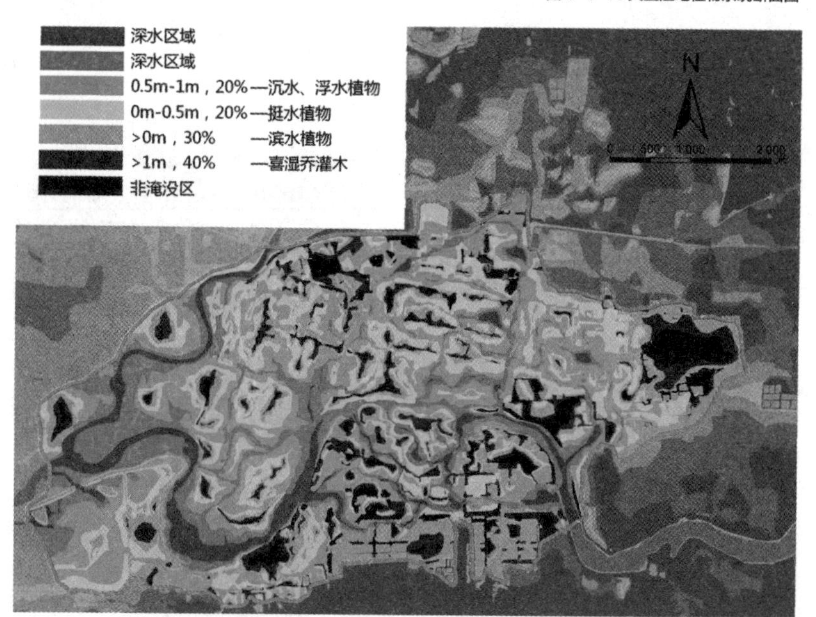

图 3-1-17 植物系统构建示意图

9. 栖息地营造

天津于桥水库位于东亚—澳大利亚迁徙路径上，是鸟类迁徙活动的重要节点，打造湿地，恢复生境，可为鸟类提供更加适宜的生态迁徙场所，为维护生物多样性提供潜在机会（如图 3-1-18—图 3-1-20）。

栖息地营造遵循以下原则：

（1） 鸟等有迁徙行为的动物提供休憩及繁衍的场所；

（2） 宜动物生存，为动物提供完整的捕食生物链；

（3） 不同形态的栖息地，适应动物多样化的栖息地需求（如图 3-1-18—图 3-1-20）；

（4） 为短距离迁徙提供生态廊道。

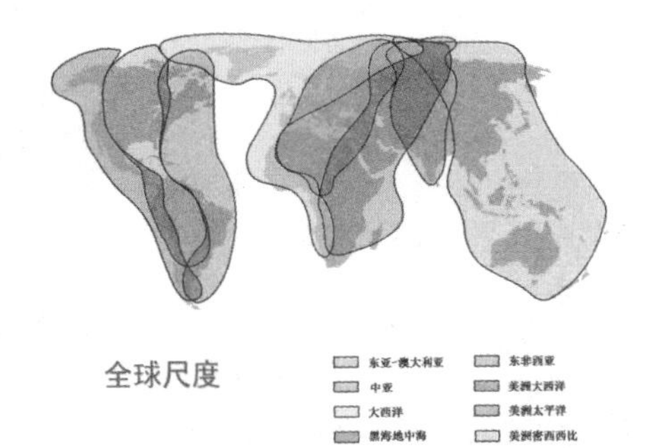

图 3-1-18 全球候鸟迁徙路径图

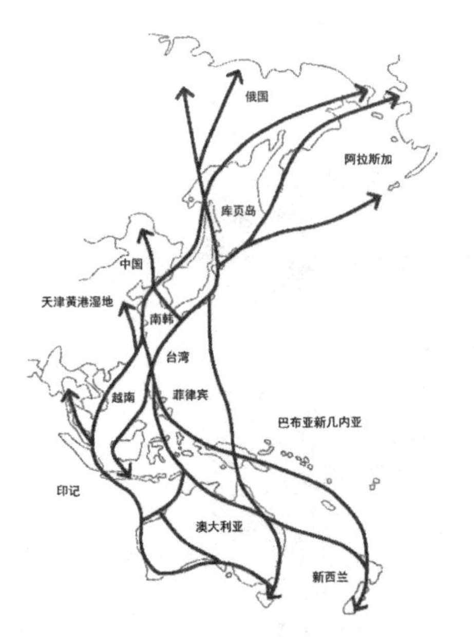

图 3-1-19 中国候鸟迁徙路径图

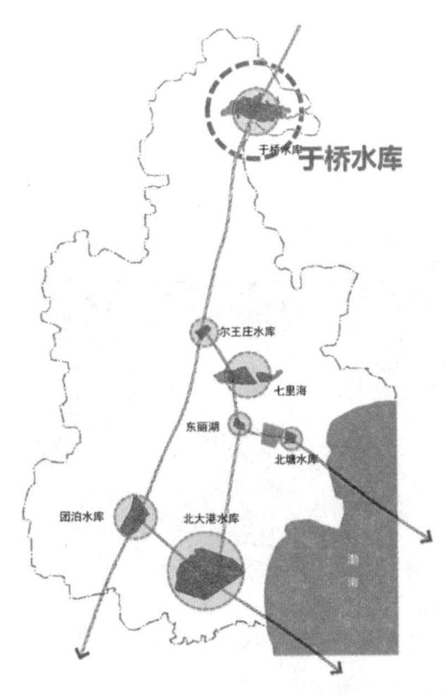

图 3-1-20 于桥水库与候鸟迁徙路径关系图

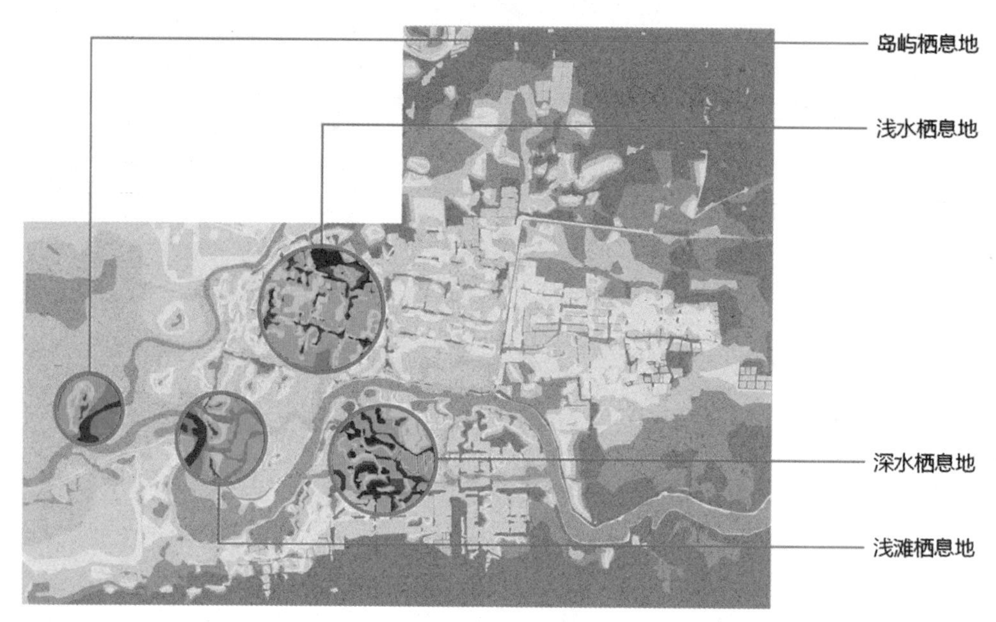

图 3-1-21 湿地栖息地规划图

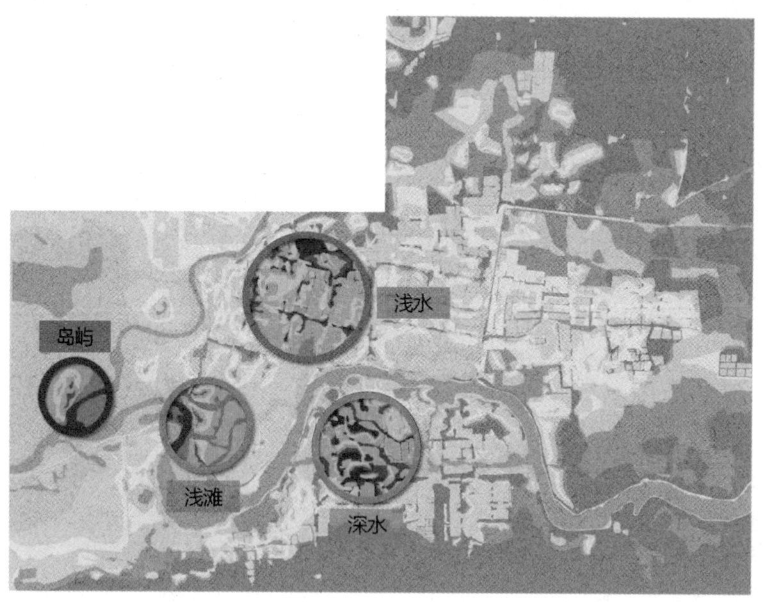

图 3-1-22 栖息地分类图

10. 丰富生境类型

依据生态环保的治理原则，结合基地地形水文条件，选择原生态型治理模式和自然型治理模式，丰富生境类型（见表 3-1-2）。

表 3-1-2 治理模式筛选表

治理模式	工法	浅滩	岛屿	浅水	深水
	护坡		○		○
自然型治理模式	活椿护坡	○			
	抛石护坡	○		○	
	土壤生物工法	○		○	
自然原型驳岸	自然原型驳岸				○
自然型驳岸	浅滩驳岸		○		
	散置块石驳岸	○		○	
	木桩驳岸	○		○	

11. 水体污染物削减

根据威廉•据威密茨，杰姆斯•茨，戈斯林克的著作《湿地》（湿地的治理章节），关于氮磷削减的研究部分，具体计算如下：

Q = 果河每日平均流量（m^3）= 水流流速 ×60 s ×60 min ×24 h

A = 湿地面积（m^2）

V = 湿地实际总水量（通过 GIS 算出不同水深的湿地实际总水量，m^3）

t = 滞流时间（天）= V/Q

TN 削减率 = 1/（1+2.8884 ×exp（-0.29521 ×t））

TP 削减率 = 1/（1+10.51246 ×exp（-0.61818 ×t））

如果入库 TN = 3.56，经过湿地后 TN = 入库 TN ×（1-TN 削减率）

表 3-1-3 常水位为 19.5 m 时湿地总水量计算

	面积（m^2）	水位（m）	平均水深（m）	水量（m^3）
深水区	1 804 592	<16	3.5	6 316 072
沉水植被带	4 150 636	16~17	2.5	10 376 590
浅水植被带	7 190 543	17~18	1.5	10 785 814.5
挺水植被带	5 668 186	18~19	0.5	2 834 093
滨水植被带	5 087 842	19~20	0.5	1 271 960.5
陆生植被带	2 496 319	20~21	\	\
非淹没区	1 617 942	>21	\	\
总计	28 016 060		1.7	31 584 530

表 3-1-4 常水位为 20 m 时湿地总水量计算

	面积（m^2）	水位（m）	平均水深（m）	水量（m^3）
深水区	1 804 592	<16	4	7 218 368
沉水植被带	4 150 636	16~17	3	12 451 908
浅水植被带	7 190 543	17~18	2	14 381 086
挺水植被带	5 668 186	18~19	1	5 668 186
滨水植被带	5 087 842	19~20	0.5	2 543 921
陆生植被带	2 496 319	20~21	\	\
非淹没区	1 617 942	>21	\	\
总计	28 016 060		2.1	42 263 469

1）常水位为 19.5 m，果河流速取较高值 50 m^3/s，计算氮磷削减量

t = 滞流时间（天）= 7.31（天）

TN 削减率 = 74.982 %

TP 削减率 = 89.726 %

如果入库 TN= 3.56，经过湿地后 TN = 0.8906

如果入库 TP = 0.121，经过湿地后 TP = 0.0124

2）常水位为 19.5 m，果河流速取较高值 60 m^3/s，计算氮磷削减量

t = 滞流时间（天）= 6.09（天）

TN 削减率 = 67.654 %

TP 削减率 = 80.437 %

如果入库 TN = 3.56，经过湿地后 TN = 1.1515

如果入库 TP = 0.121，经过湿地后 TP= 0.0237

3）常水位为 20 m，果河流速取值 50 m^3/s，计算氮磷削减量

t = 滞流时间（天）= 9.78（天）

TN 削减率 = 86.145%

TP 削减率 = 97.576%

如果入库 TN = 3.56，经过湿地后 TN = 0.4932

如果入库 TP = 0.121，经过湿地后 TP = 0.0029

4）常水位为 20 m，果河流速取值 60 m^3/s，计算氮磷削减量

t = 滞流时间（天）= 8.15（天）

TN 削减率 = 79.348%

TP 削减率 = 93.627%

如果入库 TN = 3.56，经过湿地后 TN = 0.7352

如果入库 TP = 0.121，经过湿地后 TP = 0.0077

图 3-1-23 分析结论：

当流速一定，常水位升高时，TN（总氮）削减率和 TP（总磷）削减率升高。又因常水位升高时，水陆接触面积增大，则当水陆接触面积增大时，TN（总氮）削减率和 TP （总磷）削减率升高。

当常水位相同，流速较缓时，TN（总氮）削减率和 TP（总磷）削减率较高。当常水位较低（19.5 m），流速较快（60 m^3/s）时，氮磷削减率仍达到较高水平，分别为 67.654 % 和 80.437 %。

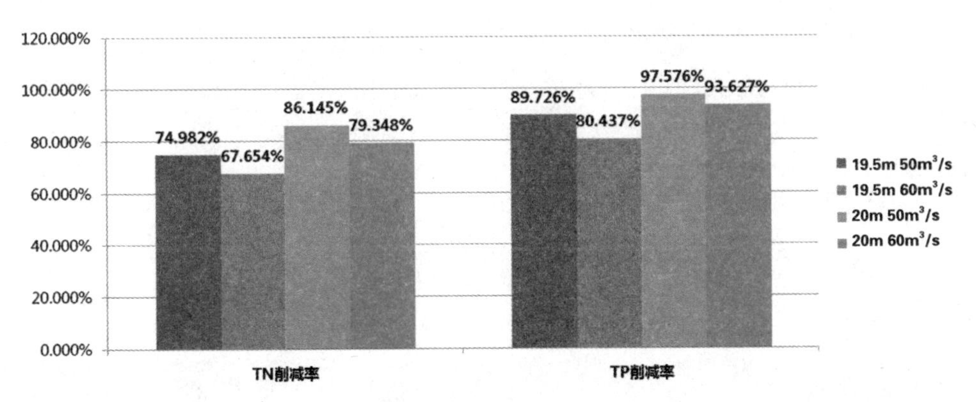

图 3-1-23 削减率统计表

5）设计总结：

通过面流、坑塘和岛屿等因素构成湿地净化系统，增加水陆面积，增大 TN（总氮）削减率 TP（总磷）削减率，提高净化效率；

通过水陆格局梳理，植物多样性恢复，生态驳岸打造，利用水系连通与坑塘滞留效应，减缓水系水流速度，TN 削减率和 TP 削减率较高；

设置 5 个坑塘后，蓄水量增加 124 861 m^3，延长水体滞留时间，提高氮磷削减率，增加淤泥沉淀量，控制底泥中污染物的二次释放；提供深水栖息地，保护水生动物抵御冬季严寒，保护生物多样性。

五、经验总结

于桥水库湿地设计的主要经验总结如下：

（1）扩大洪断面面积，减少洪水威胁，保证防洪安全。

（2）考虑湿地面积、水流、植被种类和密林、岛屿、土壤边缘线和水陆比例等综合生态因素，优化削减 TN（总氮）、TP（总磷）的方案。

（3）空间格局打造和水动力打造，有利于湿地形态向自然湿地方向发展，实现湿地功能最大化，做到湿地生境可持续，减少后期管理人力投入和资金投入。

（4）实现了湿地水系、水动力、水流向和水流量的空间塑造，即实现模仿自然湿地的功能化的要求，实现从单一河水流动向自然湿地树状水系流向的改变，并通过打造湿地坑塘，实现降低水流速度，沉淀淤泥，提高湿地净化能力。

（5）打造多样化植物群落，丰富生境，营造动物栖息地，保护生物多样性。

（6）提出完整的湿地成功检验标准和指标，即：

①实现削减 TN（总氮）TP（总磷）的净化目标；②实现自然湿地水流方向和水流速度的优化；③实现植物种的多样性；④实现候鸟栖息地的打造；⑤实现自然湿地中水面和湿地比例的优化，增加生态驳岸的净化功能。

第二节
北京琉璃河湿地以水动力为基础的设计

一、基础分析

1. 区位分析

该湿地公园位于北京市房山区琉璃河镇。琉璃河镇位于房山区东南部，是北京市的西南大门，镇域东西长约 19.9 km，南北宽约 8.7 km，距北京市区 38 km，距区政府 17 km，2012 年被国家发改委确定为全国发展改革试点小城镇。琉璃河湿地项目是北京市“十二五”期间重点建设的 10 座市级湿地公园之一（如图 3-2-1）。

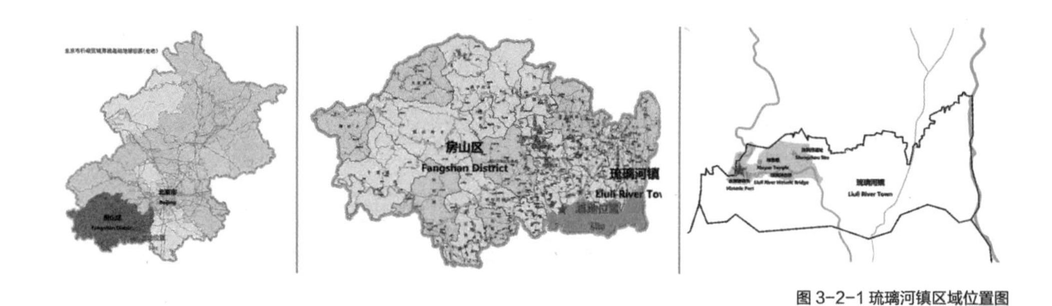

图 3-2-1 琉璃河镇区域位置图

2. 城市规划发展分析

琉璃河镇与首都新航城距离 16 km。良好的区位条件，方便发达的交通使琉璃河镇成为新航城的休闲花园，成为生态观光、文化休闲、旅游度假、健康养生和商贸商务等的产业集聚区。

湿地公园的建设将大大提升现有的城镇生态环境品质，对推动琉璃河镇的发展具有重要的意义。

3. 湿地内现状情况分析

1）场地现状

湿地公园位于大石河琉璃河镇段，是典型的河滩湿地。湿地区域总面积为 528.28 hm^2。规划区内有线状主河道、大量藕塘和农田。其中现状荷田面积约 191 hm^2，麦田面积约 148 hm^2，林地面积约 3.34 hm^2，现状河道面积约为 82 hm^2（如图 3-2-2）。

2）生态基底状况

生态基质脆弱，相对单一，缺乏多样性。

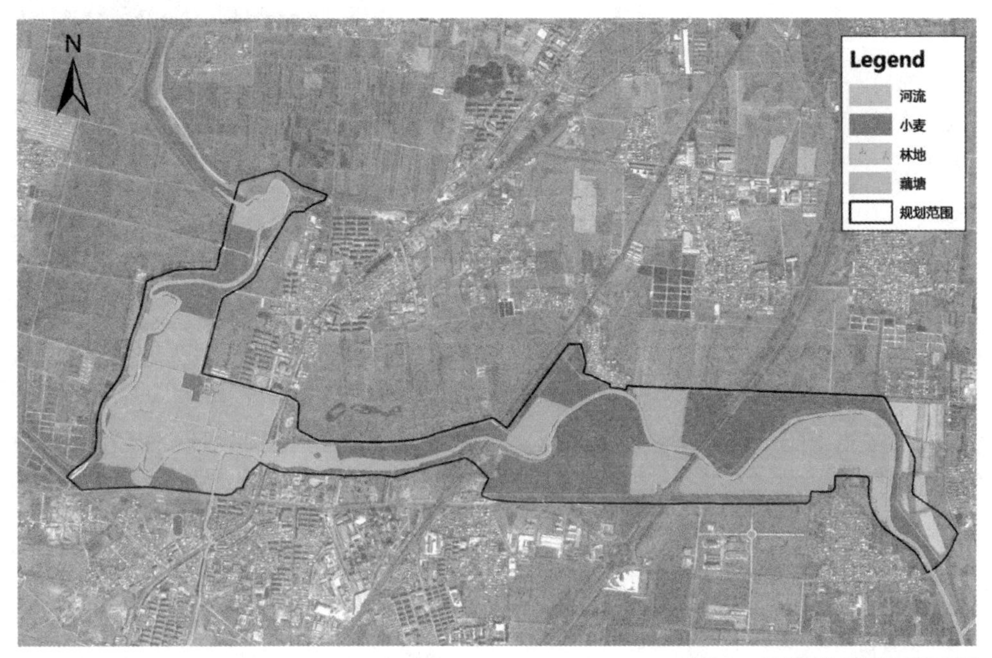

图 3-2-2 琉璃河湿地公园土地利用现状图

3）场地地形

场地地形起伏不大，为冲击堆积地形，两岸地层分布变化大，主河道高程 25 ~ 26 m，低于两侧河床 2~4 m。藕塘和麦田分布在主河道两侧台地上约 28 m 左右（如图 3-2-3）。

4）防洪现状

现状防洪堤为 20 年一遇标准，堤顶高于两侧地面平均高度约 3.5 m，现状基本良好，坡面局部缺少植被覆盖，易水土流失。

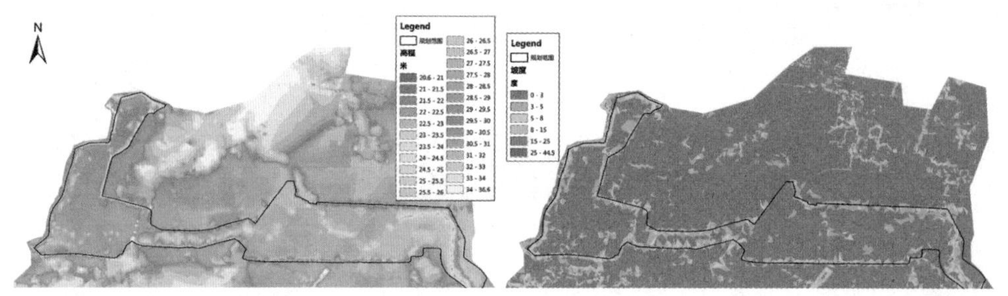

图 3-2-3 琉璃河湿地公园高程及坡度分析图

二、水质、水量、水动力及水环境挑战

水质、水量、水动力及水环境是本次规划设计面临的挑战。

1. 水量

河道现有水量严重匮乏，且没有合理的补充方式。湿地公园的建设要有水动力支持，水量协调问题亟需解决。

通过分析，由于琉璃河上游连年水库调水，下游几乎断流，现状水多为附近村镇排放的生活污水。下游各支流只有在雨季才有雨水汇入主河道。水量不稳定，水质差，水污染严重。

2. 水质

历史上的琉璃河水质良好，生态环境优美。要恢复琉璃河湿地生态面貌，首先就要改善水质。

河道现有水质情况恶劣，水质均为劣 V 类水。未来通过协调能够就近利用的水源只有上游污水处理厂的中水。如何通过生态措施提升河水水质是本次规划的难点。

3. 水动力

规划湿地总长度为 10.3 km，高差仅 10.4 m，坡降比为 0.1 %，刚好满足湿地建设对于最小坡度的要求。水动力是琉璃河湿地利用自流系统实现净化的关键因素。

4. 水环境

现有场地杂乱，环境品质感差，有待优化。

三、湿地建设的策略

琉璃河湿地构建策略主要包括以下几个方面：

1. 重建自然机制

运用生态工程等措施模拟并重建自然机制，发挥自然对水体的自净化作用，从而可持续化的提升水质。

2. 低维护生态基础设施

打造关键性生态空间格局，运用自然生态低维护甚至于免维护的建设设施使城镇和居民获得可持续的自然服务。

3. 发掘文化，助力城市发展

深入挖掘当地特色历史文化，注重遗址保护与合理开发，以文化特色增加城市吸引力，推动城市发展。

4. “三位一体”水管理理念

贯彻三位一体的思想理念，即通过雨洪管理、水生态治理、水景观打造建设以及修复优美的水系自净化系统和水生态系统，实现水系的防洪防旱安全、水质安全和流域水资源安全。

四、湿地设计

湿地规划设计共分为三部分：湿地规划—生态构建—景观规划。

1. 湿地规划的目标、原理和要素

1）湿地规划目标

以水动力为基础及水质为目标，打造自然湿地与修复河道水系的自然净化功能，实现自然湿地的景观格局和生物多样性，全面提升琉璃河镇的生态宜居及旅游的品质。

2）规划原理

湿地自净化系统污染削减的四大构成要素：沉淀、土壤、微生物和植物。湿地空间格局五大构成：岛屿、坑塘、沟渠、挺水植物和沉水植物（如图 3-2-4、表 3-2-1）。

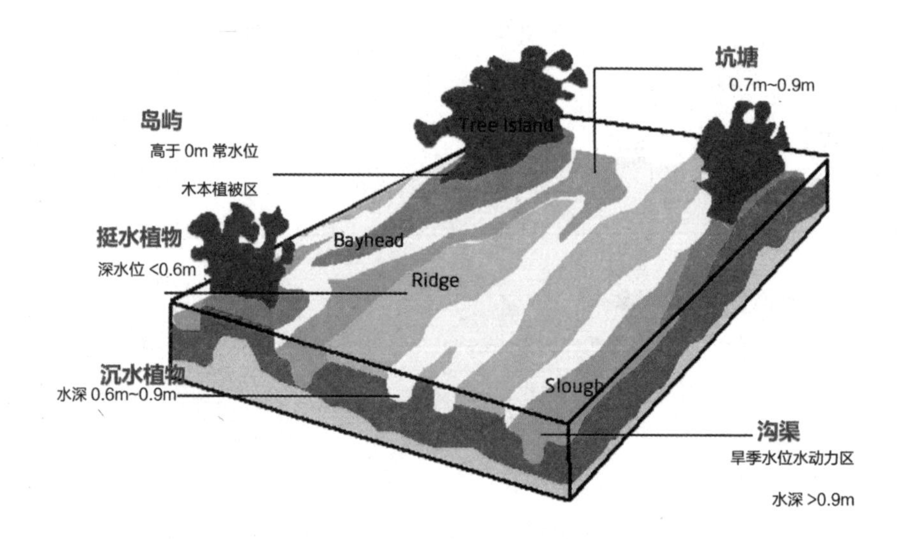

图 3-2-4 湿地空间格局示意图

表 3-2-1 湿地空间格局

要素	岛屿	沟渠	挺水植物	沉水植物	坑塘
深度	高于常水位 0.2 m 的木本植被区	水动力沟渠水深 0.2 m 或与主河床水深相当	常水位水深 0.2~0.6 m	常水位水深 0.6~0.9 m	0.7~0.9 m 或与主河床水深相当
功能	土壤微生物、植物吸收削减污染	水动力、土壤微生物吸收削减污染	植物、微生物吸收削减污染	植物、微生物吸收削减污染	沉淀、微生物净化

3）规划要素

琉璃河湿地规划充分发挥自净化系统的四大要素（河床空间改造、富氧曝气、微生物修复和湿地植物），将其落实在空间格局的五大构成上，构建由坑塘、沉水植物、沟渠、岛屿、挺水植物和荷塘构建的湿地系统，建立自然净化的机制（如图 3-2-5）。

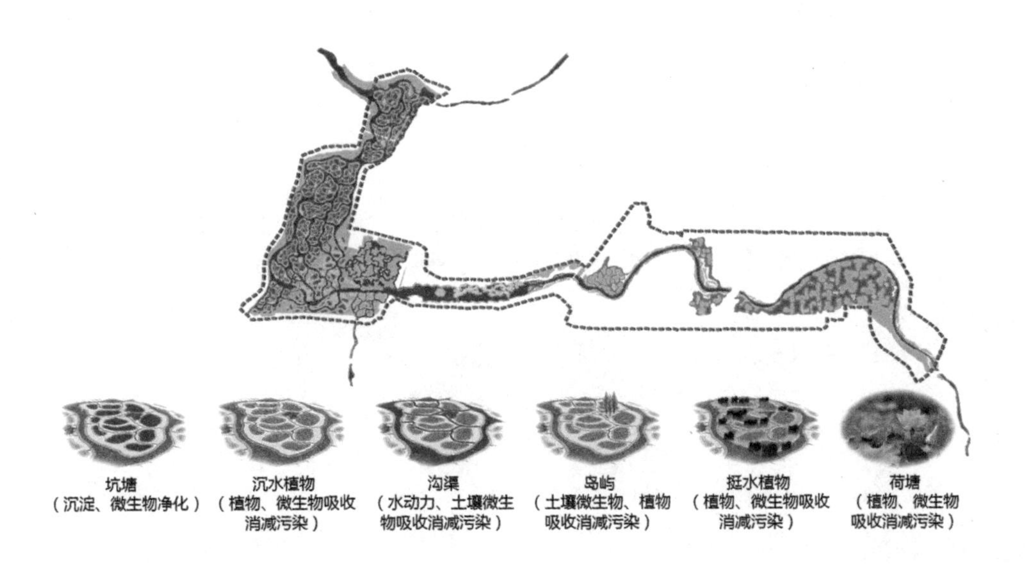

图 3-2-5 琉璃河湿地空间格局分布图

五、湿地设计的生态构建

湿地规划设计的第二部分为生态构建的三大方面：生态治理、自净化系统和栖息地构建。

1. 生态治理

包含治污工程、水量及削减率和生态驳岸。

1）治污工程

实现“污水入管，雨水净化，清水还河”。主要是截污工程，采取工程措施，拦截进入湿地的污染。

湿地范围内主要污染来源有支流汇水、周边雨洪排水和河堤内农田污染等。针对支流污染，建议在支流河道内建立自净化系统，在进入主河道前通过河流自净化进行污染削减；针对周边雨洪季节排水，在排涝闸附近建立湿地过滤系统，使雨水在进入河道之前得到过滤净化；农业面源污染和防洪堤坡面水土流失则通过主河道两侧的三道防线“林灌—草沟—湿地”进行防护。

2）水量及削减率

为了能够获得稳定的水源，规划最终选取周边污水厂的中水作为水源，其中城关镇污水处理厂日引水 1.7 万 m^3/ 天，水质为Ⅴ类（提标后可实现Ⅳ类水）。琉璃河镇污水处理厂日引水 0.5 万 m^3/ 天，水质为五类（提标后可实现Ⅳ类水）。

水源水质差，为了保证关键景观节点水质达到Ⅳ类，整体上湿地设计采用了“分段削减，逐步实现水质目标”的管理策略（图 3-2-6）。通过严谨的水质削减估算，不同分段水质削减目标对应相应的湿地面积和净化措施 (见表 3-2-2)。

湿地设计与景观规划相结合，水质目标设定在到达 C 段时，实现水质净化到Ⅳ类，满足相关景观活动需求，如游船赏荷花等。

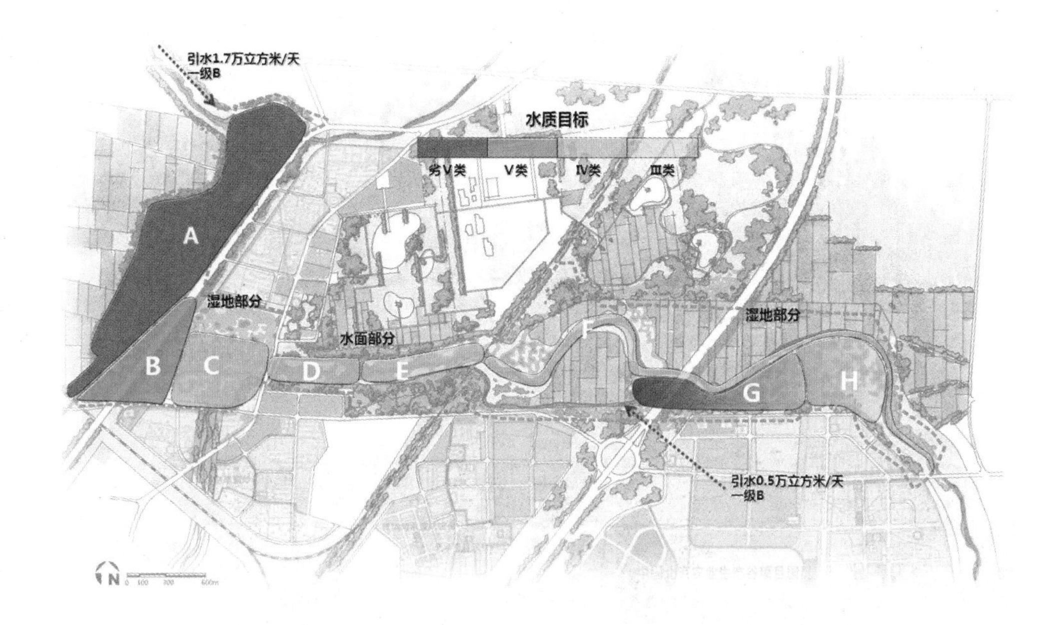

图 3-2-6 琉璃河湿地水质目标分区图

表 3-2-2 水质分区简介

水质目标分区	A 坑塘沉淀区	B 湿地吸附区	C 湿地吸附区	D 水面削减区	E 水面景观区	F 河道稳定区	G 湿地净化区	H 湿地净化区
占地面积 (hm^2)	90.6	29	29	9	12	40	27.5	27.5
平均水深 (m)	坑塘 0.7，浅水 0.2	0.75	0.75	1	1.5	0.5	0.5	0.5
植物配比（沉水 ：挺水）	0.35 ： 0.65	0.4 ：0.6	0.4： 0.6	0.6： 0.4	0.6 ：0.4	0.2：0.2	0.5： 0.5	0.5 ：0.5
水质目标	COD 五类氨氮劣Ⅴ类	COD 四类氨氮Ⅴ类	COD 三类氨氮Ⅳ类	COD 三类氨氮Ⅲ类	COD 三类氨氮Ⅲ类	COD 三类氨氮Ⅲ类	COD 五类氨氮Ⅴ类类	COD 三类氨氮Ⅲ类

3）生态驳岸

琉璃河驳岸分为三种：现状硬质防洪堤驳岸、现状自然防洪堤岸和改造后的主河槽驳岸。

（1）现状硬质防洪堤驳岸

缺点：阻断了河流生态系统和陆地生态系统的联系，使河流生态系统失去稳定性，没有植被覆盖，缺乏景观效果。

主要改造措施：驳岸表面种植爬藤植物，保护防洪堤的同时起到景观美化的效果；驳岸与主河道之间设置缓冲生态沟，使进入河道的雨水得到净化；丰富堤脚植被，防止水土流失（如图 3-2-7）。

（2）现状自然防洪堤驳岸

图 3-2-7 改造效果图

缺点：植被单一，驳岸与河道之间缺乏缓冲区。

主要改造措施：河道弯度大、易受洪水冲刷以及堤岸不牢固的防洪堤岸使用喷浆护坡、生态袋护坡、石砌护坡和石笼护坡等方法进行生态驳岸改造，加固防洪堤；丰富自然防洪堤的驳岸植被类型，乔木、灌木和草本植物交错种植，形成驳岸植被纵向空间层级分布；驳岸与河道之间设置缓冲生态沟，使进入河道的雨水得到净化（如图 3-2-8）。

（3）改造后的主河槽驳岸

图 3-2-8 改造效果图

缺点：土壤裸露，缺乏植被覆盖。

主要改造措施：驳岸由林带、草本植物和生态缓冲沟三层结构构成；林带由乔木、灌木和草本植物交错种植，形成驳岸植被纵向空间层级分布；河水经过林、草和沟三层净化，保障进入湿地之前水质得到有效提升（如图 3-2-9）。

2. 自净化系统构建

图 3-2-9 改造效果图

自净化系统构建主要通过地形空间改造、富氧曝气设计、原微生物生态修复和湿地植物系统构建。

1）地形空间改造

充分尊重自然，恢复自然，按照自然河流形态，尽可能恢复自然河流的功能，最大限度地削减污染，建立河流生态系统。自然河流的典型空间特征是——曲折蜿蜒的水面以及其产生的河湾、江滩、跌水、深潭及主流、支流等多种多样的空间形态（如图 3-2-10）。

规划湿地公园中主要使用坑塘净化系统来进行水质净化。采用的主要理念：通过增加面流与河床底部的褶皱，加大水体与土壤的接触面积，有助于污染物的沉淀，提升河流水动力。丰

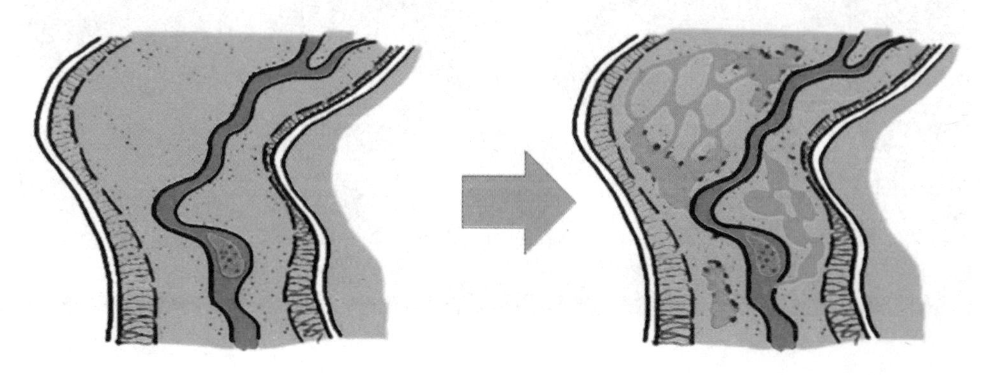

图 3-2-10 河道生态改造示意图

富植物及微生物生长环境，从而提高污染物削减效率，使水质环境得到明显改善。坑塘带和挺水植物带交替的湿地格局，使污水得到反复的沉淀和吸收净化，提高水质净化的效率（如图 3-2-11）。

坑塘带：以沉淀为主要功能，设计水深是 0.6 ~0.9 m，单元面积约 3.3 hm^2，结构组成是坑塘面积 70 %、浅水区 20 %、岛屿 10 %，植物配置是挺水植物 45 % 和沉水植物 55 %，作用是沉淀并增加水体与土壤和植物的接触面积，提升水动力，丰富微生物生境。

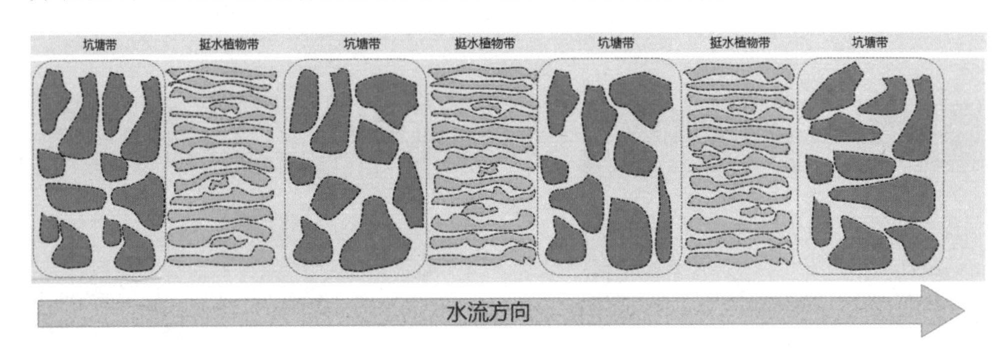

图 3-2-11 坑塘系统平面示意图

2）富氧曝气设计

结合河道行洪安全考虑主要采用跌水堰的形式。跌水堰设计高度为 0.5 m、宽度为 1 m，将水面蓄积，增大水域面积，并配合沉水和挺水植物的种植，提高水体与植物的接触面积。主要设置在主河道平缓区段，避免设计在河道转弯处，影响行洪（如图 3-2-12）。

图 3-2-12 跌水堰意向图

3）原位微生物生态修复

原位微生物激活素投放可以有效激活本地物种的快速生长，形成丰富的本地生物种群。

原位微生物激活素生态修复技术优势：微生物的原位选择性激活；自净系统的构建；净化见效快，效果持续；全方位整体修复；植物促生作用；适用范围广，综合成本低。

4）湿地植被系统

植物层面：对污染物进行有效吸收和降解，起到净化作用，挺水植物适用于水深 0~1.5 m 的河流区域，沉水植物适用于水深 1~2 m 的河流区域。

植物选种原则：选择本地种植物种或适宜当地气候条件的物种；选择自净化能力强的植物物种；合理配置乔木、灌木、挺水和沉水植物的比例，以多类型的湿地群落组合凸显湿地景观特征。

主要植物种类有：

挺水植物主要为芦苇、风车草、花叶芦竹、美人蕉、鸢尾和荷花，沉水植物主要为金鱼藻、苦草和菹草。

3. 栖息地构建

1）通过对湿地的生态保育和生态修复、森林的规划和养育，营造适于多种生物生存的栖息地生境，丰富生物种类，形成稳定的金字塔式生态体系。

2）栖息地的营造原则

为候鸟等有迁徙行为的动物提供休憩及繁衍的场所；适宜动物生存，为动物提供完整的捕食生物链；提供不同形态的栖息地，适应动物多样化的栖息地需求；为动物短距离迁徙提供生态廊道。

3）陆地生物栖息地构建

（1）营造多层次结构的森林生境

按照自然生态学的规律，采用乔、灌和草的有机结合，同时提高植物物种多样性，为野生动物提供良好的隐蔽场所，改善繁殖条件；提供充足的食物，重建食物链，适当种植如金银木、君迁子、柿树、海棠和核桃等食源植物，为动物提供食源；提供休憩空间，如设置人工洞穴、人工鸟巢和森林小木屋等，为动物提供休憩场所（如图 3-2-13）。

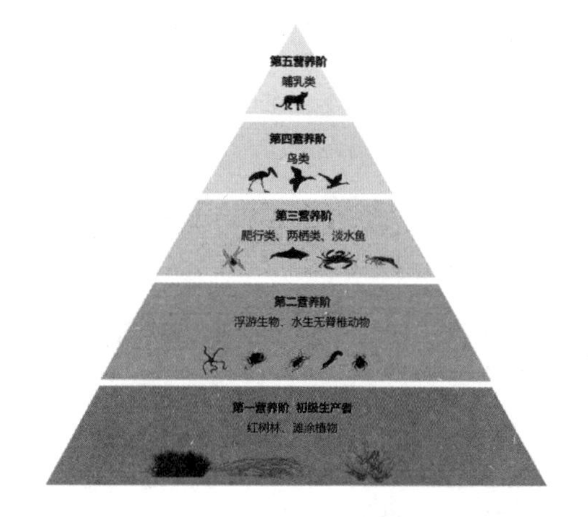

图 3-2-13 动植物食物链金字塔示意图

（2）湿地生物栖息地构建

水深控制：涉禽主要在浅水区觅食，应在岸际设置相当比例的水深为 10~23 cm 的浅水区。游禽主要在水深 50~200 cm 的水域栖息、活动，在 30 cm 以内的浅水区觅食。

流速和水位变化控制：觅食地和栖息地水流速度宜缓，尤其是筑巢期和繁殖期，在 4 月—7 月的筑巢期，水位涨落幅度在 10~30 cm 为宜。

设置安全岛（湿地岛和泥滩地）：在水面中央可设置不同大小供鸟类栖息的安全岛，提供隐蔽的繁殖或栖息场所。安全岛留有裸露泥涂、种植芦苇等水生植物及少量灌木丛。

人为干扰控制：园路和建筑尽量远离鸟类栖息地，采用掩体观鸟和高台观鸟等方式平衡鸟类安全和观鸟距离之间的矛盾。

主动招鸟的措施：人工投食和游禽停歇台。

（3）水生生物栖息地构建

a. 丰富水生植物

净化湿地除了种植莲花，还应种植芦苇、香蒲、风车草等挺水植物以及金鱼藻等沉水植物，丰富水生植物类型和空间分布，为鱼类提供自然、安全和丰富的栖息生境。

b. 增加遮蔽物

为鱼类等水生动物以及两栖类动物提供栖息、繁衍和避难的场所。

主要形式有：亲水平台、人工植物浮岛和设置鱼巢（主要在坡脚及水下坡面上处）

c. 增加砾石群

创造多样性特征的水深、底质和流速条件，增加水生动物栖息地多样性。

d. 生态护岸

种植水生植物为鱼类和浮游生物提供食物和栖息环境，并净化水质。e. 投放适量鱼苗。

六、景观规划

规划梳理拓宽现有河道，充分利用现有耕地及植物，将种植与《诗经》原描述的景象相结合，打造独特的燕都湿地特色植物景观，“借千年圣聚燕都城，创十里圣水琉璃河”再现三千年前燕都景观风貌（如图 3-2-14）。

湿地公园十六景的建设：

花屿双泉、四桥烟雨、平湖秋月、映水兰香、荷蒲薰风、长堤春柳、古桥观翼、浩繁漕运、囿有见杏、扶苏荷华、蒹葭苍苍、鱼潜岱屿、员峤柏舟、瀛洲锦簇、芃芃其麦和蓬莱观鸠。

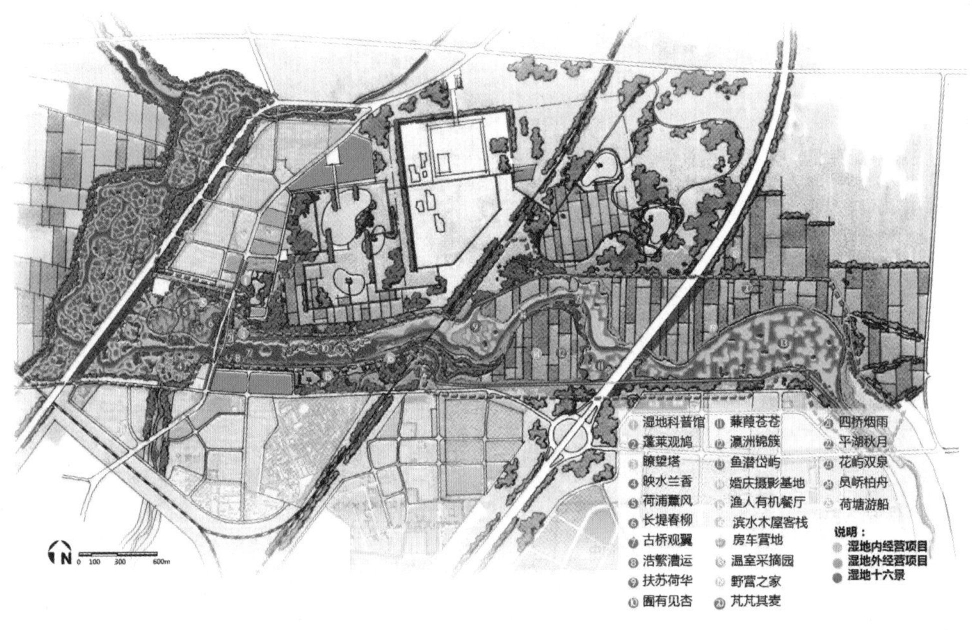

图 3-2-14 景观规划平面图

第三节
十堰官山河水生态治理设计

一、项目背景

官山河是十堰市五河流域其中一条重要的河流，位于丹江口水库上游，是南水北调中线工程的核心水源地和调水源头，承担着保障“一泓清水永续北送”的历史重任（如图 3-3-1）。

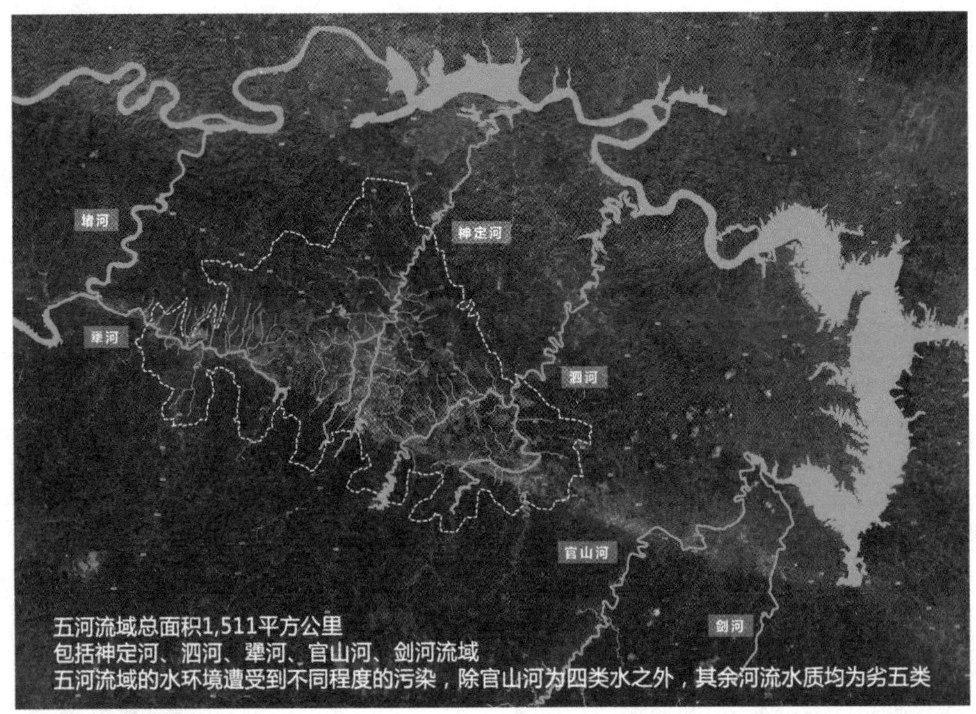

图 3-3-1 十堰市五河流域范围

二、现状问题

长期困扰十堰市官山河生态环境治理的三大核心问题：

（1）暴雨集中，存在山区洪水隐患；河道长期缺水，缺少河流自净化必要的生态流量（如图 3-3-2）。

（2）存在河流水质污染现象，水质达标要求挑战大。

（3）周边自然景观环境遭到破坏，缺乏供周边居民游憩放松的公共空间。

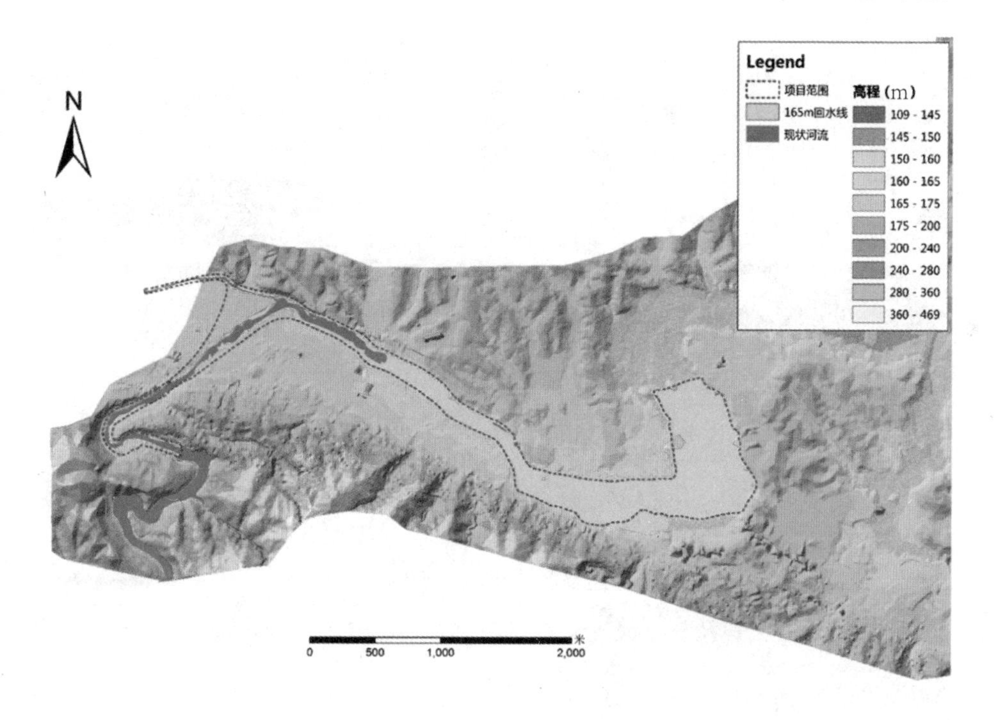

图 3-3-2 官山河规划段丹江口水库回水分析

三、设计目标与设计理念

1. 设计目标

致力于打造清洁水系、生态水系和安全水系为南水北调和“美丽十堰”提供源源不断的清洁用水。

本次生态治理的核心目标是在截污及污水厂达标的前提下，在规划河段的范围内将 COD、氨氮和总磷三项污染指标有效削减至地表 II 类水的水质标准。

2. 设计理念

采用雨洪调蓄、水体净化和景观生态“三位一体”综合生态治理理念，建立河道自净化系统（如图 3-3-3）。

策略一：建立雨洪调蓄及水资源综合利用系统。

策略二：系统增强河流的自净能力，构建污水治理系统。

策略三：建立城市景观及森林系统。

图 3-3-3 官山河流域治理规划方案

四、治理措施

与净化水质有关的核心因素存在四个方面：水动力、土壤、植物和微生物。通过以下六大措施，实现水生态修复工程：

1. 河床空间改造，建立河道内湿地

在完善截污管网建设的前提下，通过建设面流植被过滤带、湿地等手段，构建科学完善的水陆空间格局，丰富多样的植被系统，恢复河道自净化系统（如图 3-3-4）。

保证在下游80米行洪断面范围的河床内建立多塘水面，通过疏浚工程将所有蓝线范围内的河道与坑塘联系起来，增加河流水体的面流

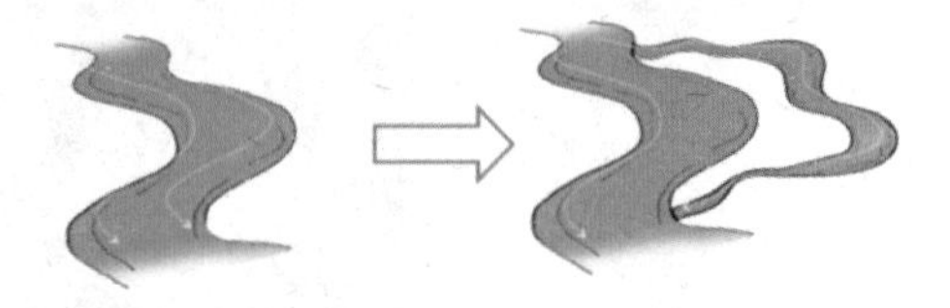

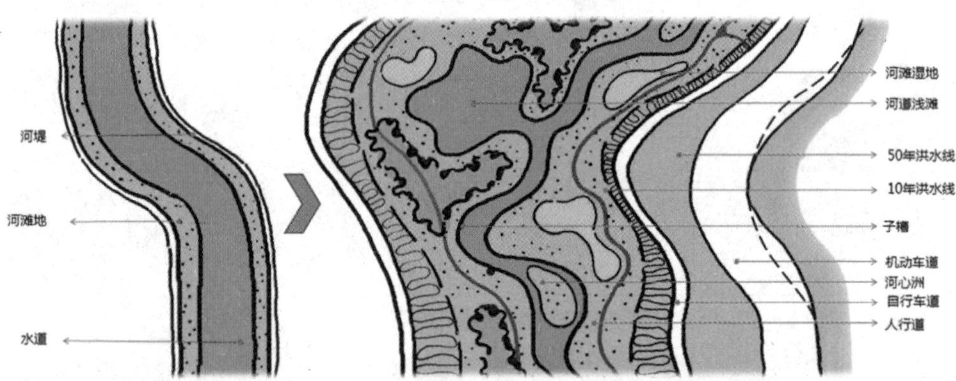

改造前：河流两侧受到现状地形高程的桎梏，河流断面狭小，流速快，污染物难以沉淀。

改造后：在河道蓝线范围内、主河槽的两侧增加坑塘，并与主河槽相连，扩大水域面积，增加河流与植被的接触面，减缓流速，提高污染物沉淀效率。

图 3-3-4 河床空间改造模式

2. 富氧曝气设计

1）扬水曝气装置

用于水深超过 1.5 m 的深水区域，具有良好的景观性，在改善水质的同时提供优美的水景观效果，一举兼得。

2）多级跌水堰

通过跌水堰设计将水面蓄积，增大水域面积，并配合沉水和挺水植物的种植，提高水体与植物的接触面积。

3. 原位微生物生态修复

激活本地物种的快速生长，形成丰富的本地生物种群（如图 3-3-5）。原位微生物激活素作用机理如下：

1）分泌植物促生物质

许多原位微生物种类能分泌不同的促生物质，包括植物激素、维生素、氨基酸、其他活性有机小分子及衍生物等。

2）改善植物根际的营养环境

原位微生物在植物根际的聚集，它们旺盛的代谢作用加强了土壤中植物营养元素的矿化，增加对植物营养的供应。

3）对污染物的降解

许多原位微生物类群具有降解污染物的作用，亦有人称之为“生物治疗”作用。

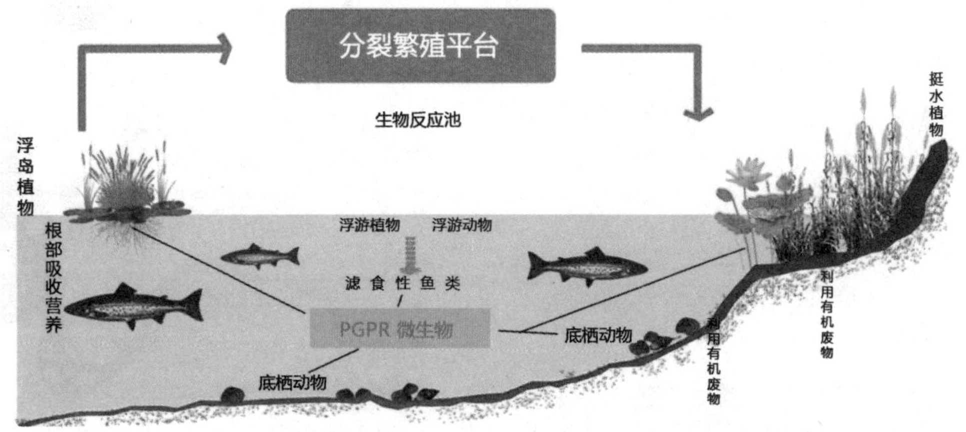

图 3-3-5 原位微生物激活素作用机理

4. 沉水植物系统

适用于水深 1~2 m 的河流区域。主河槽及坑塘湿地设计水深在 0.5 m~2 m 之间，保证沉水植物的有效生长。

5. 浮岛水质净化系统

浮岛用于水深 2~5 m 的河流区域。

1）利用浮岛中的水生植物，吸收水体中的氮、磷等营养元素，吸附、截留藻类等悬浮物。

2）浮岛中的水生植物根基网络样的微生态小环境具有典型的活性生物膜功能，具有很强的净化水质能力，对多种污染物有很强的吸收、分解和富集能力，能够起到良好的生态修复作用。

3）生态浮岛水质净化系统建立在水域相对开阔，流速较缓的地带，便于污染物的有效降解。

6. 湿地植被系统

湿地植被系统适用于水深 0~1.5 m 的河流区域。植物选种应遵循以下的原则：

(1) 本地种植物种或适宜当地气候条件的物种；

(2) 自净化能力强的植物物种。

第四节
南昌青山湖水生态治理设计

一、青山湖的问题

1. 项目背景

青山湖位于南昌市区东郊城区东北角，是南昌市著名的风景游览区，也是南昌最大的内湖。青山湖历史上原为赣江的一个河汊，后建成为独立的内湖，水域面积 307 hm^2，陆地面积 133 hm^2（如图 3-4-1）。

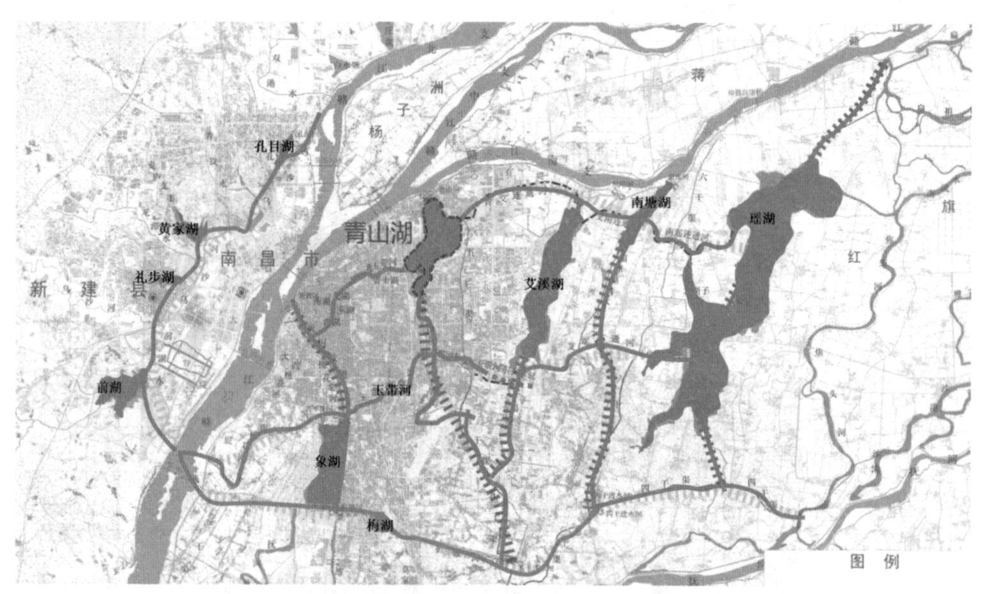

图 3-4-1 南昌市水系图

2. 问题及原因分析

从水利、水生态环境以及城市水景观三方面来看，现状存在着以下一些主要的问题。污染物排放过量，严重超出青山湖生态自净功能的承载力；湖中底泥污染物含量过高，内源污染严重；水动力不足，形成局部水质恶化和污染淤积；湖体长期处于厌氧状态，富营养化突出，蓝藻密布；景观系统与生态系统单一，缺乏多样性的生物和植物净化能力；湖区两侧多为硬质堤岸，水陆生态系统不连续存在城市面源污染物进入湖区影响水质的风险，缺失湖岸边削减面源污染、水土流失的植被系统和草坡和草沟等设计；河道堤岸处理生硬，城市亲水空间和亲水设施不足等（如图 3-4-2）。

我们对造成这些问题的原因进行了深入分析，究其原因总结了以下几点。

（1）由于承担防洪排涝功能，降雨期的污染水体直接进入青山湖，带来大量污染物，致使污染物的入侵造成水源污染严重；

（2）湖体生态系统单一，缺乏自然湖泊具有的复合生态系统净化能力，水体自净化的缺失使水质日趋恶劣；

（3）目前补水的五干渠不能保证补给水的水质和水量，青山湖内水体交换和水动力严重不足，水体循环缓慢；

（4）内部水体循环不足，流动性差使污染物集中爆发。

图 3-4-2 现状照片

二、治理目标及思路

1. 治理目标

通过综合生态工程措施，在入湖水源得到基本保障的前提下，初步实现Ⅲ - Ⅳ类水质，恢复自然湖泊的净化能力，并维持水生态环境的长期稳定，激活水系核心动力，恢复生态活力。

2. 治理思路

根据当地自然地理现状结合水文特点，确立以“洁源、中清、下净”为治理理念，通过源头截污和过程控制，建立湖泊的自然结构与自净化功能，修复水生态系统。

治理对策以源头截污为首，使外部水体先进入湿地净化后再入湖。其次，过程控制，建立自净化系统：恢复、健全生态链，建立环湖“林灌、草、湿”系统三道防线；建立水体自净化系统：在水中建立生态链，使青山湖具备自净化能力（如图 3-4-3）；强化水质净化效果：通过微生物激活技术、人工浮岛和湖内自然湿地等措施，提升和强化湖体内的自净化能力；建立陆上保护圈：在湖岸建立林灌、草系统，削减城市面源污染，最终与水中的湿地系统最终形成生态整体三道防线。

最后，生态景观化。在建立自净化系统健全生态链的同时，城市整体形象与品位也得到提升，水体复活，人来则亲，使城市之心永富活力。

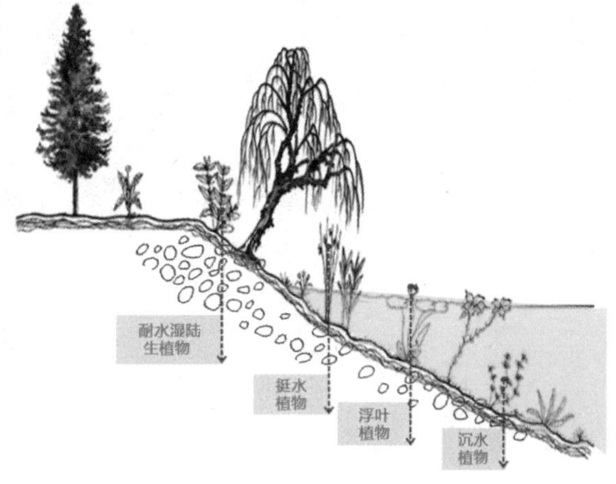

图 3-4-3 立体植被净化系统平面与剖面示意图

三、湖泊生态治理的湿地工程

青山湖水生态治理重点采取六大生态工程措施。

1. 湿地工程

湿地工程中将青山湖湿地功能布局分为四大功能区域，湖湾区、近岸浅水区、敞水区及进出水口区域（如图 3-4-4），并采用不同的措施。

（1）湖湾区域因水流流速缓慢，水动力不足，容易形成淤积。因而选取挺水植物、沉水植物和浮叶植物的配置方案（如图 3-4-5），重点解决该区易出现的水体富营养化现象（如图 3-4-6—图 3-4-9）。

（2）近岸浅水区域因采取堆土填方的措施，形成近岸浅水区。选取挺水植物和浮叶植物的植物配置方案，丰富岸边景观层次。

（3）敞水区因处于湖域的深水区，且水面较为开阔。选取生态浮床，加强中心湖区水域对水污染削减的能力。

（4）进出水口区域，因水流流速较快，会引起底质沉淀物的扰动，选取挺水植物和沉水植物的植物配置方案，加强治污效应。

2. 生态浮岛工程

浮岛设计在深水区，利用浮岛中的水生植物，吸收水体中的氮、磷等营养元素，吸附和截留藻类等悬浮物。生态浮岛水质净化系统建立在水域相对开阔及流速较缓的地带，便于污染物的有效降解。

生态浮床水体净化技术是通过把水生植物、农作物和蔬菜等种植到河湖的深水区水面架设的浮床上，使得原本只能在岸边浅水区生长的植物可以在深水区水面生长，削减富营养化水体中的氮、磷及有机物质，净化水质。同时营造良好的水上景观，亦可获得作物的高产。

3. 水动力工程

根据南昌市玉带河水系截污提升工程项目建议书要求，玉带河总渠与玉带河北支水系水质在 2015 年末将达到景观用水标准，可以直接引入青山湖作为来水补充水源（如图 3-4-10）。

首先，利用补水形成主水流，进而促使水动力的形成，结合运用潜水推流曝气在扬水曝气小范围内形成水循环达到净水目的。

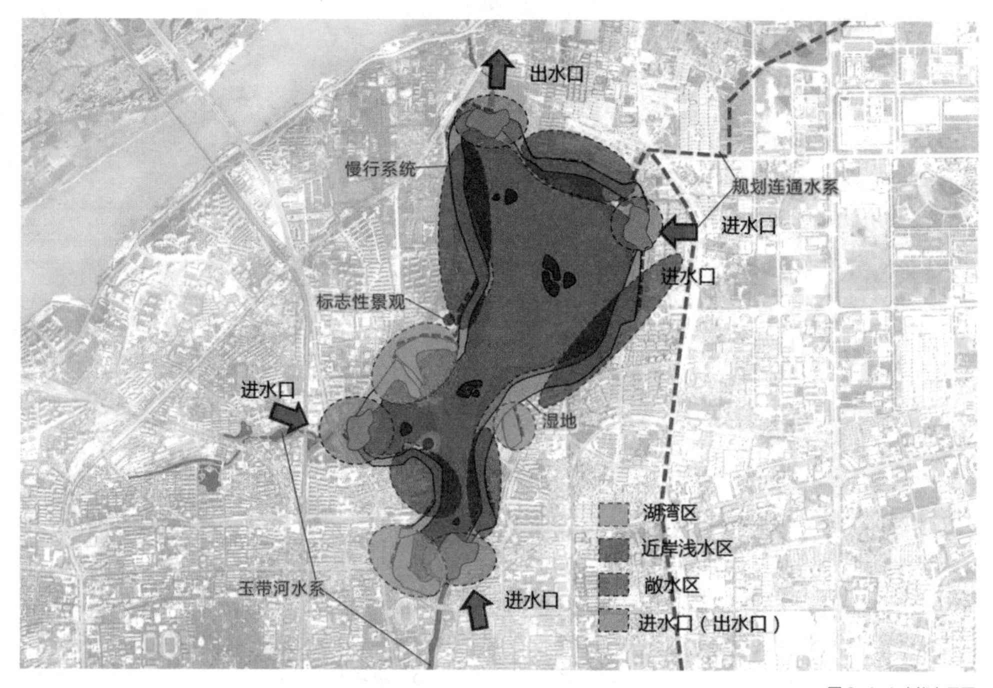

图 3-4-4 功能布局图

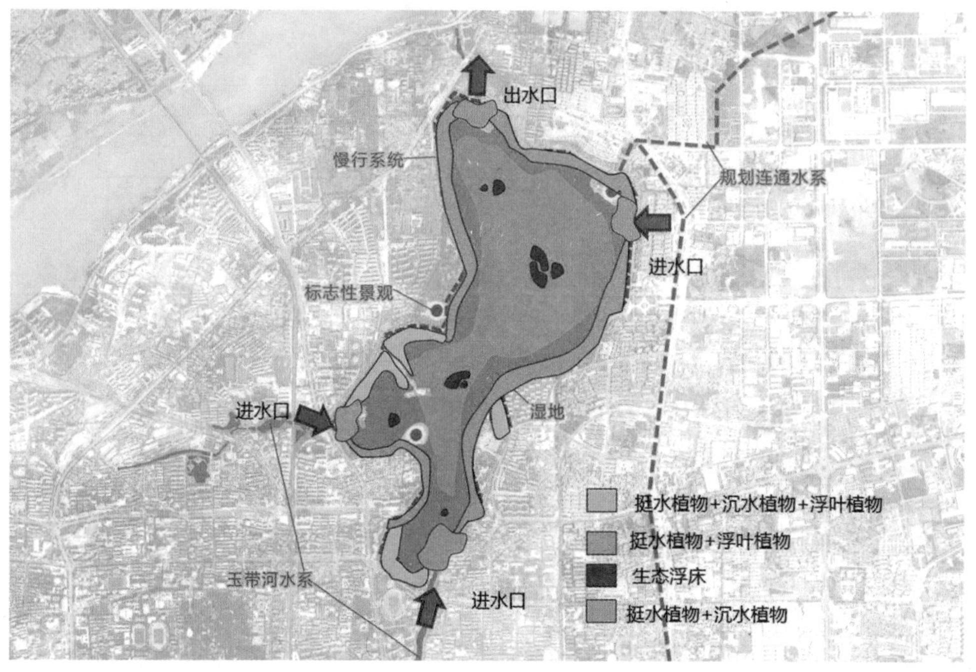

图 3-4-5 植物分布图

图 3-4-6 改造前

图 3-4-7 改造后

图 3-4-8 改造前

图 3-4-9 改造后

其次，对湖床进行水动力改造，配合湖底清淤工程一并实施，将底泥表层富含营养的物质移出湖体，达到削减内源污染的作用（如图 3-4-11）。

平底湖和浅湖富营养化污染物不能沉淀，加上水体流动性差，湖泊自净化功能弱，水体富氧化造成蓝藻易爆发。应该根据清除淤泥后的湖底高程，构建仿自然湖泊湖底形态，形成良好的水动力循环，使底部泥沙集中沉降，可采用集中定点式清淤措施，达到便利性和长期性的效果（如图 3-4-12—图 3-4-15）。

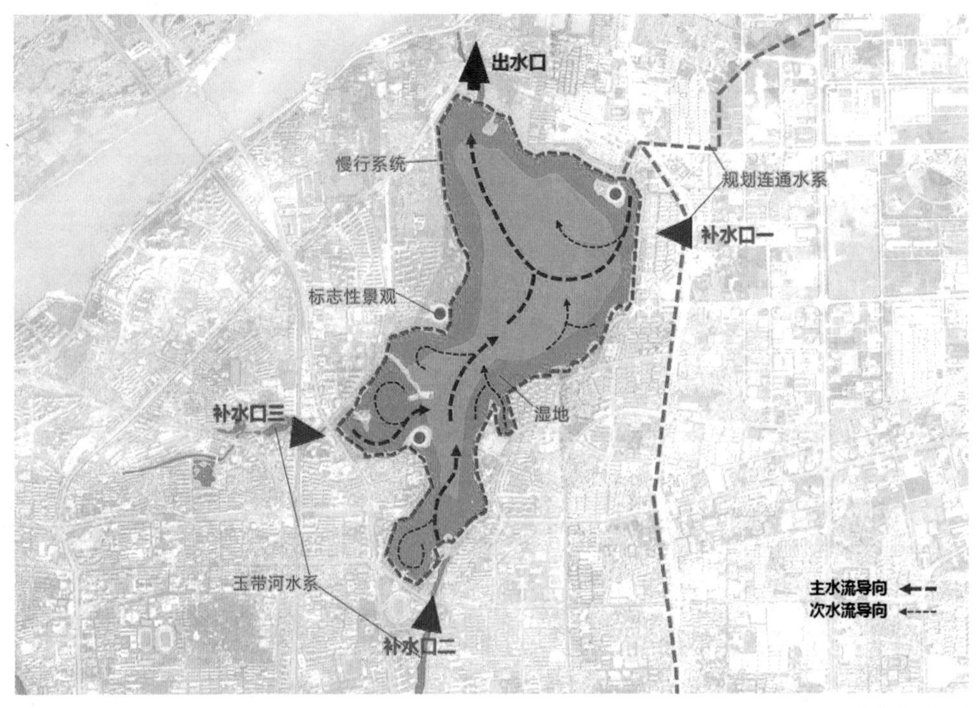

图 3-4-10 水动力导向图

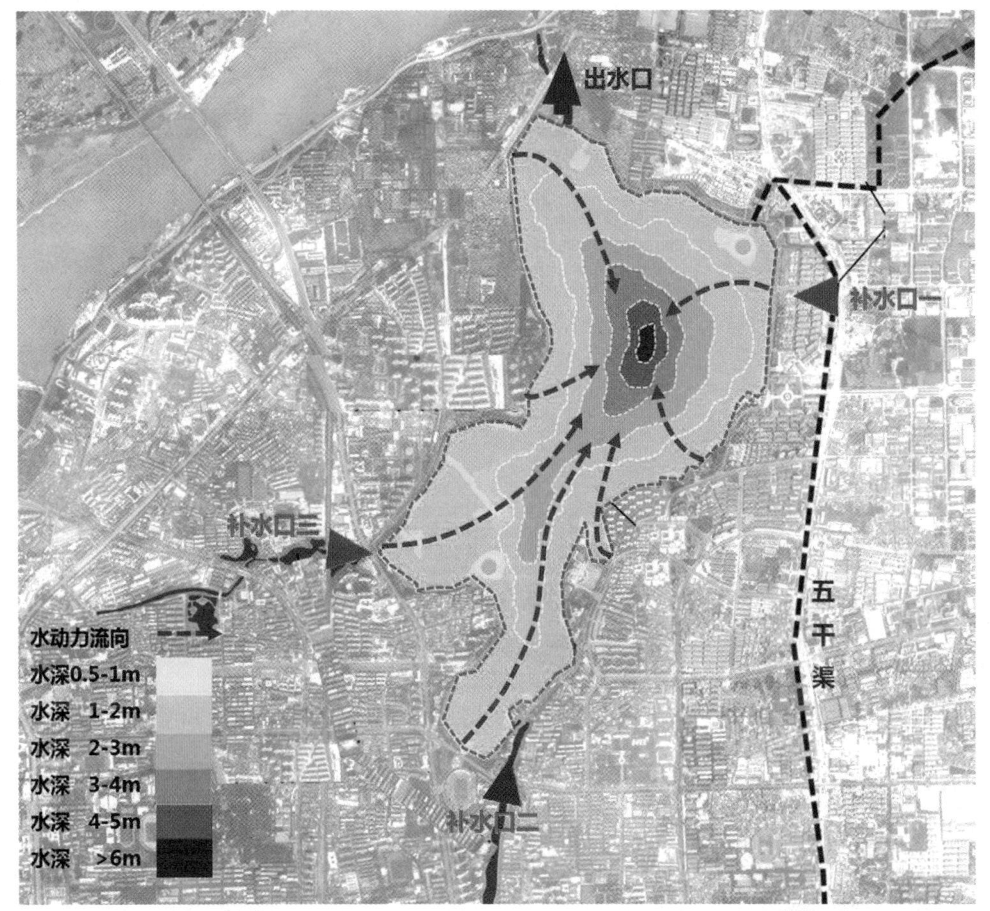

图 3-4-11 湖床水动力改造示意图

4. 水生生物生态修复工程

利用水体生态系统食物网链中的蚌、螺、滤食性浮游动物及杂食性鱼类来控制蓝藻、有机碎屑和植物的数量，营造适宜的原微生物生境，促进自净系统安全、稳定和高效运转（如图 3-4-16）。

原微生物激活素通过分泌植物促生物质，改善植物根际的营养环境，对污染物进行降解，这对于生态修复改善水质等方面具有革命性的作用。

具体做法是在整个青山湖上共设 64 个激活素箱体，以便更有效的改善水质。在三个补水口和一个出水口增加激活素箱体分布的密度，根据水动力原理有利于扩散到整个青山湖水域；由于湖北面和湖中心水质稍好，可以少放置激活素箱体；湖西面和南面是污染最严重的区域，可以增加激活素箱体的数量；设备采用电力发电或者太阳能发电的方式，第一年需要换 3 次激活素，第二年第三年减到 2 次。

结合投放适当密度的鲢、鳙等鱼，可有效降解微囊藻毒素，有效地控制藻类的过量生长，降低水体中的 COD、TP、DO 和 pH 值，达到改善水质的作用；增加河蚌和螺狮放养量，补充底栖动物资源数量，增加系统稳定性，达到水环境生态修复的目的。

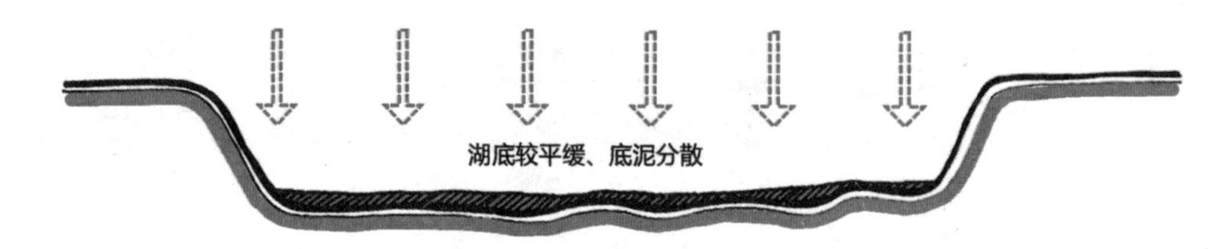

图 3-4-12 改造前横断面：大面积清淤

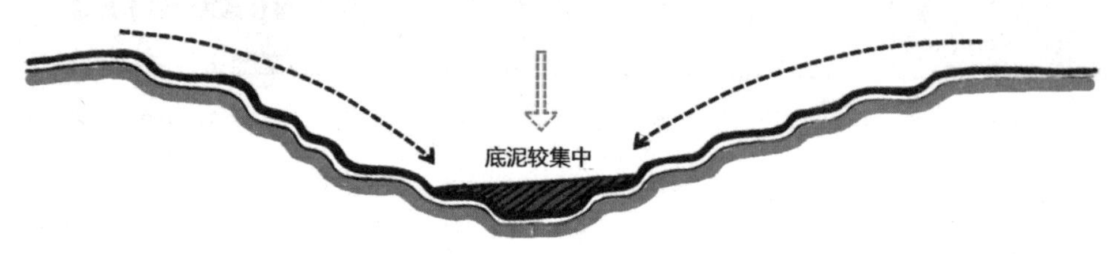

图 3-4-13 改造后横断面：集中清淤

图 3-4-14 水动力工程改造前

图 3-4-15 水动力工程改造后

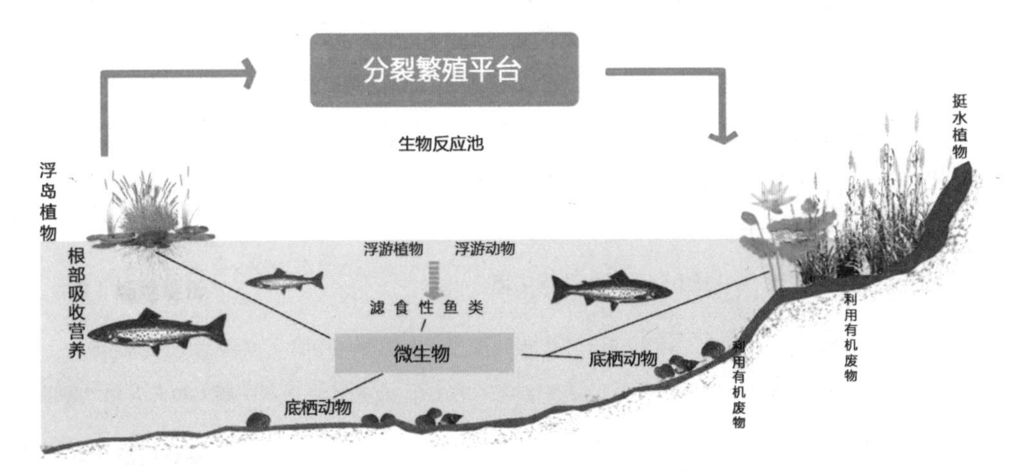

图 3-4-16 水环境生态修复系统示意图

图 3-4-17 水生生物生态修复改造前

图 3-4-18 水生生物生态修复改造后

5. 生态驳岸工程

生态驳岸工程对水陆生态系统具有良好过渡作用，充当了水体系统与陆地系统的自然界面。

针对已建有浆砌石高挡墙的湖段，采用软硬结合的生态驳岸模式，沿岸局部设计出挑架空的带状游憩空间，打造亲水平台，人们可以通过廊架进入湖泊亲水空间，使人与自然亲密接触（如图 3-4-20、如图 3-4-21）。

6. 生态保护圈工程——城市面源污染防治工程

生态保护圈，即以生态草沟削弱带营造环湖“林灌、草、湿”系统三道防线（如图 3-4-19）。

第一道防线，植被控制。利用地表植被对径流中污染物进行分离的措施，它能够将污染物在径流输运的过程中分离出来，以达到保护水体的目的。

第二道防线，湿地滞留净化系统。湿地通过沉淀、截留及生物吸附去除污染物，不仅可以去除颗粒悬浮物，还可以去除可溶性污染物等。

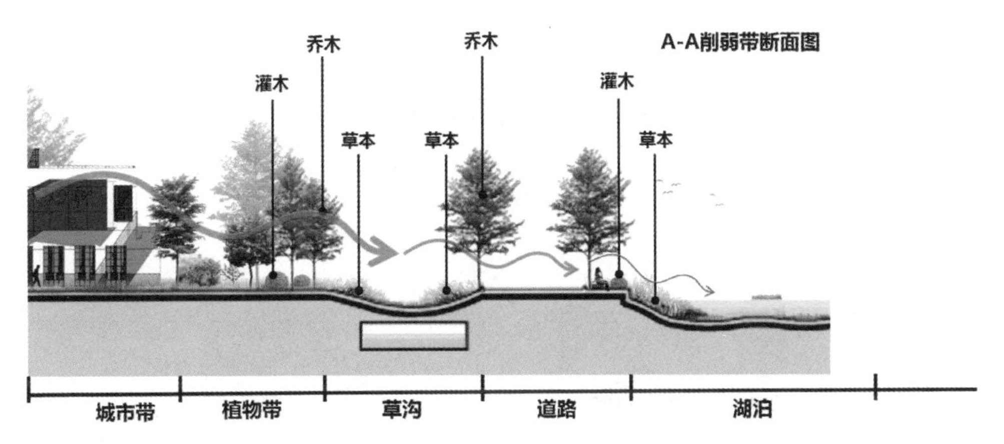

图 3-4-19 三道防线示意图

图 3-4-20 驳岸改造前

图 3-4-21 驳岸改造后

四、设计愿景

以治理南昌市青山湖为例，通过海绵城市的建设，生态综合治理措施的实施，恢复城市健康湖泊，建立水体自净化系统，唤回青山绿水，激活城市心脏，维持绿动脉搏，最终形成良好的水陆生态景观系统和重要的城市开放空间，让城市再呼吸（如图 3-4-22）。

图 3-4-22 湖滨秀色惹人眼，人居佳境显风范

第五节
绍兴城市水系设计

一、绍兴的水城与水系

绍兴水城的水与城市关系极为密切。如何处理绍兴水城建设中水与城市的关系是本次水系设计中的核心内容。我们试图从水资源、水环境和水动力三方面将水城面临的困境进行梳理和分类，并相应地提出解决策略。

因势利导，顺应水势，恢复自然的流域形态是我们解决这些问题的核心理念。从整个水系出发，着眼于整个流域而不仅仅是下游的城市，把流域作为一个有机的整体和鲜活的生命系统来打造。

一改限制水的做法，限制城市的建设范围。通过计算最大降雨量可能产生的淹没范围，在此范围之外建设城市。水边的可淹没空间加以利用，如设置步行道、广场和公共服务设施等。

我们通过分区进行水资源的保护。主要划分为：水源地保护区，进行林地保护和水土涵养；水土易流失区，进行水土保持；城市建设区，打造海绵城市，并建立三道防线（如图 3-5-2）。水资源保护的分区及措施见图 3-5-1。

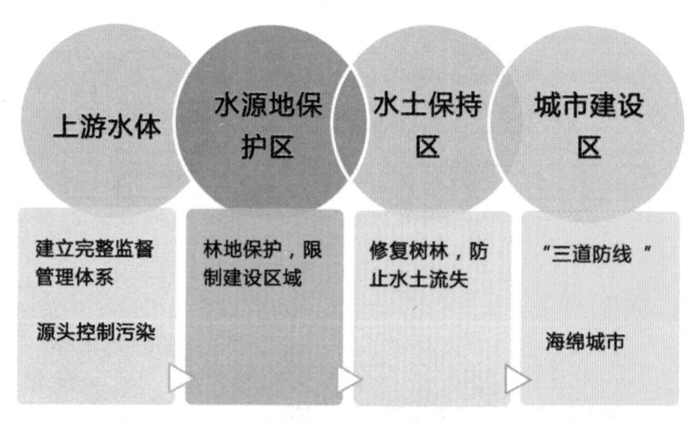

图 3-5-1 水资源保护的分区及措施

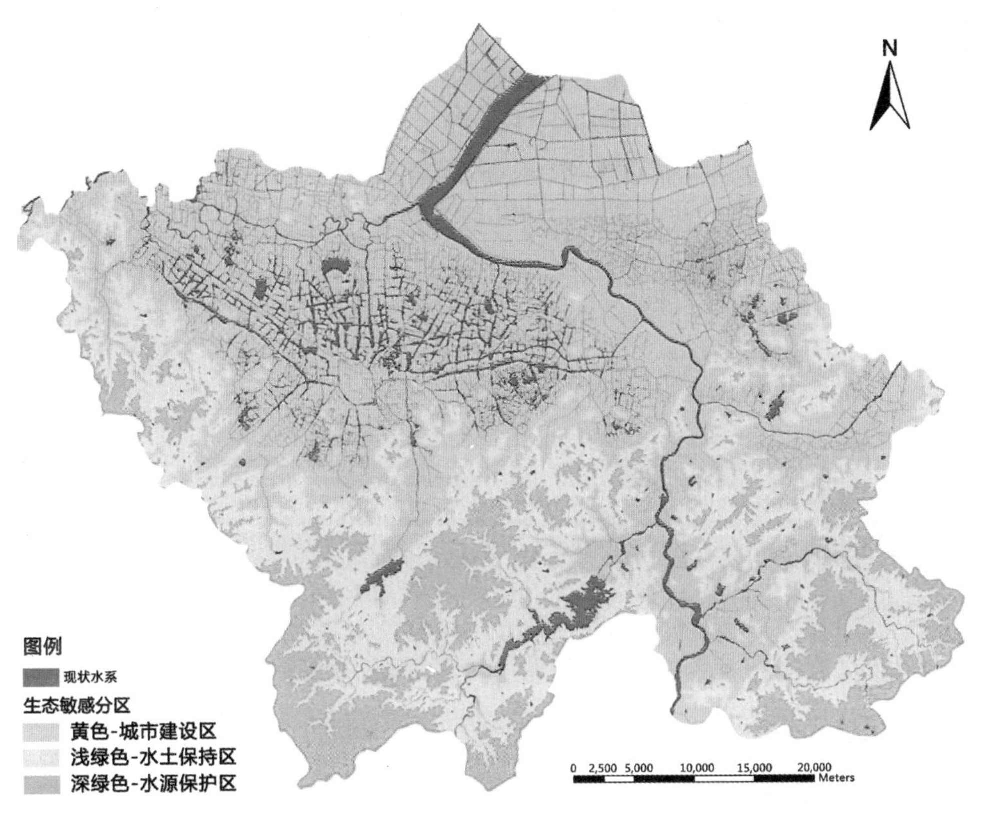

图 3-5-2 绍兴生态敏感性分区图

另外，我们通过合理的污水处理措施，减少污水排放，保护水资源。具体如下：

1. 利用分散式小型污水处理厂

它具有节省空间、节省费用、实现再生水就地回用并将污染物转化成营养物等特点。并具有如下优势：建设周期较短，可一体化设计，无需长距离输送管道；可在闲地或公共场所地下建设，占地面积较小；运行成本较低，前期投资成本和后期运行维护费用均较小；污水深度处理工艺灵活多样，可根据特定需求进行设计；最终，既补充水量又可补充氮磷等营养物，确保了回用水的使用安全并可全面反哺景观。

2. 在部分管网覆盖程度较不完善的区域，建议生活污水的配套处理设施采用分散式污水处理，减少污水排放量，实现经济合理而高效的中水回用，且中水回用可以带来一定的经济效益。

2010 年全市建成区园林绿地面积为 8628.0 hm^2（参考《绍兴市湿地保护规划》），因绍兴市水网密布，假设 50 % 绿地需要市政灌溉，按照国家 GB/T 50485−2009 微灌标准每天用水约 8463 m^3，对于 20000 m^3 规模的小型污水处理厂，约 40 % 的废水可用于绿植灌溉，按非经营性用水价格 4.5 元 /m^3 计算，每天可节约约 38 000 元。

二、绍兴的海绵城市

1. 打造海绵城市的必要性

（1）减少面源污染直排入河

面源污染主要包括：

① 热污染：提升水体温度，破坏水体内植被生物生存环境；

② 营养物氮磷：增加水体营养成分，滋生藻类浮于水面，下层水体动植物缺氧，无法生存；

③ 油污：机动车，居民日常生活油渍随地表水排入河内；

④ 泥沙：泥沙沉入河内，抬高河床，水动力变差。

（2）合理利用地表水资源。

（3）通过生态过滤渗透使废水变为地下水。

（4）提升绍兴整体景观形象，打造绿色宜居城市。

2. 海绵城市的实施策略

根据绍兴市现状，分别对古镇、城区和道路量身定制策略，实现海绵城市的打造（如图 3-5-3—图 3-5-5）。

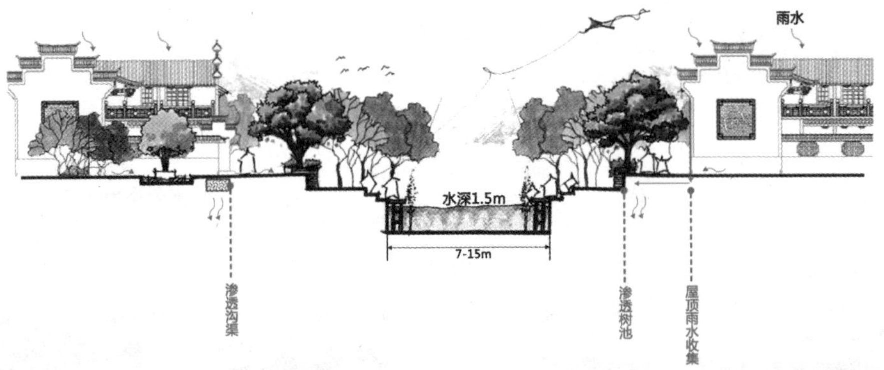

a. 古镇：空间格局小，以截污为主，软铺装渗透为辅

图 3-5-3 古镇海绵城市建设策略示意图

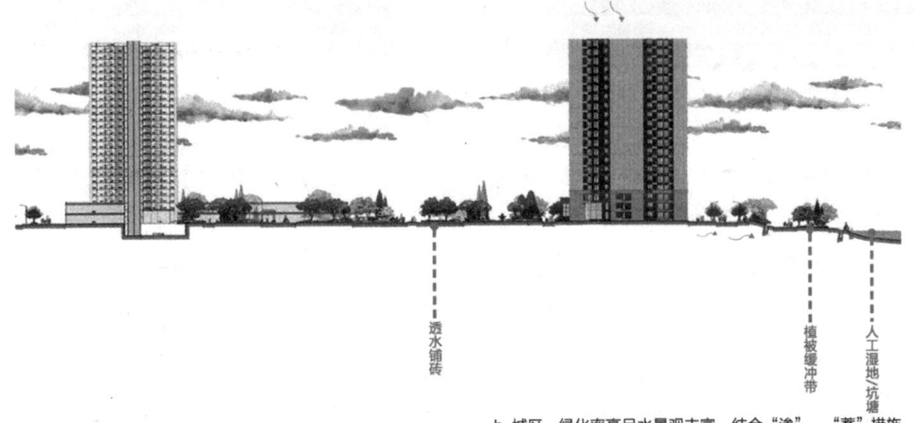

b. 城区：绿化率高且水景观丰富，结合“渗”、“蓄”措施

图 3-5-4 城区海绵城市建设策略示意图

c. 道路：面污大改造难，市政管道末端雨水预处理和植被带并行改善水质

图 3-5-5 道路海绵城市建设策略示意图

三、如何提升绍兴水系的水质?

1. 河流水质提升

根据绍兴市现状河流驳岸情况，分类实行“三道防线和六大措施”，全面控制面源污染，改善水质（表 3-5-1）。

表 3-5-1 绍兴面临的困境和解决策略

河道类型	分布	改造措施
现状硬质河道	多见于老城区	曝气、原位微生物生态修复、沉水植物和浮岛
自然河道与硬质河道结合	多见于新建城区	三道防线、河床空间改造、曝气、原位微生物生态修复、沉水植物、浮岛和湿地
现状自然河道	多见于农田和未开发区域	三道防线、河床空间改造、曝气、原位微生物生态修复、沉水植物、浮岛和湿地

图 3-5-6 三道防线示意图

三道防线包括植被带、草沟和护坡，主要作用为保证水质及防止水土流失（如图 3-5-6）。

六大措施包括：河床空间改造、富氧曝气设计（扬水曝气，跌水曝气）、原位微生物生态修复、沉水植物系统、浮岛水质净化系统和湿地植被系统。

2. 湖泊与湿地设置

通过设置湖泊、湿地、地势绿地和沿河草沟等，增加蓄水水面面积，储蓄雨水，储备水资源。

湖泊在绍兴的功能：①作为居民生活用水、工业生产用水和农业灌溉用水的水源；②储存和吸纳一定的水量，保障地区水资源平衡；③补充地下水；④调节径流，控制雨洪；⑤沉淀、吸收和转化水体污染物，净化水质；⑥缓冲水流，保护堤岸；⑦调节当地气候；⑧野生动物栖息地；⑨提供可利用的能源，如木材、药材和食物等；⑩自然观光、旅游、娱乐、教育和科研等功能。

绍兴市规划区总面积 2819.6 km^2，水面面积 393.8 km^2，现状水面面积率为 14%；绍兴需要在保留现状水面的基础上，在适当位置增加湖泊、湿地等，将水面面积率增大到 15.4 %，以应对突发暴雨，储存水资源。

根据《海绵城市建设技术指南》绍兴市海绵城市年径流总量控制率在 80 % 左右；

蓄滞 100 年一遇的暴雨 24 h 的降雨量，需增加水面面积 40.21 km^2，占规划区面积的 1.4 %，总水面面积率为 15.4 %（表 3-5-2）；

蓄滞 50 年一遇的暴雨 24 h 的降雨量，需增加水面面积 7.37 km^2，占规划区面积的 0.26 %，总水面面积率为 14.26 %（表 3-5-3）；

蓄滞 20 年一遇的暴雨 24 h 的降雨量，绍兴原有水面即可容纳（表 3-5-4）。

表 3-5-2 新增加蓄滞水面面积计算结果表（100 年一遇）

流域面积（万 m^2）	地表径流量（万 m^3）	需蓄滞雨水总量（万 m^3）	原有水面可蓄滞径流量（万 m^3）	未能蓄滞径流量（万 m^3）	需增加水面面积（万 m^2）	新增加水面面积率
281 996.44	59 278.47	47 422.78	39 380.09	8042.68	4021.34	1.4 %

表 3-5-3 新增加蓄滞水面面积计算结果表（50 年一遇）

流域面积（万 m^2）	地表径流量(万 m^3)	需蓄滞雨水总量（万 m^3）	原有水面可蓄滞径流量（万 m^3）	未能蓄滞径流量（万 m^3）	需增加水面面积（万 m^2）	新增加水面面积率
281 996.44	51 066.74	40 853.39	39 380.09	1473.29	736.65	0.26 %

表 3-5-4 新增加蓄滞水面面积计算结果表（20 年一遇）

流域面积（万 m^2）	地表径流量（万 m^3）	需蓄滞雨水总量（万 m^3）	原有水面可蓄滞径流量（万 m^3）	未能蓄滞径流量（万 m^3）	需增加水面面积（万 m^2）	新增加水面面积率
281 996.44	40 348.05	32 278.44	32 278.44	0	0	0

湖泊和湿地的布置原则：在支流与干流的入河口处、空置土地新建湖泊湿地，原有小型湖泊和湿地，进行适度改造和扩大。

湖泊和湿地的形状选择：避免建设正规形状的湖泊，尽量使湖泊岸线曲折化，延长水陆交界线。

选择如此布局与形状的优势：①缓冲水流、减少河床冲刷并起到防洪的作用；②与平滑的边缘相比，凹凸不平的边缘提供了更广泛的生境多样性，有利于丰富物种多样性；③有利于增大净化时间，提升水质，促成自净化系统的形成和完善；④增加了水陆接触面，可提升水体周边的土地价值。

3. 大运河污染治理

1）大运河污染治理策略

大运河是绍兴水系污染的重要污染源，其治理结果直接影响整个绍兴水系的水质优劣。大运河治理的核心策略：

（1）向上游省市收取一定费用进行生态补偿。

（2）利用树状水系稀释大运河的水。

（3）当劣V类水稀释成为V类水时，启动自净化系统。

其他辅助策略有：

（1）收取治污处理费，鼓励上游自行减排或物理筛滤，曝气处理，底泥定期清理，并进行水质实时监测。

（2）采取低影响开发措施（生态驳岸，物理筛滤）建设海绵城市减少面源污染。

（3）完善雨污分流工程，确保污水截流；对入河、入港船只进行污染盘查；对周围污水排放点进行截留填堵处理。

2）大运河污染治理措施

大运河水污染治理的具体生态工程措施包括构建湿地和浮岛、微生物罐等。本案例对湿地工程进行介绍。

沿大运河两岸布置一定量的湿地。运河劣V类水质通过上游湿地的微地形、水生植物、水生动物和微生物等的吸收净化，有效提升水质。同时，打造一个湿地观光和生态休闲的开放的城市游憩空间。

利用当地植被，结合芦苇、美人蕉、风车草、鸢尾和菹草等水生植物进行去污处理，此类水生植物具有极强的污染物削减功能，可对 NH_3-N、TP 和 COD 等污染物吸收净化，提高水质。

湿地工程治理水污染的优势：①防洪耐冲；②价格低，便于维护；③被破坏后，可以快速恢复；④污染削减能力强；⑤景观效果好。

通过源头控制、过程削减及末端处理的治理思路（图 3-5-7）能够实现将劣 V 类水变成三类水（表 3-5-5）。

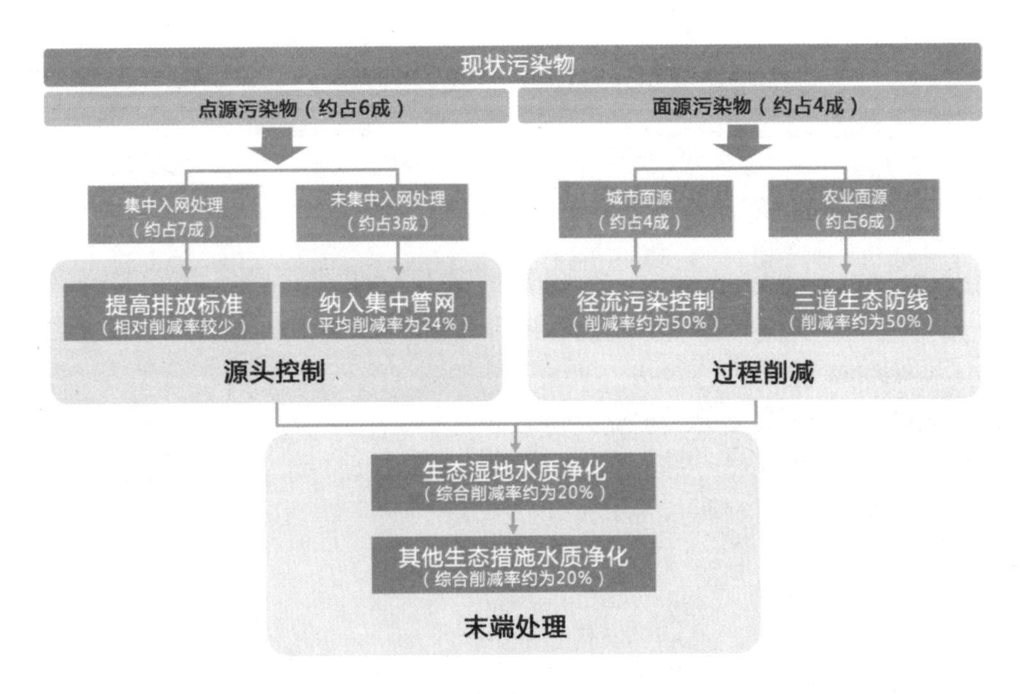

图 3-5-7 大运河水污染治理思路

表 3-5-5 水质优化估算

河流名称	现状水质类别	现状水质浓度估值（mg/L）	点源污染物的比重估值	面源污染物的比重估值	点源污染物削减率估值	面源污染物削减率估值	湿地措施污染物削减率估值	生态工程措施污染物削减率估值	综合措施削减后浓度估值（mg/L）	新水质类别
曹娥江	Ⅳ	30	65 %	35 %	24 %	50 %	20 %	15 %	14	Ⅱ
西小江	Ⅴ	40	65 %	35 %	24 %	50 %	20 %	15 %	18	Ⅲ
漓渚江	劣Ⅴ	50	65 %	35%	24 %	50 %	20 %	15 %	23	Ⅳ
娄宫江	Ⅴ	40	65 %	35 %	24 %	50 %	20 %	15 %	18	Ⅲ
坡塘江	劣Ⅴ	50	65 %	35 %	24 %	50 %	20 %	15 %	23	Ⅳ
南池江	劣Ⅴ	50	65 %	35 %	24 %	50 %	20 %	15 %	23	Ⅳ
东湖江	劣Ⅴ	50	65 %	35 %	24 %	50 %	20 %	15 %	23	Ⅳ
萧绍运河	劣Ⅴ	50	60 %	40 %	24 %	50 %	20 %	15 %	22	Ⅳ
虞甬运河	劣Ⅴ	50	60 %	40 %	24 %	50 %	20 %	15 %	22	Ⅳ
虞北河网	Ⅴ	40	65 %	35 %	24 %	50 %	20 %	15 %	18	Ⅲ

四、绍兴水动力的提升

水动力提升的主旨，即保证流域水体的连续性，河流的天然形态，自然水体的多样性及河湖水体的自然活力。

1. 树状水系

根据规划区流域汇水线，将规划区划分为 15 个汇水分区（图 3-5-8），并由此规划水系分级，恢复天然流域树状水系。强化南北向树状水系，根据汇水区进行河流分级，疏通古河道，结合现状连通水系（图 3-5-9）。规划区水系分为三级，河床深度逐级加深，增大水体流动性，增强水动力。

2. 河床疏通

泥沙淤积，抬高河床，使河道水动力减弱，水体流速变缓，泥沙淤积加剧的同时，影响水生态系统的自我净化功能，导致水质变差。因此河床清淤疏通是增大水动力的重要环节，同时还可以减少河道内源污染。河床疏通措施选择见表 3-5-6。

表 3-5-6 河床疏通措施

河流水质类别	河床疏通措施
劣Ⅴ类 ~ Ⅴ类	清淤为主，治污截污
Ⅴ类 ~ Ⅲ类 s	选择性清淤，恢复自净化系统
Ⅲ类以上	不破坏底泥，恢复自然生态系统

3. 建立分级水闸

建立水闸系统，水闸分级系统见表 3-5-7。在不同级别河道之间设置水闸；利用水闸系统，控制流速和水量，提升水动力；将水闸分级，自动控制；河道内局部蓄水、局部净化，防止污水污染其他河流（水闸布局见图 3-5-10）。

表 3-5-7 水闸分级系统

工程等级	I	II	III	IV	V
规模	大（1）型	大（2）型	中型	小（1）型	小（2）型
最大过闸流量（m^3/s）	≥ 5000	5000~1000	1000~100	100~20	< 20
防护对象的重要性	特别重要	重要	中等	一般	——

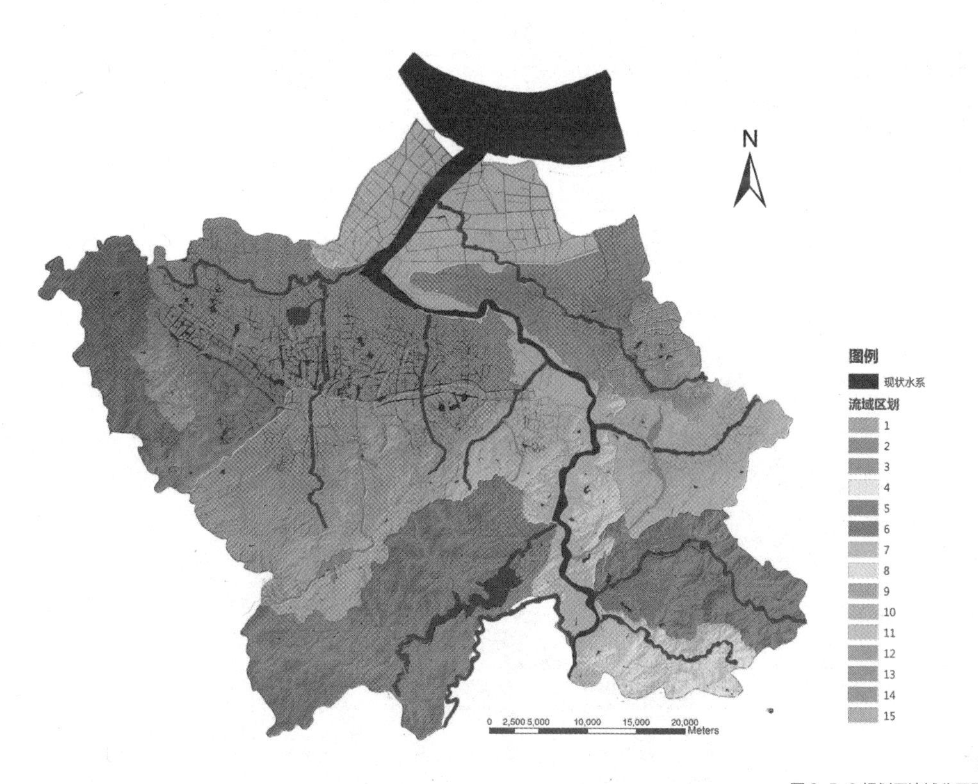

图 3-5-8 规划区流域分区图

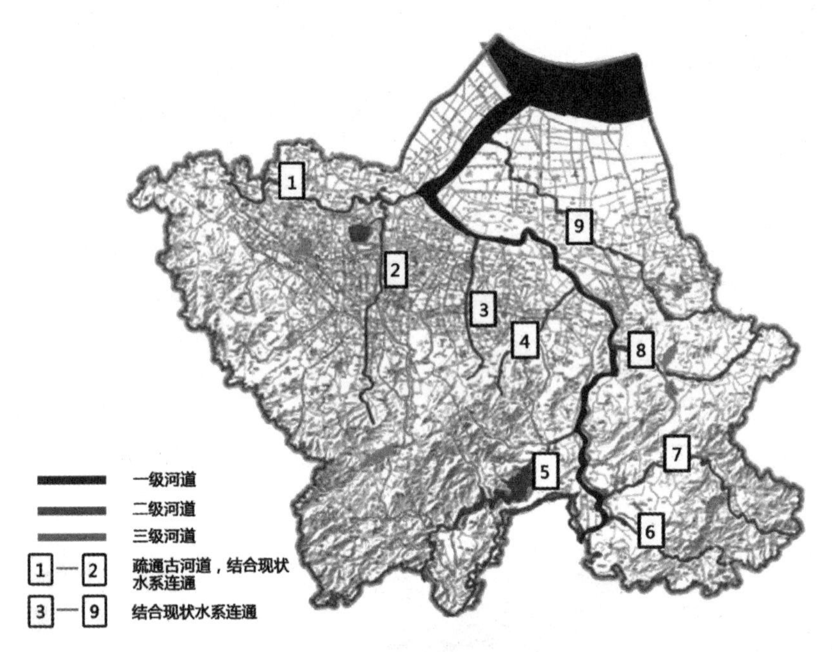

图 3-5-9 树状水系规划示意图

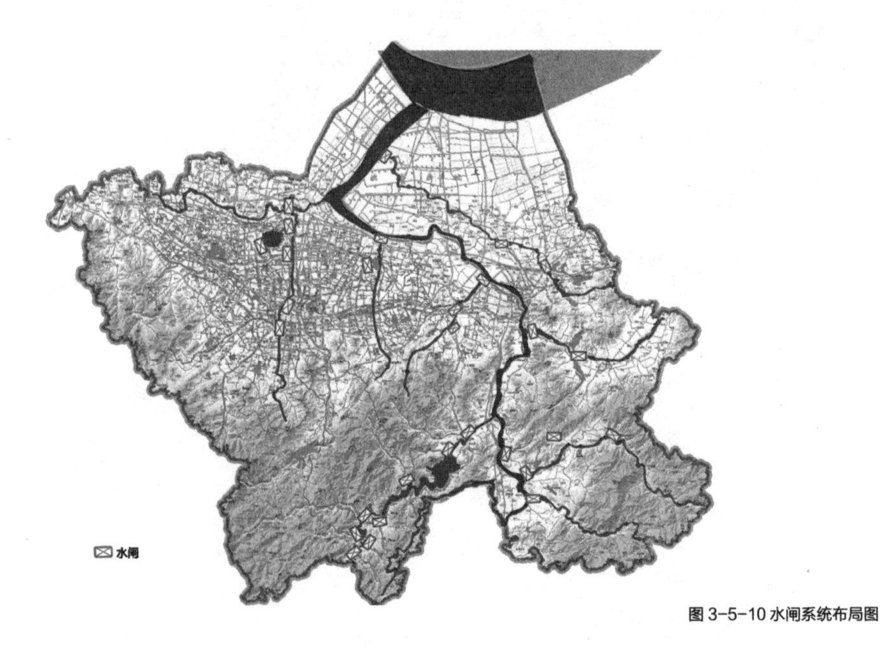

图 3-5-10 水闸系统布局图

第六节
宜兴海绵城市设计

一、宜兴与建设海绵城市

宜兴市位于太湖上游，江苏省环太湖 15 条重点入湖河流中宜兴市占 9 条，可见，在太湖流域水体污染控制与治理中，宜兴具有举足轻重的地位。因此，宜兴市实现海绵城市、建设雨水调蓄利用设施，以及控制面源污染对太湖流域水资源保护，水质改善以及安全用水具有意义重大。

宜兴市水网密布，并拥有三大湖泊，即“西氿”、“团氿”以及“东氿”。平均地表水资源量 7.16 亿 m³，地下水资源量 2.50 亿 m³，多年平均水资源总量为 9.65 亿 m³（如图 3-6-1），水资源含量丰富。2014 年底全市完成 96 % 的雨污管道分流，雨水资源得以受到重视。但是，受上游客水及本地污染源的影响，多数水质不能达到城市生活饮用水源标准，出现水质性缺水状况。同时部分地区存在因短暂强暴雨出现城市内涝的问题。因此，宜兴海绵城市建设势在必行，重点在于合理利用水资源，建立完善的雨水管理系统，从而控制面源污染，避免水污染，实现安全可持续的水环境。

图 3-6-1 宜兴市水系图

1. 建设范围

宜兴市主城区作为海绵城市建设区，总面积 51.6 km^2。包括主要城市建成区旧区、部分建成区新区和主城区全部范围及周边水体。

2. 宜兴海绵城市建设的目标

1）问题及需求分析

（1）水环境改善

重点解决面源污染问题，提升城市水环境功能，形成城市水环境改善技术体系。

（2）水资源保护

建设水质和水量安全度更高的备用水源地，推动优质源保护与调控工作。

（3）水景观打造

打造优美生态水景观系统，生态与景观并重，全面提升城市品位。

（4）水经济发展

探索发达地区中小城市系统建设海绵城市的模式和经验。

（5）水产业提升

基于海绵城市建设，实现宜兴市环保产业链的发展、升级与转型。

2）宜兴海绵城市建设的总目标

（1）年径流总量控率不低于 87 %；

（2）示范区雨水资源化利用目标为 60 %；

（3）入河污染物总量不超过开发前（以Ⅲ类水体 COD 环境质量标准计）。

3）宜兴海绵城市建设的分项目标

（1）排水防涝：径流总量控制率 87 %；内涝重现期 30 年；雨水管渠 2~5 年；防洪重现期 50 年。

（2）径流污染：雨污分流 95 %；入河污染物总量不超过开发前（以Ⅲ类水体 COD 环境质量标准计）。

（3）城市水环境：西氿主要水质指标为Ⅲ类；团氿、东氿水质指标为Ⅳ类。

（4）生态景观功能提升；生态系统修复。

3. 总体思路及策略

1）总体思路

需求导向、生态优先、因地制宜、统筹兼顾及重点突出。

2）总体策略

源头减排、排水系统改造、末端调蓄及水体修复。

3）实施方法

（1）分区控制

根据宜兴示范区自然条件、排水体制和建设情况等特征，将示范区分为五大片区，每个片区有单独控制的指标体系（图 3-6-2—3-6-4）。

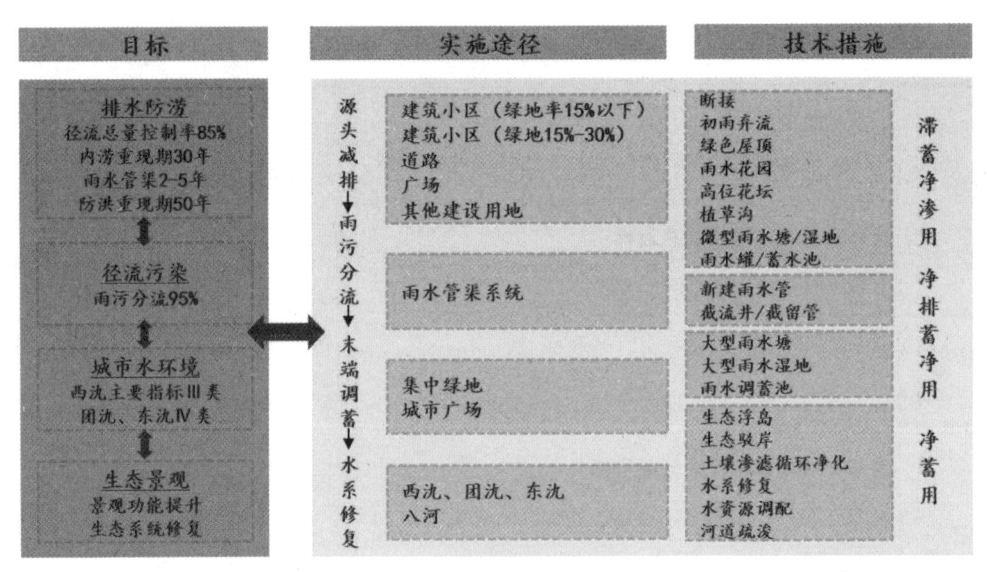

图 3-6-2 宜兴海绵城市建设的目标及策略

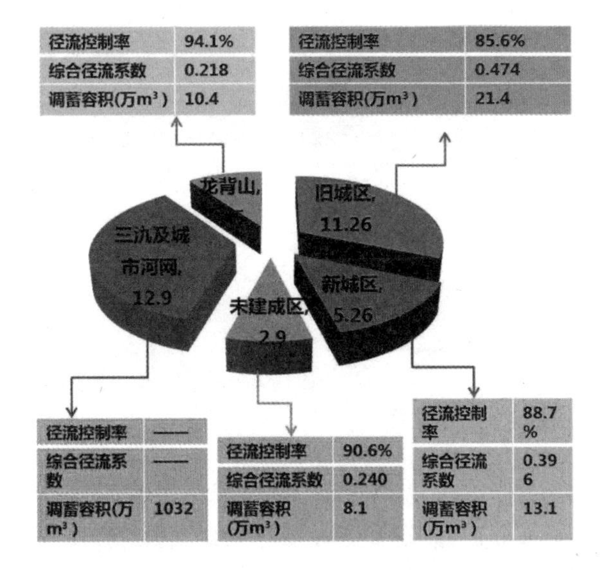

图 3-6-3 宜兴海绵城市建设的分区控制指标

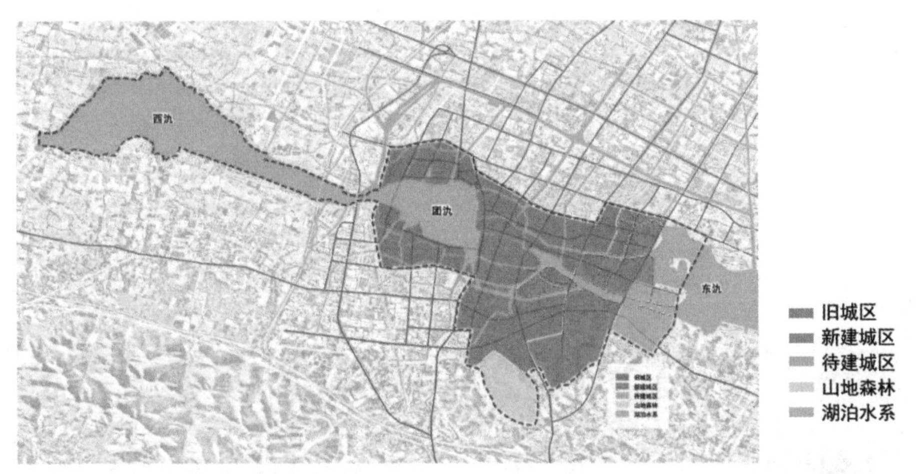

图 3-6-4 宜兴海绵城市建设分区图

梳理低影响开发技术措施，不同单位地块，根据实际情况选取实用、适合的措施技术。

按功能将海绵城市建设的措施分为渗透、储存、调节、转输和截污净化等几类（表 3-6-1）。实践中结合不同区域水文地质、水资源等特点及技术经济分析，按照因地制宜和经济高效的原则选择低影响开发技术及其组合系统。

表 3-6-1 不同功能的海绵城市建设措施

技术名称	渗透技术	储存技术	转输技术	调节技术	截污技术
措施	下沉绿地 屋顶花园	雨水湿地 透水砖铺装 蓄水池	植草沟 湿式植草沟 旱溪	雨水罐 雨水塘 调节池	植被缓冲带 渗透沟渠 初期雨水预处理

通过建设低影响开发设施，建议采用透水铺装、下沉式绿地、绿色屋顶和调蓄塘（如图 3-6-5）实现径流量控制，实现雨水“渗”、“滞”和“蓄”的功能。经过实地考察以及测算，透水铺装率不宜小于 40 %，下沉式绿地比例不低于 20 %，调蓄水面面积率达 16 %，绿色屋顶最终达到 8 %。

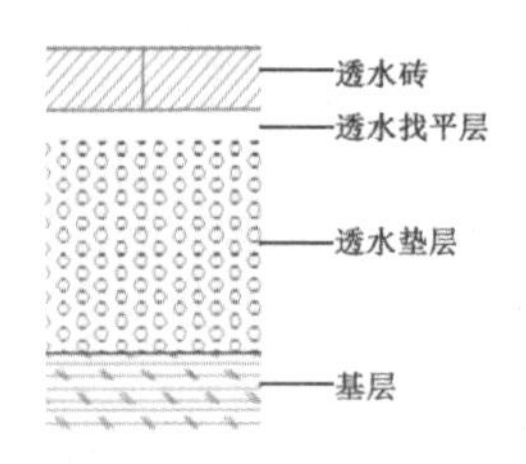

透水铺装

下沉式绿地

绿色屋顶

调蓄塘

图 3-6-5 海绵城市建设设施示意图

二、宜兴海绵城市建设的具体措施

针对不同地块类型以及特点，本项目对典型的地块进行了海绵城市具体设计，包括住宅小区、公共建筑、道路和绿地与广场等。

1. 住宅小区

住宅小区建议通过“渗”、“蓄”及“排”为主要方式进行雨水管理，缓解水质性缺水问题。设计利用地形地势，修建植草沟，透水铺装与雨水花园，疏导径流，增加下渗面积与径流时间。住宅小区因修建年代，密度与绿化面积不同，所以具体措施有差别（如图 3-6-6）。

新建小区通过绿化带，将路面沉积的泥沙，以及积水附着的营养物质等面流污染进行初期物理过滤，汇入河中。新建小区屋顶雨水管建议断接，不直接连接雨水市政管道。合理利用屋顶雨水对小区内绿化带进行浇灌。旧小区雨水管道入口多被当作污水入口，致使雨水管道物理垃圾多，且无法回收雨水进行循环利用。建议采用雨水收集罐，统一收集雨水并集中利用，多余水量通过小区绿化带进行积蓄下渗。

以某小区为例，小区建成时间 2010 年，住宅楼间建有绿化带，楼顶的雨水管道断接，直接流入绿化带内，小区游乐设施区域内做透水铺装。因为小区临河而建，面流污染易流入河道内，所以在雨水管道末端添加雨水预处理装置（如图 3-6-7），物理过滤生活垃圾，油污等污染。

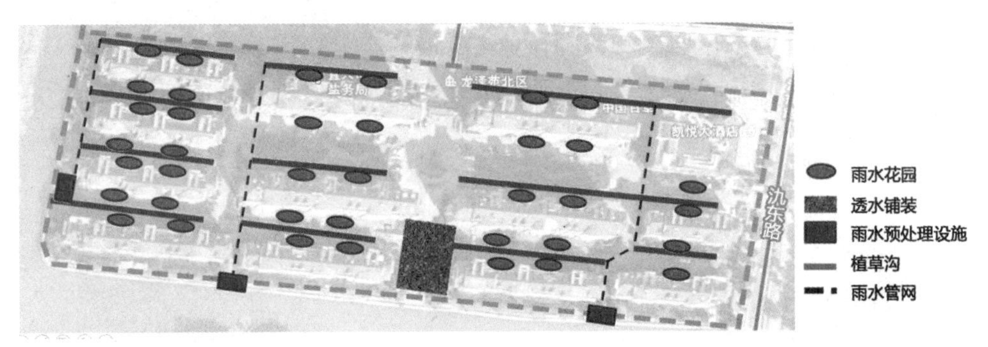

图 3-6-6 宜兴某小区海绵城市建设措施布局图

2. 公共建筑

公共建筑市政管理方面建议在公共建设区域建设绿色屋顶，滞留雨水并调节大楼温度，节约能源。公共建筑开放的绿地区域建议改造为雨水花园，通过下凹绿地（如图 3-6-8），将雨水汇集、渗透及储存加以利用。

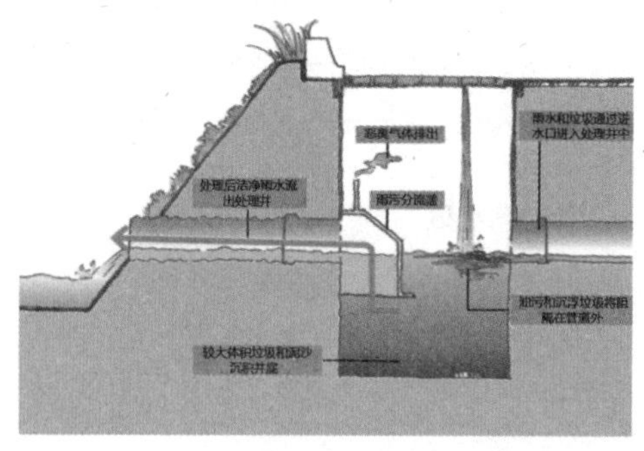

图 3-6-7 雨水预处理装置

3. 道路

宜兴市道路现状为雨水进口偏少，周边绿植高于路面，路面雨水汇水无法进入周边绿植导致雨水无法合理利用。旧路周边的建筑退线有限，雨水管理单一，建议对周边的树木基底进行改造，做渗水树池，人行道部分改装成透水铺装，减少面流总径流。对于周围带状或片状绿化的道路，绿化带可改建为下沉式绿地或者生物滞留池（如图 3-6-9），将路面雨水收集，引导汇集，增强下渗。

图 3-6-8 植草沟示意图

4. 绿地广场

宜兴市绿地广场普遍硬化面积较大，具有较大的雨水径流系数，地面排水未经处理，直排入湖，广场内绿地土壤透水率较低，净水效果不明显，局部部分地段坡度较大，表土易被冲刷。

绿地内可以选择设计各种设施类型，如雨水花园、下沉式绿地和调蓄塘等。

图 3-6-9 道路两侧生物滞留池示意图

5. 城市河湖水体

全流域水生态健康安全保障建设主要通过构建上蓄—中清—下净的城市三氿和水网系统（如图 3-6-10），保障宜兴和太湖水质。

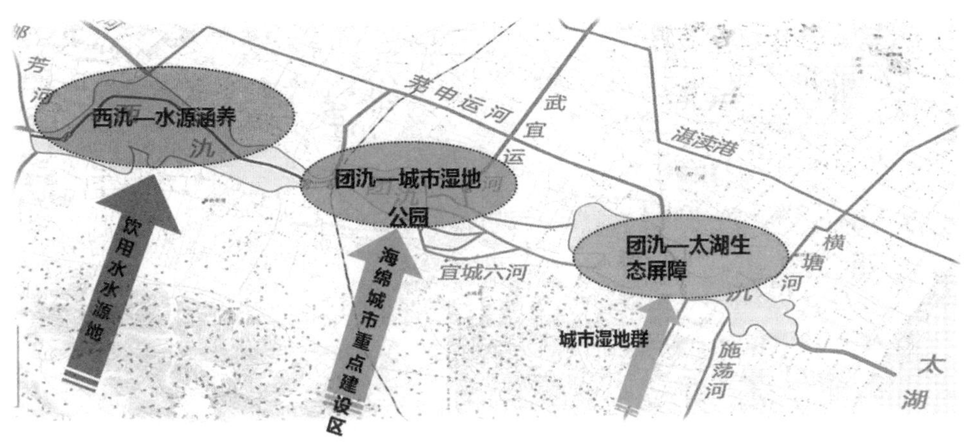

图 3-6-10 宜兴构建“上蓄 - 中清 - 下净”水管理体系

1）上蓄

上游建设西氿水源地生态保护工程构建水源地保护区森林湿地圈，增加动植物多样性，恢复水源地自然生态系统；减少人类活动，最大限度减少点和面源污染，提升水源涵养能力；完善西氿生态护岸和护坡，防止水土流失，减少雨污冲刷入河；西氿中筑生态堤坝，将运河与湿地隔开，防止航运带来的水体污染。

2）中清

中游城市进行海绵城市建设及水污染治理工程。全面提升现有雨洪管理设施，对城市进行低影响开发建设及现状改造；城市内河实行全面截污，杜绝污染物直接入河，提高城市污水处理率；改造部分城市河道驳岸，积极打造生态护坡和生态护岸；增大公共绿地建设，打造城市景观生态廊道。

城市水系设计应根据其功能定位、水体现状、岸线利用现状及滨水区现状等，进行合理保护、利用和改造，在满足雨洪行泄等功能条件下，实现相关规划提出的低影响开发控制目标及指标要求，并与城市雨水管渠系统和超标雨水径流排放系统有效衔接。

例如：可将空置土地打造为湿地公园，营造河岸“林灌、草、湿”系统三道防护，起到降低径流速度，过滤沉积物，避免侵蚀河道的作用。湿地公园的打造也将改善城市景观，提升城市品位。

3）下净

中下游建设东氿和团氿城市湿地。将团氿及东氿规划为城市湿地，作为进入太湖的一道生态过滤防线；调整水系空间格局，增大亲水区域，全面提升城市水景观；实施水质提升工程，水动力循环工程，水生物保育工程；挖掘城市湿地功能，提升游憩、文化和科普水平。

三、海绵城市设施的后期维护及规划总结

1. 后期维护措施

1）预防地表塌陷

做渗透设施前，必须进行地质勘测，如果在渗透设施底层 3 m 内出现碳酸盐基岩（如花岗岩），则此地区不能铺设渗透设施。设施包括：透水铺装、渗水沟、雨水花园和渗水 / 蓄水池等。

2）定期维护设施

低影响开发设施需定期维护，确保渗水蓄水功能正常。具体维护频次参考海绵城市建设技术指南。

3）加强民众意识

确保居民明确低影响开发设施的深远意义，自觉维护设施。

2. 建设中的思考

（1）低影响开发在考虑地上雨水量平衡的同时也要考虑其经济成本与效益，居民是否能够自我意识到低影响开发设施的好处，从而自觉保护起来。

例如：已建成小区内停车场适宜建设透水铺装减少径流总量，但是关乎居民日常停车，施工进行周期长，可能需要夜间作业，影响居民休息，且铺装维修清洁也非常困难。

（2）设施的建设需考虑其可行性适应性。

如三四级道路交通流量小适宜建设下沉式绿地收集地面积水，反之应建设地下雨水管线集中收集排入人工湖泊集中沉淀处理。

（3）海绵城市的概念在于“蓄”“渗”，宜兴地表水位高，而宜兴突出问题是水质，地面水直接渗入地下水，过滤过程时间短，成效低，容易污染地下水，引入地表水预处理设施。

第七节
东莞石马河流域海绵城市设计

一、项目背景

石马河，珠江水系东江下游的左岸支流，位于东莞市东部。源于广东省深圳市宝安区龙华镇大脑壳山，北流经龙华、观澜进入东莞市塘厦、樟木头，于企石镇建塘注入东江。长 88 km，流域面积 1249 km^2。6 条主要支流包括雁田水、虾公岩水、契爷石水、清溪水（包括铁失岭河）、官仓水和谢岗涌（包括虾角水）（图 3-7-1）。

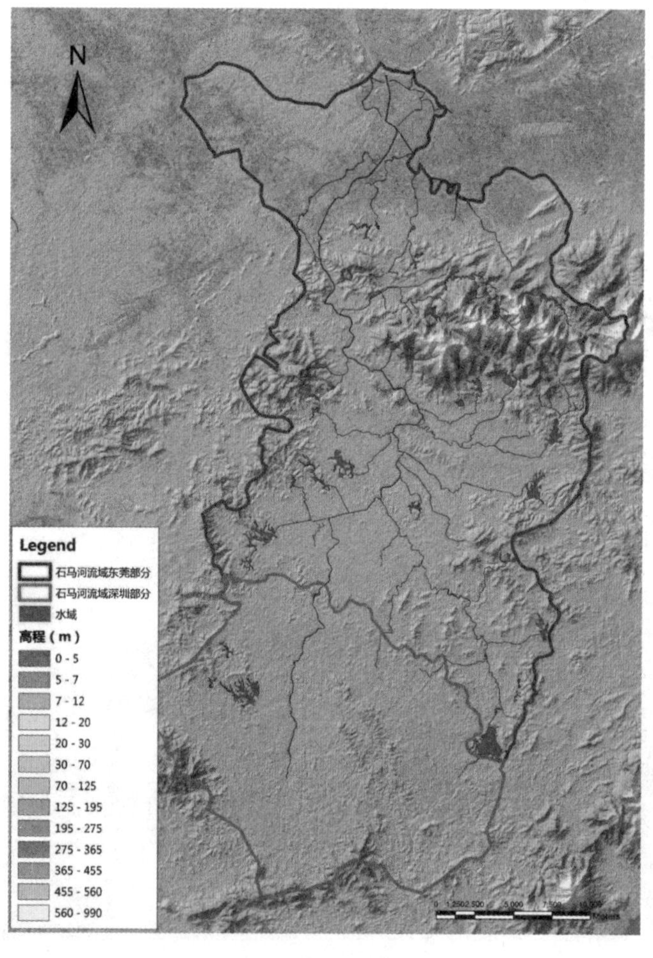

图 3-7-1 石马河流域

石马河东莞段共流经7个市镇，在总规中这7个市镇分别属于两个组团，是未来东莞城市重点发展的两个重点城镇组团。其中东北组团为产业融合发展示范区，包括常平、谢岗和桥头；东南组团对接深圳现代产业发展集聚区，包括塘厦、清溪、凤岗和樟木头。良好的经济基础为石马河生态治理提供经济支撑，石马河的成功治理也必将助理周边乡镇的经济发展。

二、石马河流域存在的问题

1. 水安全问题

1）石马河流域洪涝灾害频繁，造成的经济损失严重

流域内洪水与暴雨出现时间基本一致，洪涝造成的经济损失严重，其中，2006年和2008年的损失较大，据不完全统计2006年直接经济损失达11.12亿元，2008年6月洪水造成直接经济损失为15.39亿元（如图3-7-2）。

现状涝区主要集中于流域中下游的桥头镇、常平镇和谢岗镇等16个位置，涝区总面积73.11 km²，约占流域总面积的6%，承泄区分别为石马河和谢岗涌（如图3-7-3）。

图3-7-2 2008年6月13日石马河流域洪涝灾害图

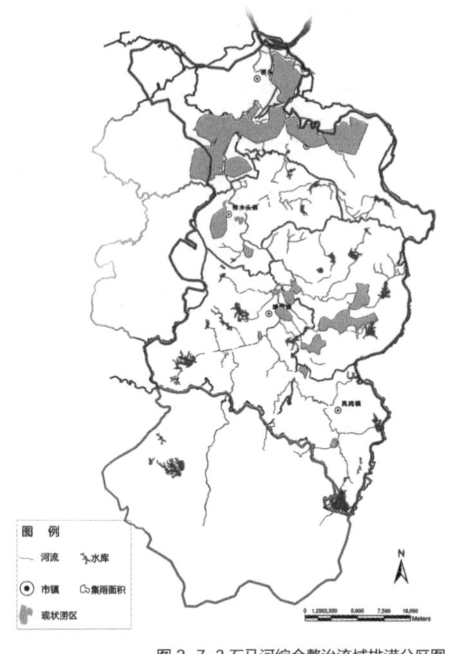

图 3-7-3 石马河综合整治流域排涝分区图

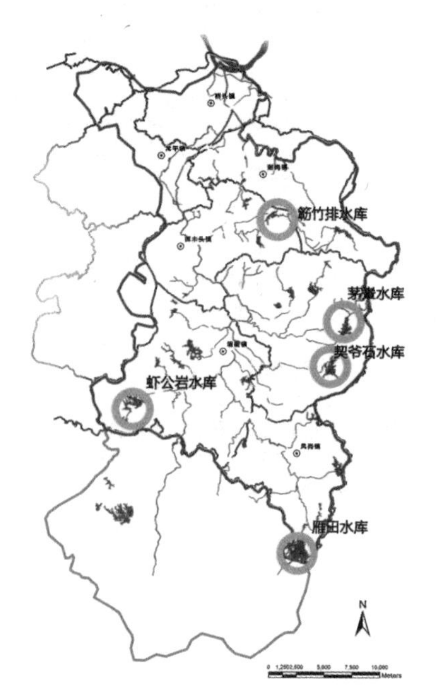

图 3-7-4 流域内主要水库位置图

造成流域内洪涝灾区多的成因主要为水面率低、行洪通道受阻和下游东江顶托。

2）流域内水库和河流的洪涝调蓄能力低

流域内共建有中型水库 4 座，控制集雨面积 77.9 km²，总库容达 4958 万 m³，调洪库容为 1726 万 m³，另外还建有 16 座小型水库，总集雨面积 64.82 km²，总库容达 5032 万 m³，调洪库容为 2064 万 m³。流域内水库的总调洪库容为 3790 万 m³（如图 3-7-4）。

石马河流域面积为 674 km²（东莞境内），其中水面面积只有 21 km²（表 3-7-1），水面面积率仅为 3.86 %。

流域内河流面积为 11.3 km²，河道平均深度为 5 m，则河流与水库可调蓄径流总量为 0.94 亿 m³。石马河流域 50 年一遇设计暴雨量为 287 mm，流域总集水量为 1.93 亿 m³。理想状况 30 % 进入市政管网，70 % 雨洪进入水域中，为 1.35 亿 m³。河流与水库可调蓄水量为流域总集水量的 69.6 %。剩余 0.41 亿 m³ 的雨量则成为洪涝灾害。

表 3-7-1 石马河流域不同类型的下垫面面积统计

下垫面分类	面积（km^2）
建筑	256.5
绿地	133.8
山区	244
水面（河流）	11.3
水面（水库）	9.7
石马河总流域	674

2. 水环境问题

1）点源污染分析

河道两岸残存多处直排口，偷排漏排现象仍然存在；污水处理厂数量多及排污总量大，成为最大的城市点源污染。该区域现状共有 11 个污水处理厂，若干个小型污水处理站，现状污水排放量约 48.5 万 t/ 天，相关资料显示现状处理能力不能满足未来排放量，污水处理压力较大。

2）面源污染分析

部分堤岸为硬质型堤岸，无污染物拦截防护力；部分河段堤岸遭到破坏，土壤裸露，易造成水土流失；部分河段存在农业种植和散养，易造成农业面源污染；部分河段岸边垃圾堆放，易随降雨径流进入水体。

3. 水景观现状分析

整体景观形式单一，利用率低；缺乏亲水娱乐空间节点；河流沿线基础服务设施较差，缺乏完整的滨水道路以及服务设施；植被景观效果较差，且品种单一，缺乏层次性，部分河岸土壤裸露；水质较差影响滨水宜居环境。

三、石马河流域海绵城市建设的目标与定位

1. 流域发展目标

通过流域修复和海绵城市建设，实现六十六公里水岸的复兴，打造城河一体的美丽景观，重振“东莞七镇”的母亲河，打造水清岸美山绿的生态新城（如图 3-7-5）。

图 3-7-5 流域治理形象目标示意图

2. 海绵城市建设目标

1）总体目标

建立由蓝网和绿网交织形成的完整海绵体系

蓝网（水系）和绿网（绿地）是海绵城市的两大构成元素。蓝网包括流域内的河流、湖泊、水库和湿地，绿网包括山区林地、农田、城市公园、绿化廊道以及绿色建筑（见图 3-7-6）。打造海绵城市，就是要梳理和构建流域内的蓝网和绿网，增大水面面积率，增加绿地覆盖面积。

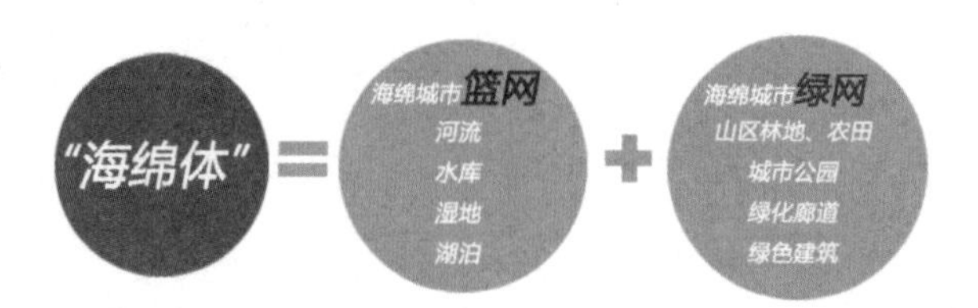

图 3-7-6 海绵城市细胞元素

2）分项目标

（1）水生态治理目标：雨洪资源化利用，建设绿色安全流域，保障雨洪全域统筹调蓄，保障行洪安全，解决城镇内涝问题；

（2）建立起河流的自净化系统，建设清洁和健康的生态河流，连通东江饮用源地，入江水质应达到 III 类水；

（3）打造靓丽景观带，提升城市形象，实现东莞城市的绿色转型；

（4）通过打造河滨景观，促进生态旅游业的发展。

四、石马河流域海绵城市开发的具体措施

1. 海绵城市建设策略

一方面保护现状河流、水库、山区林地和农田等原有生态海绵体；另一方面增加和完善由湖泊、湿地、公园、水网及绿化廊道等构成的海绵体系，实现“引水入城”及“引绿入城”。

按照因地制宜和经济高效的原则，选择低影响开发技术及其组合系统。各项低影响开发设施的控制指标见表 3-7-2。

表 3–7–2 海绵城市指标构建标准

控制指标	一般建设用地	市政道路	公共用地
下沉式绿地率	≥ 60 %	≥ 80 %	≥ 80 %
绿色屋顶率	20 %~50 %	—	20 %~30 %
透水铺装率	20 %~30 %	≥ 0 %~3	≥ 40 %
雨水调节湿地（包含雨水花园、调节塘和雨水湿地）	≥ 20 %	—	≥ 50 %
道路植草沟率	≥ 50 %	≥ 80 %	≥ 70 %

通过减小建筑密度，提高建筑容积率，将现状低矮的楼房改建为一定高度的建筑，集约出更多的空间来增加海绵细胞体，让城市居民享有更多的绿地空间和滨水景观；改造后城市绿地空间将增加 30 % 以上，城市面源污染净化提高 60 %，雨洪滞留消纳能力提高 70 %，枯水期地下水回补能力增加 30 %。

2. 具体措施

1）增加绿网

石马河流域的现状绿网主要为山区绿地，以及少量的农田。绿网面积为 133.8 km^2，绿地面积率仅为 19.9 %(如图 3-7-7)。

海绵城市建设将传统开发的硬化地面进行改造或重置，增加了城市公园、公共绿地、道路绿化廊道以及绿色建筑，极大地丰富了流域内的绿网体系（图 3-7-8）；规划到 2020 年，增加绿网面积 70 km^2，绿地面积率达到 30 %。城市面源污染净化提高 60 %；规划到 2030 年，增加绿网面积 170 km^2，绿地面积率达到 45 %。城市面源污染净化提高 70 %(如图 3-7-8)。

2）增加蓝网

石马河流域的现状蓝网包括各条干流、支流以及大小水库。水面面积为 21 km^2，水面面积率仅为 3.86 %(如图 3-7-9)。

海绵城市建设增加了湖泊和湿地，丰富了流域蓝网水系，增加的水面面积为 44.4 km^2(见图 3-7-10），则流域水面面积达到 65.4 km^2，水面面积率提高到 9.7 %；若蓝网和绿网的平均蓄水深度为 1.2 m，则可蓄滞地表径流量为 0.26 亿 m^3，将形成流域洪涝灾害的地表径流量（0.41 亿 m^3）削减 63.4 %，同时，提高水面面积率，可以增加城市滨水空间，改善人居环境，提升城市魅力和土地价值。

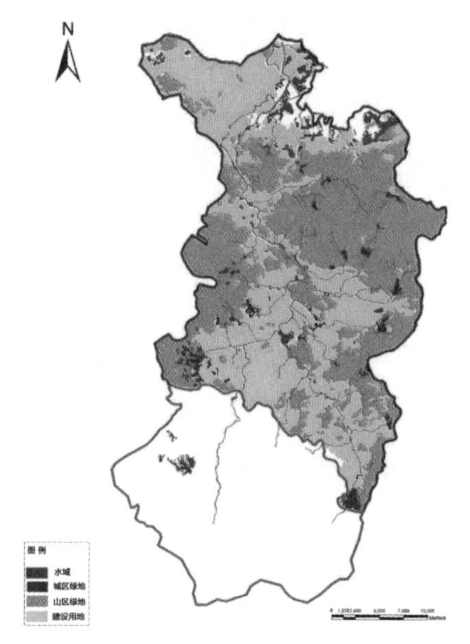

图 3-7-7 石马河流域现状绿地图

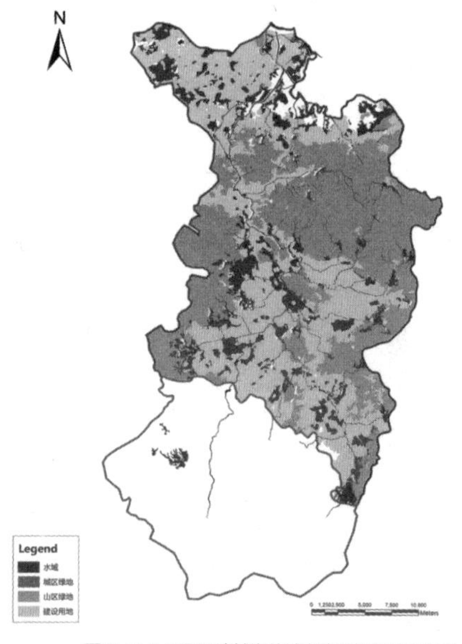

图 3-7-8 石马河流域海绵城市建设规划后绿地图

图 3-7-9 石马河流域现状蓝网图

3）解决面源污染

通过林灌、草沟和滨水湿地三道防线，层层过滤，将地表污染物沉淀、吸收和净化，全流域范围内 3/4 以上河段需完善三道防线（图 3-7-11），改造面积约 810 hm^2。

4）解决点源污染

（1）增加污水厂排水口湿地净化

打造坑塘带和挺水植物带的交替格局（图 3-7-12、图 3-7-13），使尾水得到反复的沉淀和吸收净化，提高水质净化的效率。流域范围内规划增加自然湿地 11 处，总面积约为 650 hm^2，极大地提升了水环境质量（表 3-7-3）及城市绿化。

图 3-7-10 石马河流域海绵城市规划蓝网图

图 3-7-11 石马河流域河道三道防线规划图

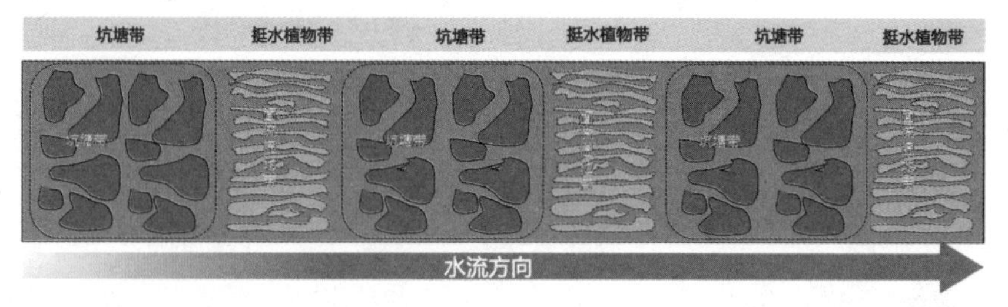

图 3-7-12 坑塘湿地格局示意图

图 3-7-13 坑塘湿地示意图

表 3-7-3 纳污湿地面积统计表

序号	污水集中处理工程	现状规模（万吨 / 天）	现状水质	目标水质	配置湿地面积（m^2）
1	凤岗雁田污水处理厂	4	一级 A	地表水Ⅲ～Ⅳ类	266 667
2	凤岗虾公潭污水处理厂	5	一级 B	地表水Ⅲ～Ⅳ类	666 667
3	凤岗竹塘污水处理厂	2	一级 B	地表水Ⅲ～Ⅳ类	266 667
4	塘厦石桥头污水处理厂	4	一级 B	地表水Ⅲ～Ⅳ类	533 333
5	塘厦白泥湖污水处理厂	1.5	一级 B	地表水Ⅲ～Ⅳ类	200 000
6	塘厦林村水质净化厂	12	一级 B	地表水Ⅲ～Ⅳ类	1 600 000
7	清溪污水处理厂	2	一级 B	地表水Ⅲ～Ⅳ类	266 667
8	清溪长山头污水处理厂	5	一级 B	地表水Ⅲ～Ⅳ类	666 667
9	樟木头污水处理厂	6	一级 B	地表水Ⅲ～Ⅳ类	800 000
10	谢岗污水处理厂	3	一级 B	地表水Ⅲ～Ⅳ类	400 000
11	桥头污水处理厂	4	一级 B	地表水Ⅲ～Ⅳ类	533 333
	合计	48.5			6 500 000

（2）增加分散式污水处理设施

增加 72 个规模为 0.5 万 t/ 天的分散式污水处理设施，实现生活污水就地就近收集处理，再次利用。

目前，七个镇每天生活污水按照供给用水的 85 % 来计算，每天共产生 36 t 左右污水，可通过建立 72 个 0.5 万 t/ 天的分散型处理厂满足处理需求，缓解集中处理带来的集中污染物排放量大、净化湿地面积紧张及管网过河铺设等问题，并且大大增强景观效果。分散式污水处理厂工艺流程图见图 3-7-14。

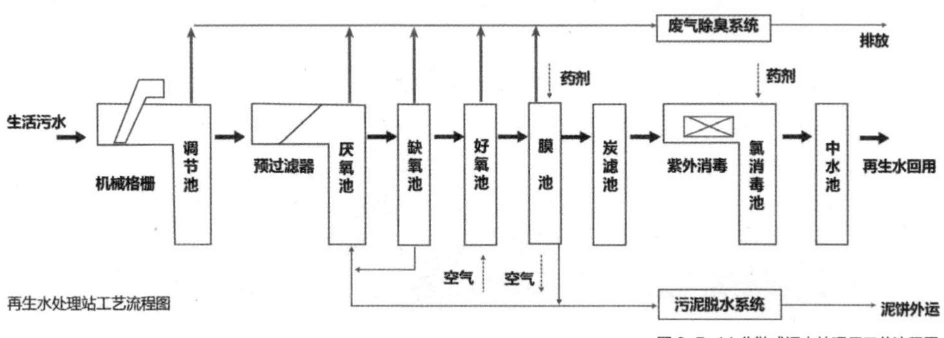

图 3-7-14 分散式污水处理厂工艺流程图

第八节
萍乡麻山新区海绵城市经济效益评估

一、项目概况

项目地麻山新区位于萍乡市湘东区东部的麻山镇。萍乡市，是江西省地级市，位于江西省西部，毗邻湖南省。2015 年 3 月，萍乡入选海绵城市建设试点城市。麻山新区位于萍乡城区西南部，距离长沙市 110 km，距离南昌 230 km，拥有极其优越的区位优势 (如图 3-8-1)。

规划范围约为 13.61 km^2，西跨萍水河，东靠萍莲高速公路，北至横杂冲路，南至外环路。现状用地以城乡居民点用地、耕地和山林地为主，有少量工业用地。地临萍水河，背靠武功山，具有良好的自然资源。其中，项目启动区位于基地北部，面积约 3.82 km^2。

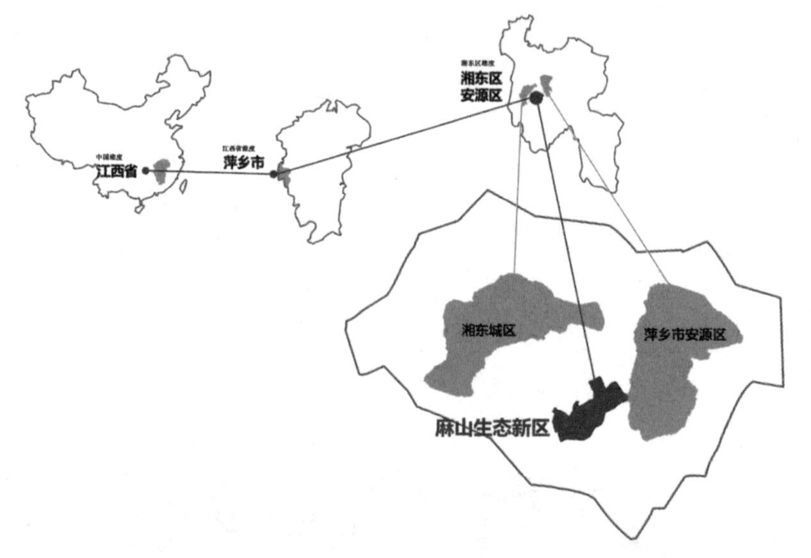

图 3-8-1 麻山新区区位分析图

二、建设目标与建设内容

在萍乡市建设国家海绵城市试点城市的背景下，麻山新区将以生态为核，打造产城游一体化的生态新区 (如图 3-8-2)。麻山新区海绵城市建设有三大目标：

a. 生态蓄水——径流总量得到控制，综合径流系数 0.3。

b. 生态排水——优先利用自然排水系统，受纳降雨量为 26 mm，实现 0.5 年一遇重现期下雨水经调蓄后安全排放；

c. 生态净水——萍水河水质提升一个等级，麻山河清水畅流，年径流污染削减率达到 50 % 以上（以 SS 为主）。

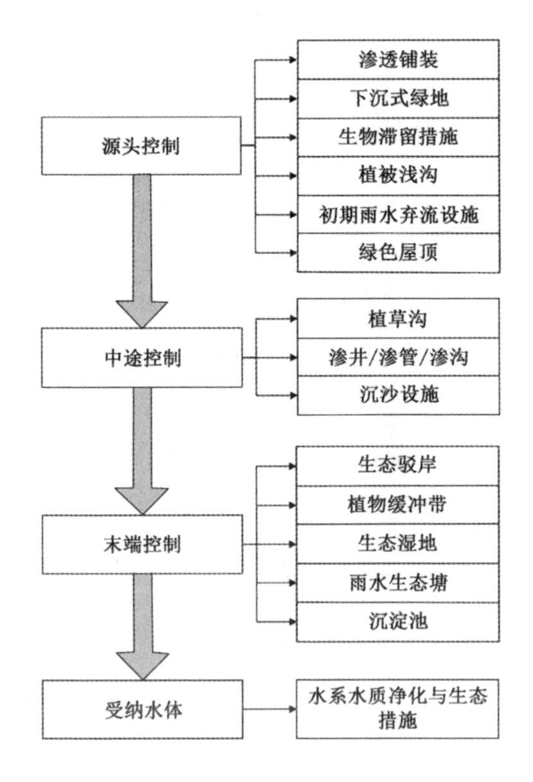

图 3-8-2 麻山新区海绵城市建设内容

主要建设内容分为源头控制、中途控制、末端控制和水体优化四个方面的生态工程，如透水铺装、植草沟和绿色屋顶等，见图 3-8-2：

三、海绵城市建设成本估算

参照 LID 设施单价（表 3-8-1），麻山新区海绵城市建设总投资约为 12.7 亿元，其中启动区投资 3.6 亿元，每平方公里投资约 9 346 万元。

表 3-8-1 麻山新区海绵城市建设工程项目及投资估算

建设内容	建设项目	麻山新区建设规模（hm^2）	工程投资（万元）	启动区建设规模（hm^2）	工程投资（万元）
绿地广场	绿地雨水渗蓄综合利用工程	108	43 200	29	11 600
	公园多功能调蓄工程	72	14 400	19.5	3900
城市道路	城市干道人行道透水铺装建设工程	66.5	26 600	9.64	3856
	城市干道绿带下沉式绿地工程	33.2	6640	4.82	964
建筑小区	小区下沉式绿地工程	10.2	2040	4.2	840
	小区道路透水铺装建设工程	20.4	8160	8.4	3360
	小区雨水收集利用工程	10.2	8160	4.2	3360
城市水系	水体修复工程	30	6000	12	2400
	滨水缓冲带建设工程	20	8000	8	3200
	滨水绿带湿地建设工程	5	4000	3	2400
	合计	375.5	127 200	102.8	35 880

四、经济效益估算

1. 直接经济效益

1）水资源利用收益

首先计算可利用的生态蓄水总量，按照 80% 的径流总量控制目标，计算方式如下：

$$V=10H\phi F$$

式中：V 为设计调蓄容积，m^3；H 为设计降雨量，mm；ϕ 为综合雨量径流系数；F 为汇水面积，hm^2。

设计降雨量为 26 mm，根据不同用地类型的径流系数 (表 3-8-2)，得出生态蓄水总体规模为 10.70 万 m^3。

表 3-8-2 各用地类型生态蓄滞径流量分解表

用地类别	麻山新区用地面积（hm^2）	径流系数	径流量（万 m^3）
居住用地	414.23	0.35	3.77
公共管理与公共服务用地	55.73	0.25	0.36
商业服务业设施用地	93.90	0.25	0.61
道路与交通设施用地	332.73	0.40	3.46
公用设施用地	3.86	0.25	0.03
绿地与广场用地	460.55	0.20	2.41
合计	1361.00	0.30	10.70

萍乡市居民一级用水价格为 1.58 元 /m^3，以基本水价为参考，通过 LID 获得的水资源收益为 10.7 × 1.58=17 万元 / 年。

2）减少治污费用的收益

根据建设目标，年径流污染削减率达到 50 % 以上（以 SS 削减为主），雨水径流中 COD、TN 和 TP 削减率在 30 % ～ 60 % 之间，可节省可观的治污费用 (表 3-8-3)。目前萍乡市污水处理成本约为 1.2 元 /m^3，则每年节省的治污费用约为 10.7 × 1=13 万元 / 年。

表 3-8-3 生态蓄水具体设施指标要求

源头收集	过程调蓄	末端蓄滞	合计
42%	10%	47%	100%

3）节省城市排水设施运维费用的收益

按萍乡市城市排水管网运维费用 0.18 元 /m^3 计，节省的费用为 10.7 × 0.18=2 万元 / 年。

4）节省河湖改造工程的收益

基地内萍水河约 7 km，麻山河约 3 km，共计 10 km 里长的河段，预计可节省 50 % 的河道拓宽改造等工程费用，按 1000 万元 /km 的改造成本和 15 年改造周期计算，每年节省的改造费用约为 10 × 1000 × 50 % ÷ 15=333 万元。

总之，通过 LID 开发，每年通过水资源直接获取的收益为 17 万元，通过节省相关工程费用获得的收益为 348 万元 (表 3-8-4)。

表 3-8-4 麻山新区海绵城市直接收益一览表

类型		单价	数量	系数	收益（万元 / 年）
增加收入的收益	水资源利用收益	1.58（元 /m^3）	10.7 万 m^3	1	17
节省费用的收益	减少治污费用	1.2（元 /m^3）	10.7 万 m^3	1	13
	减少设施运维费用	0.18（元 /m^3）	10.7 万 m^3	1	2
	减少河湖改造费用	1000（万元 /km）	10km	0.5	333
总计					365

2. 间接经济效益

1）提升区域土地价值

（1）评估区域土地现状地价

根据《萍乡市城区基准地价表》和《湘东区城区土地定级与基准地价》，基准地价为商业用地 1125 元 /m^2，住宅用地 463 元 /m^2，同时选取周边相同级别国有建设用地使用权交易信息，综合评估后确定区域现状综合地价为 74 万元 / 亩。

（2）评估区域土地价值潜力

根据受 LID 生态建设影响和辐射的强度，分为高中低三类土地潜力区域（图 3-8-3）。

（3）评估海绵城市生态建设对地价的提升幅度，采用案例推算法，基于潇河湿地公园和文瀛湖公园的实践经验，因 LID 建设带来的土地增值区间在 10 %~30 %。

图 3-8-3 区域土地价值潜力分布图

基于上述假设和参数计算，海绵城市建设带来的土地增值效益高达 14 亿元 (表 3-8-5)。

表 3-8-5 海绵城市建设带来的土地增值收益表

土地价值潜力	占地面积（hm^2）	建设用地面积（hm^2）	现状地价（万元 /hm^2）	增值幅度（%）	土地增值（亿元）
价值氛围高	1100	400	1110	30	13.3
价值氛围中	200	30	1110	20	0.7
价值氛围低	61	12	1110	10	0.1
合计	1361	442			14.1

2）带动旅游等相关产业发展

麻山新区未来的主导产业为旅游度假、养生养老、创意研发和商务配套，对环境品质要求较高。海绵城市建设带来的良好生态基底将有力支撑生态型产业发展，改善人居环境、招商环境和办公环境。以旅游业为例，预计区域未来年游客量将达到 300 万人次，旅游业年经营收益约为 2.9 亿元，持续为区域提供就业机会和经济贡献。

编后语

海绵城市建设已逐步成为中国的一项基本国策和城市生态基础设施的重要组成成分，同时也已逐步成为生态城市规划设计的基础理念。我们想将近来在济南、武汉等城市关于海绵城市设计和报告的一些体会作为这部书的编后语。

在济南，我们终于看到真正意义上的公路两旁的下沉式绿地，整个设计从水文、景观、生态、艺术方面看都充满创意。显然，其工程造价和成本也大大超出我们的想象，这让我们很困惑。难道海绵城市建设就意味着更多的工程？更大的投入？两年来，我们的设计告诉我们，海绵城市建设从根本上应该遵从生态的理念和自然的法则，从本质上应该是以经济为主轴的建设理念。所以，海绵城市建设应该是自然的、低投资的、低运维成本的以及可持续的。

另外，海绵城市建设无疑是借鉴了国外低影响开发的理念，但本质上，海绵城市建设是中国的再创。它是在城市、区域、流域等大尺度空间上对水资源、水质、水生态安全系统的和全方位的定义。比如，要解决“武汉看海”的内涝问题，靠低影响开发的雨水花园、下沉式绿地、城市公园的建设来解决，只能是杯水车薪。武汉原来是六分湖、三分田、一分山。现在六分湖，四分变为城市，把城市建设在湖区里，内涝则不可避免。海绵城市建设要解决内涝问题，就要从流域的尺度，按历史上最大连续降雨量来设计、恢复和创建更多的水域和湿地，并能将一部分农田作为内涝蓄水的应急备用地。要千方百计让雨水有更多的空间用于储蓄和下渗。因此，海绵城市设计是大尺度流域的城市水生态治理的设计、是以雨洪为资源的水资源管理的设计、是以经济为主轴的生态系统修复的设计。